Mit dem Buch wird angestrebt, eine Einführung in die Korngrößen- und Staubmeßtechnik zu geben. Es werden die technischen und statistischen Probleme bei der Entnahme von Proben aus Aerodispersionen, Suspensionen und Haufwerken (Probenahme), die Reduktion auf Analysengröße (Probenteilung), die Methoden zur Kennzeichnung und schaubildlichen Darstellung von Korngrößenverteilungen und insbesondere das Messen der Korngrößen und deren Häufigkeit (Korngrößenanalyse) behandelt. Daran schließen sich Methoden zur Messung der Oberfläche von körnigen Stoffen an. Da die Staubmeßtechnik im Schwerpunkt neben der Korngrößenanalyse das Messen des Staubgehaltes beinhaltet, wird auch die Staubkonzentrationsmessung behandelt.

In der Verbrauchsgüterindustrie, wie z. B. in der chemischen und Nahrungsmittelindustrie, im Steinkohlen- und Erzbergbau und in der Industrie der Steine und Erden werden im großen Umfang körnige Stoffe verarbeitet. Hierbei sind Kenntnisse über den Korngrößenaufbau von ähnlich grundlegender Bedeutung wie etwa die Ergebnisse des Zugversuches für die Verwendung der Werkstoffe.

Eine besondere Bedeutung hat die Korngrößenanalyse und die Messung des Staubgehaltes im Rahmen der Entstaubungstechnik und damit auch für die Reinhaltung der Luft erhalten.

Einführung in die Korngrößenmeßtechnik

Korngrößenanalyse
Kennzeichnung von Korngrößenverteilungen
Oberflächenbestimmung, Probenahme
Staubmeßtechnik

Wilhelm Batel

Dritte, verbesserte Auflage

Springer-Verlag Berlin · Heidelberg · New York 1971

Dr.-Ing. WILHELM BATEL

Professor und Direktor des Instituts für landtechnische
Grundlagenforschung, Braunschweig-Völkenrode

Mit 129 Abbildungen

ISBN-13: 978-3-642-49190-0   e-ISBN-13: 978-3-642-49189-4
DOI: 10.1007/978-3-642-49189-4

Vorwort zur dritten Auflage

Ein großer Anteil der festen Materie liegt in Form von feinen Teilchen vor, oft auch dispergiert in Suspensionen oder Aerodispersionen (Staub). Das vorliegende Buch beinhaltet die Bestimmung der für solche Systeme wichtigsten Größen, wie Korngröße, Korngrößenverteilung, Oberfläche und Konzentration der Teilchen in einer Dispersion. Da es einen Oberbegriff für dieses Gebiet noch nicht gibt, weist der Titel des Buches auf den Schwerpunkt des Inhaltes hin.

Bei der Gliederung und Darstellung des Stoffes hat sich der Verfasser von dem Gedanken leiten lassen, daß dieses Buch in erster Linie eine Übersicht geben und eine grundsätzliche Anleitung für die Durchführung und Auswertung der Messung sein soll. Als besonders wichtig werden die Abhängigkeit, Genauigkeit und Aussagesicherheit der Meßergebnisse angesehen, so daß diesen Problemen ein verhältnismäßig großer Raum gewidmet wird. Auf die Ableitung vieler Gesetzmäßigkeiten wird verzichtet. Entsprechende Literaturhinweise geben an, wo diese im Bedarfsfall zu finden sind. Obwohl es sich hier um kein Lehrbuch handelt, hofft der Verfasser, daß dieses Buch auch den Studenten entsprechender Fachrichtung dienlich ist.

Die Anzahl der einschlägigen Fachaufsätze in der Weltliteratur ist so groß, daß in diesem Buch nur eine begrenzte Zahl zitiert werden kann. Eine Bewertung des Inhaltes der Arbeiten ist mit der getroffenen Auswahl nicht verbunden.

Die Fortschritte auf dem Gebiet der Korngrößenanalyse in den letzten Jahren sind so bedeutend, daß das Buch für die dritte Auflage umgestaltet und ergänzt werden mußte. Zu erwähnen ist die Erweiterung des Kapitels „Probenahme aus Aerodispersionen" derart, daß das Buch auch als eine Einführung in die Staubmeßtechnik aufgefaßt werden kann. Trotzdem wurde versucht, den Umfang nicht nennenswert zu vergrößern, damit sich der Leser in kurzer Zeit einen Überblick über das Gebiet verschaffen kann.

Bei der Vorbereitung der dritten Auflage hat Herr H. DOST, Mitarbeiter des Institutes, mitgewirkt. Der Verfasser dankt ihm für seine sehr gewissenhafte Arbeit. Ein besonderer Dank gilt ferner Herrn Dr. F. SCHOEDDER für viele Hinweise und das Lesen der Korrektur und dem Verlag für die hervorragende Ausstattung des Buches.

Braunschweig, März 1971

W. Batel

Inhaltsverzeichnis

Verzeichnis der wichtigsten Formelzeichen

In dieser Schrift werden mit wenigen Ausnahmen nur Größengleichungen benutzt. Der in vielen Gleichungen auftretende Faktor 100 ist als 100% zu verstehen. Zahlenwertgleichungen sind entsprechend gekennzeichnet. Als Einheiten werden auf Grund einer Empfehlung des wissenschaftlichen Beirates des VDI die des internationalen Einheitensystems verwendet, das Meter (m) als Einheit der Länge, das Kilogramm (kg) als Einheit der Masse, die Sekunde (sec) als Einheit der Zeit usw. Um geläufige Zahlenwerte zu erhalten, werden oft um dezimal vielfach größere oder kleinere Einheiten gewählt, z. B. 1 μm = 10^{-6} m.

A	Apertur, Lichtabsorption, Konstante
a	Abstand, lichte Maschenweite (m)
b	Konstante
b	Beschleunigung (m/sec^2)
c	Konzentration (kg/m^3)
C	Konstante
d	Korn- bzw. Teilchengröße (m)
d'	Körnungsparameter (m) nach DIN 4190
d_a	mittlere Korngröße einer Kornklasse (m)
d_h	häufigste Korngröße (m)
d_m	arithmetisch gewogene mittlere Korngröße (m)
d_z	Halbwerts-Korngröße (m)
d_{max}	größte Korngröße (m)
d_{min}	kleinste Korngröße (m)
d_k	Durchmesser von Zwischenraumkapillaren (m)
d_F	Durchmesser eines Kreises, der die gleiche Fläche wie die Projektion des Teilchens hat (m)
d_V	Durchmesser einer Kugel, die das gleiche Volumen wie das Teilchen besitzt (m)
d_M	MARTINsche Korngröße (m)
d_{Fer}	FERETsche Korngröße (m)
d_N	statistischer Durchmesser des BAYER-Dispersometers (m)
d_T	Trennkorngröße (m)
d_1	die $R = 15,9\%$ zugeordnete Korngröße; Grenze einer Kornklasse (m)
d_2	die $R = 84,1\%$ zugeordnete Korngröße; Grenze einer Kornklasse (m)
Δd	Breite einer Kornklasse (m)
$d_{w\,max}$	Trennkorngröße bezogen auf w_{max}
$d_{w\,m}$	Trennkorngröße bezogen auf w_m
D	Durchgangssumme (Massen-%)
ΔD	Menge einer Kornklasse (Massen-%)
ΔD_g	Menge einer Kornklasse (kg)
f	Formfaktor siehe Seite 44
f^*	Umrechnungsfaktor
F	Fläche (m^2)
F_M	Fläche, die ein adsorbiertes Molekül bedeckt (m^2)
F_K	Projektionsfläche eines Kornes (m^2)
F_a	abgesiebte Feinkornmenge (kg)
F_v	gesamte Feinkornmenge (kg)
g	Schwerebeschleunigung (m/sec^2)
g^*	$G_a\,R/100$ (kg)
G	Masse (kg)
G_A	Masse der Analysenprobe (kg)
G_{St}	Stichprobenmenge (kg)
G_a	nach sehr langer Zeit aussedimentierte Masse (kg)
h	Fallhöhe (m)
h_s	kapillare Steighöhe (m)
H	Haftkraft (N), (kg m/sec^2)
i	Index; bezeichnet die i-te Klasse
I_0	Intensität des durch reine Suspensionsflüssigkeit hindurchfallenden Lichtes
I	Intensität des durch eine Suspension hindurchfallenden Lichtes
k	KOZENY-CARMAN-Konstante, Zahl der Messungen im Korrelationsbereich

K	Kraft (N); das Newton (N = kg m/sec^2) ist die Einheit der Kraft		Q	Wärmemenge (J) (1 kcal$_{IT}$ = 4186,8 J)
l	Länge des Lichtweges, freie Weglänge (m)		r	Schwingungsradius, Schwingungsamplitude, Kapillarradius (m)
L_S	Länge einer Schüttschicht (m)		R	Rückstandssumme (Massen-%)
L	Länge (m)		R_{60}	Rückstand auf dem 60 µm-Siebboden (Massen-%)
m	Zahl der Teilungen beim Reduzieren, Parameter		ΔR	Menge einer Kornklasse (Massen-%)
m_A	adsorbiertes Gasvolumen (Nm^3); Nm^3 beinhaltet das auf 0 °C und 760 Torr bezogene Normvolumen		ΔR_g	Menge einer Kornklasse (kg)
			ΔR_A	ΔR im abgeschiedenen Staub
m_s	adsorbiertes Gasvolumen bei einer monomolekularen Schicht (Nm^3)		ΔR_{Roh}	ΔR im Staub des Rohgases
			ΔR_{Rein}	ΔR im Staub des Reingases
M^*	Mikrometerwert		Re	Reynoldszahl
M	Masse (kg)		s	Schätzwert für die Standardabweichung σ der Grundgesamtheit
ΔM_{Roh}	Staubmasse einer Kornklasse im Rohgas (g/Nm^3)			
ΔM_{Rein}	Staubmasse einer Kornklasse im Reingas (g/Nm^3)		S	statistische Sicherheit (%)
n	Körnungsparameter nach DIN 4190		t	Zeit (sec)
			T	Temperatur (K)
			T_i	Tiefenschärfe (m)
n^*	Brechungsindex		T^*	Toleranzbereich
n_k	Zahl der Körner pro kg		v	Geschwindigkeit der Teilchen (m/sec)
n_V	Staubgehalt (Anzahl/cm^3)			
N	Zahl der Meßwerte, Zahl der Körner		V	Volumen (m^3); (Nm^3)
			V_{sp}	spezifisches Volumen (m^3/kg)
ΔN	Zahl der Körner einer Kornklasse (%)		V_t	Volumenstrom pro Zeiteinheit (m^3/sec)
			V_K	Volumen eines Kornes (cm^3)
N_L	Zahl der Moleküle pro Nm^3		V_z	spezifisches Zwischenraumvolumen (m^3/kg)
O	spez. Oberfläche = Oberfläche von 1 kg eines körnigen Stoffes (m^2/kg)			
O_K	spez. Oberfläche, bezogen auf Kugelgestalt der Körner (geometrische Oberfläche) (m^2/kg)		w	Strömungsgeschwindigkeit von Gas oder Flüssigkeit (m/sec)
			w_{max}	Maximum der Geschwindigkeit in einem Querschnitt (m/sec)
O'_K	spez. Oberfläche, bezogen auf Kugelgestalt der Körner (geometrische Oberfläche) und eine Dichte von Eins (m^2/kg)		w_m	mittlere Strömungsgeschwindigkeit in einem Querschnitt (m/sec)
$\Delta O'_K$	O'_K einer Kornklasse $\times \Delta R/100$		W	Widerstand (N); (kg m/sec^2)
p	Druck (kg/m sec^2); (N/m^2)		W_{tm}	mittlere Restfeuchtigkeit, bezogen auf die trockene Masse (%)
p_s	Druck bei Sättigung (kg/m sec^2); (N/m^2)			
Δp	Druckverlust (kg/m sec^2); (N/m^2)		W_{to}	Feuchtigkeit des Schüttgutes vor Beginn der Entfeuchtung (%)
q	Zahl der Zellen		x	Anteil der Komponente x an einem Mischkollektiv
q_B	Benetzungswärme je Flächeneinheit (J/m^2); 1 Joule (J) = 1 Nm = 10^7 erg		x_i	Meßwert
			$\bar{x}$	Mittelwert
			y_H	Häufigkeit (%/m)

y	Anteil der Komponente y an einem Mischkollektiv	λ	Wellenlänge (m)
z	Beschleunigungszahl	λ_G	Wärmeleitzahl von Gas (J/m sec grd)
α	Öffnungswinkel, Maschenweite	λ_K	Wärmeleitzahl des körnigen Feststoffes (J/m sec grd)
β'	Abbildungsmaßstab		
δ	Durchmesser, Drahtstärke bei Siebgeweben (m)	μ	wahrer Mittelwert
		μ^*	Reibungsbeiwert
ε	Zwischenraumporosität	ϱ	Dichte (kg/m³)
ζ	Staubgehalt (g/Nm³)	ϱ_K	Dichte des körnigen Stoffes (kg/m³)
ζ_{Roh}	Staubgehalt im Rohgas (g/Nm³)		
ζ_{Rein}	Staubgehalt im Reingas (g/Nm³)	ϱ_{Fl}	Dichte von Flüssigkeit oder Gas (kg/m³)
ζ_{d_m}	Zerkleinerungsgrad		
η	dynamische Zähigkeit (kg/m sec) bzw. (Nsec/m²)	ϱ_z	Dichtezahl
η_G	Gesamtabscheide- bzw. -entstaubungsgrad (%)	σ	Standardabweichung; Parameter der Normalverteilung
η_{ST}	Stufenabscheide- bzw. -entstaubungsgrad (%)	$\sigma_{\bar{x}}$	Standardabweichung von Mittelwerten
η_S	Siebgütegrad (%)	σ_ς	$\frac{1}{2}\log d_2/d_1$
ϑ	Randwinkel	σ_1	Oberflächenspannung (kg/sec²) bzw. (J/m²)
Θ	Winkel		
$\varkappa$	Ordnungszahl bei Beugungsringen	φ	Winkel
		ω	Winkelgeschwindigkeit (1/sec)

1. Einleitung

Die stoffliche Materie läßt sich nach verschiedenen Gesichtspunkten aufgliedern. Im allgemeinen unterscheidet man den gasförmigen, flüssigen und festen Aggregatzustand. Ohne äußere Kraftwirkungen füllt eine gasförmige Materie jedes, eine flüssige dagegen nur ein bestimmtes dargebotenes Volumen aus. Im Gegensatz hierzu zeichnet sich der Feststoff durch eine ausgeprägte Formbeständigkeit aus, eine Eigenschaft, die quantitativ z. B. durch die Festigkeit, die Härte und die Zähigkeit gekennzeichnet wird. Die Form selbst läßt sich durch eine Abbildung oder auch mit geometrischen Methoden beschreiben.

Das vorliegende Buch beinhaltet eine Meßtechnik als Grundlage für die Kennzeichnung einer besonderen *Form* der festen Materie, nämlich der *körnigen Form* (Kollektiv aus einzelnen Teilchen).

Auf die Tatsache, daß ein großer Anteil der festen Materie in dieser Form vorliegt, sei hingewiesen. So besteht die Oberfläche der festen Erdhülle zum größten Teil aus körnigen Stoffen. Auch unsere Verbrauchsgüter fallen sehr oft in dieser Form an, wie z. B. Stein- und Braunkohlen, Erze, Düngemittel, keramische Rohstoffe, Farbstoffpigmente, Nahrungsmittel wie Zucker, Salz und Mehl, Pharmazeutika, Zemente, Straßenbaustoffe usw.

Jede feste Materie ist, wie schon angedeutet, durch bestimmte Stoffeigenschaften ausgezeichnet. Liegt diese Materie in körniger Form vor, so ergeben sich hieraus weitere Eigenschaften. Es hängen von der Korngröße und der Größenverteilung der Körner beispielsweise ab:
die chemische Reaktionsgeschwindigkeit (Verbrennung, Lösungsgeschwindigkeit usw.), das Adsorptionsvermögen,
die Leistung und Anwendbarkeit der Aufbereitungsverfahren wie Sieben, Sichten, Setzen, Klären, Flotieren,
die Art der Zwischenräume in losen Kornverbänden und damit die Fließgeschwindigkeit von Wasser durch Erdreich, der Entölungsgrad in Erdöllagerstätten, der Druckverlust in durchströmten Schüttgütern, die Leistung von Filteranlagen, die Restfeuchtigkeit bei der Trennung von fest/flüssigen Systemen, das Flüssigkeitsaufnahmevermögen und damit die Fruchtbarkeit von Ackerböden, die Wärmeleitfähigkeit von körnigen Isolierstoffen usw.,
die Festigkeit und Dichte von Beton, Keramik, Porzellan, Sintermetall, Briketts, Tabletten, Straßendecken usw.,
die Maßnahmen zur Entstaubung und der Entstaubungsgrad.

Schon diese unvollständige Aufstellung zeigt, daß Kenntnisse über die Korngrößenverteilung (Körnung) für die Verarbeitung körniger Stoffe von ähnlich grundlegender Bedeutung sind, wie z. B. die Ergebnisse des Zugversuches für die Verwendung der Werkstoffe. Die Durchführung von Korngrößenanalysen ist daher besonders in der Verbrauchsgütertechnik eine weit verbreitete Aufgabe. Bei dieser Analyse werden die Korngrößen und die prozentuale Masse der vorkommenden Korngrößen ermittelt. Eine Übersicht über die Größenordnung von Korngrößen sowie die Bereiche der jeweils anwendbaren Meßverfahren zeigt Abb. 1.

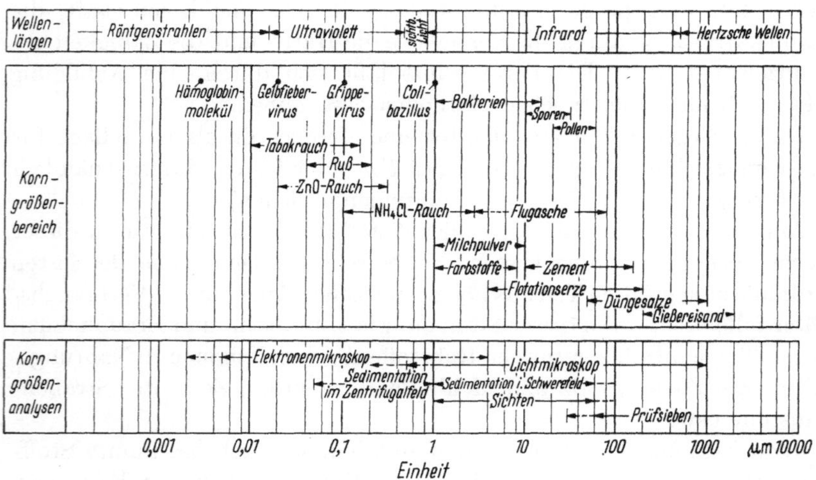

Abb. 1. Korngrößenbereiche verschiedener körniger Stoffe und die Arbeitsbereiche von analytischen Verfahren zur Bestimmung der Korngrößenverteilung

Im Anschluß an die Korngrößenanalyse stellt man die Ergebnisse schaubildlich dar, meist in speziellen Koordinatennetzen. Die so erhaltenen Körnungskennlinien geben beispielsweise an, wie häufig jede Korngröße vorkommt (Häufigkeitskurve) oder wieviel Massen-% des körnigen Stoffes größer sind als eine interessierende Korngröße (Rückstandssummenverteilung). Ferner geben die Kennlinien Aufschluß darüber, ob sich die Korngrößenverteilung durch eine Funktion beschreiben läßt. Ist dies möglich, dann wird dadurch die Auswertung der Kennlinien im Hinblick auf Kennwerte, wie die am häufigsten vorkommende Korngröße, die mittlere Korngröße oder die Oberfläche einfacher.

Der körnige Stoff kann in verschiedenen Verteilungssystemen vorliegen. Die möglichen Verteilungen sowie die entsprechenden Bezeichnungen sind in Tab. 1 zusammengestellt. Die Grenzen zwischen den Verteilungssystemen sind nicht immer scharf. Oft ist es beispielsweise recht schwer zu entscheiden, ob eine Suspension hoher Feststoffkonzentration oder ein nasses Haufwerk vorliegt. Um für diesen Fall ein schärferes Unterscheidungsmerkmal zu gewinnen, ist es vorteilhaft, gewisse Definitionen zu ergänzen.

Tabelle 1. *Bezeichnung von Verteilungssystemen für körnige Stoffe*

Gruppe	Verteilung	Zusammenhängende Phase	Bezeichnung
I	fest/gasförmig	Gas	Aerodispersion, Aerosol
	fest/flüssig	Flüssigkeit	Suspension
II	gasförmig/fest (körnig)	lose zusammenhängende Körner	Haufwerk
	flüssig/fest (körnig)		nasses Haufwerk
	gasförmig + flüssig/fest (körnig)		feuchtes Haufwerk

Eine Aerodispersion bzw. eine Suspension ist eine Verteilung fester oder flüssiger Teilchen in Gas bzw. fester Teilchen in Flüssigkeit, bei der sich der mittlere Abstand zwischen den Teilchen bei Entzug von Gas bzw. Flüssigkeit ändert. Unter einer Aerodispersion versteht man ein Gas, in dem feste oder flüssige Teilchen dispergiert sind. Liegt die Teilchengröße zwischen 10^{-3} und $1\ \mu$m, also im kolloidalen Bereich, dann spricht man auch von einem Aerosol.

Die der Korngrößenanalyse zuzuführenden Proben (Analysenproben) müssen diesen in Tab. 1 aufgeführten Systemen entnommen werden. Die *Probenahme* muß derart geschehen, daß die Proben der Grundgesamtheit mit einer vorgegebenen statistischen Sicherheit entsprechen. Diese Aufgabe beinhaltet zahlreiche Probleme. So ist die Art der zu untersuchenden Haufwerke von großer Vielfalt, wie z. B. Schiffsladungen, Halden, gebunkerte Materie und verpacktes Material. Bei strömenden und auch ruhenden Aerodispersionen und Suspensionen lassen sich Entmischungen und Veränderungen der Verteilung während der Probenahme nur durch geeignete Arbeitsweisen und Geräte vermeiden. Neben diesen rein technischen Problemen treten auch noch solche auf, die statistischer Art sind, beispielsweise die Frage nach Zahl, Art und Größe der Proben. Sehr oft sind die sich auf Grund statistischer Überlegungen ergebenden Probemengen für die Korngrößenanalyse zu umfangreich. Dann ist eine *Reduktion* der Proben (Probenteilung) erforderlich.

1*

Um ein Bild über eine Korngrößenverteilung zu erhalten, sind nach obigen Ausführungen folgende Schritte durchzuführen:

1. die Probenahme,
2. die Probenteilung,
3. die Korngrößenanalyse und
4. die schaubildliche Darstellung und Kennzeichnung der Korngrößenverteilung.

Diese vier Maßnahmen werden in den folgenden Abschnitten in der genannten Reihenfolge behandelt und zwar derart, daß jeweils zwei Gebiete zu einem Kapitel zusammengefaßt werden.

Da die Probenahme bei allen Messungen und Analysen an körnigen bzw. staubförmigen Stoffen als vorgeschalteter Schritt erforderlich ist, wird dieses Gebiet allgemein behandelt. Dabei wird der Probenahme aus Aerodispersionen ein vergleichsweise großer Raum gewidmet, weil diese Probenahme für die Staubmeßtechnik eine besondere Bedeutung besitzt.

Dem Kapitel über die Korngrößenanalyse, also dem Hauptkapitel, schließt sich die Messung der Oberfläche körniger Stoffe an, die besonderer Methoden bedarf.

Da die Korngrößenanalyse und die Probenahme aus Aerodispersionen bereits einen weiten Bereich der Staubmeßtechnik abdecken, läßt sich diese Meßtechnik in einem weiteren Kapitel in Form einer Übersicht behandeln. Daran schließen sich noch einige Anwendungsbeispiele an.

2. Probenahme für Messungen und Analysen an körnigen bzw. staubförmigen Stoffen

2.1 Allgemeines und Begriffe

Die Korngrößenanalyse wird nur an einer geringen Stoffmenge, der sogenannten Analysenprobe, durchgeführt. Diese Probe soll eine bestimmte Haufwerkmenge (Probegutmenge) repräsentieren.

Die Probenahme ist nicht nur bei Korngrößen-, sondern auch bei vielen anderen Analysen ein vorgeschalteter Schritt, wie bei der Untersuchung der Erze auf ihre stoffliche Zusammensetzung, bei der Ascheuntersuchung von Steinkohlen, bei der p_H-Bestimmung von Ackerböden, bei der Bestimmung des Zuckergehaltes in Zuckerrüben, bei der Prüfung der Zusammensetzung von Futtermitteln, um nur einige Beispiele zu nennen.

Die Aufgabe der Probenahme besteht darin, eine Anzahl von Proben dem zu untersuchenden Stoff so zu entnehmen, daß die Analysenproben das gesuchte Merkmal der Grundgesamtheit mit einer vorgegebenen Aussagesicherheit beschreiben. Diese Aufgabe läßt sich in statistische (methodische) und technische (substantielle) Probleme aufgliedern. Die mathematische Statistik erlaubt Aussagen über den Einfluß von Zahl und Größe der Proben sowie über das Schema, in welcher Folge diese Proben zu ziehen sind (Prüfpläne) [1, 2]. Dabei liefert die Statistik nicht so sehr Methoden zur Vorausberechnung, als vielmehr solche zur Prüfung der Genauigkeit der Probenahme, d. h. der Schärfe des aus den Proben gewonnenen Bildes. Die Fragen, mit welchen Geräten und auf welche Weise man die Proben aus Schüttgütern, Suspensionen oder Aerosolen zu entnehmen hat, sind technischer Art.

Es gibt verschiedene Arten von Proben, wie Einzel-, Sammel-, Stich-, Teil- und Analysenproben [3]. In Abb. 2 sind diese Bezeichnungen in einem Schema zusammengestellt.

Unter einer *Einzelprobe* versteht man eine durch einmalige Entnahme aus dem Probegut erhaltene Probe. Eine *Sammelprobe* ist die Gesamtheit mehrerer in räumlicher oder zeitlicher Reihenfolge genommener Einzelproben, welche durch Mischung zu einer einzigen Probe vereinigt worden sind. Eine *Stichprobe* ist eine Einzelprobe, die der Analyse zugeführt wird. Eine *Teilprobe* entsteht durch Teilen (Reduzieren) einer Sammel- oder Stichprobe, während eine *Analysenprobe* jene Proben-

menge umfaßt, die analysiert wird. Die Körnung dieser Probe(n) soll die
des Probegutes repräsentieren.

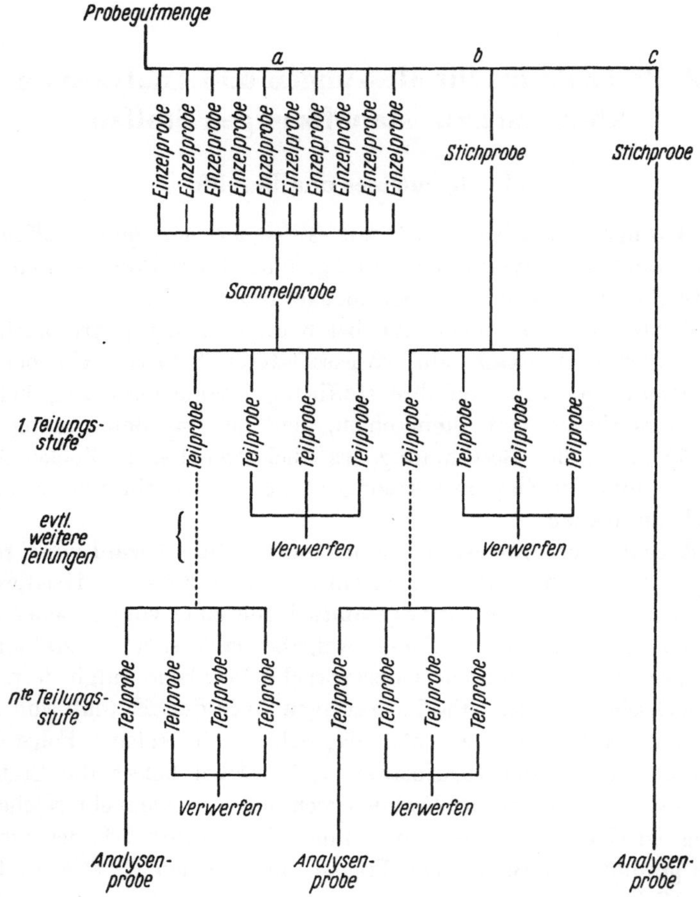

Abb. 2. Bezeichnung von Proben (nach O. SOMMER [3])

2.2 Statistische Probleme der Probenahme

Es möge die Aufgabe bestehen, die spezifische Oberfläche eines körnigen Massengutes zu ermitteln. Es ist eine Erfahrungstatsache, daß die
erhaltenen Werte durch die vom Zufall abhängenden Einflüsse bei der
Korngrößenanalyse und bei der Probenahme um einen Mittelwert
schwanken.

Stellt man die Häufigkeit (absolut oder relativ) der gefundenen Oberflächenwerte grafisch dar, dann ergibt sich bei einer *sehr großen* Zahl
eine Kurve nach Abb. 3.

Diese Normalverteilung gibt mit dem Maximum den häufigsten und damit den zutreffenden Oberflächenwert des Massengutes an. Wir wollen diesen Mittelwert im weiteren mit μ bezeichnen, weil die folgenden Betrachtungen allgemein gelten. Die Basis der Normalverteilungskurve gibt an, wie groß die Streuungen der Meßwerte sind.

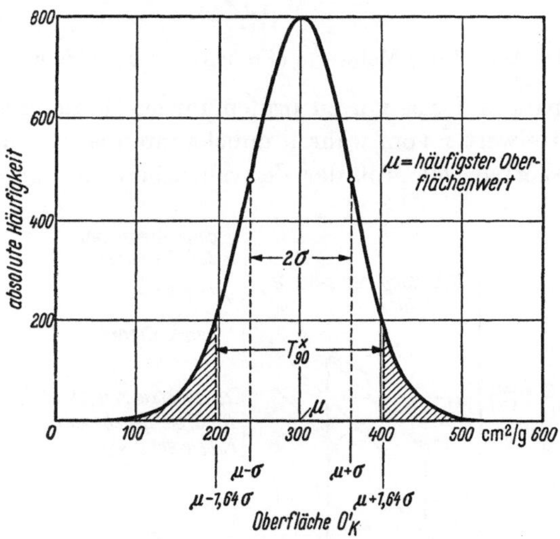

Abb. 3. Häufigkeit von gemessenen Oberflächenwerten

So liegen 68% aller Meßwerte im Bereich $\mu \pm \sigma$ oder allgemein $S\%$ aller Meßwerte im Toleranzbereich

$$T^* = \mu \pm u(S)\,\sigma \tag{1}$$

Der Wert S stellt den oberen und unteren Schwellenwert der statistischen Sicherheit der Meßwerte dar. Als statistisch gesichert gilt im allgemeinen eine Streuung, die mit einer statistischen Sicherheit von mehr als $S = 99\%$ erschlossen wurde. Zwischen $S = 95\%$ und $S = 99\%$ liegende Streuwerte lassen vermuten, daß die Ergebnisse nicht mehr als zufällig anzusehen sind.

In Tab. 2 ist die Abhängigkeit des Abgrenzungsfaktors u von S für den Fall einer symmetrisch um μ angeordneten Normalverteilung angegeben.

Tabelle 2
Zahlenwerte der Größe u zur Berechnung der Toleranzbreite von Normalverteilungen

$S\%$	50	68	80	90	95	99	99,9
u	0,68	1	1,29	1,64	1,96	2,58	3,29

Man wird einwenden, daß es praktisch unmöglich ist, eine so große Zahl von Proben zu untersuchen, daß sich eine stetige Kurve nach

Abb. 3 ergibt. Praktisch lassen sich vielleicht 5, 10 oder auch 20 Proben untersuchen. Dann ergibt sich ein Stufendiagramm, das eine grobe Näherung für die GAUSSsche Glockenkurve darstellt. Statt des wahren Mittelwertes μ ergibt sich dann der arithmetische Mittelwert $\bar{x}$.

$$\bar{x} = \frac{1}{N} \sum_{i=1}^{i=N} x_i \tag{2}$$

N = Anzahl der Meßwerte (Proben) x_i = Meßwert

Es liegt nun die Aufgabe vor zu prüfen, inwieweit dieser experimentell gefundene Mittelwert $\bar{x}$ vom wahren unbekannten Wert μ abweicht oder mit anderen Worten, wie groß der Vertrauensbereich von μ ist.

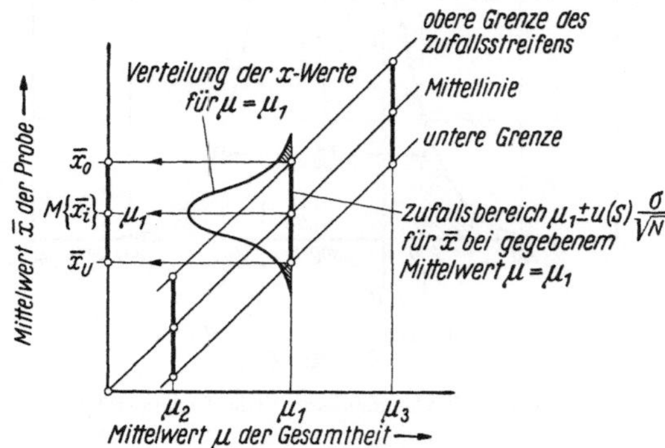

Abb. 4. Streuung von Mittelwerten (nach K. STANGE [4])

Wir führen ein Gedankenexperiment durch und bestimmen für eine sehr große Zahl von gleichartigen Versuchen die jeweiligen Mittelwerte $\bar{x}$. Jeder Versuch umfaßt N Einzelmessungen. Wir gewinnen so eine Folge von Mittelwerten $\bar{x}_1, \bar{x}_2 \ldots \bar{x}_N$, die den Mittelwert μ aller Versuche liefern. Dieser Sachverhalt ist in Abb. 4 dargestellt. Die Mittelwerte $\bar{x}$ streuen nahezu normal um den wahren Wert μ, und zwar ordnen sie sich mit der Standardabweichung

$$\sigma_{\bar{x}} = \sigma / \sqrt{N} \tag{3}$$

um den wahren Mittelwert an, wie die mathematische Statistik lehrt. Der Zufallsbereich beträgt somit:

$$\mu \pm u(S) \frac{\sigma}{\sqrt{N}} \tag{4}$$

d. h. dieser Bereich verengt sich mit abnehmender statistischer Sicherheit S und mit der Zahl der Messungen N.

Führt man diese Betrachtungen für weitere μ-Werte $\mu_2, \mu_3 \ldots \mu_i$ durch, so ergibt sich ein Zufallsstreifen. Dieser ist für den Sonderfall gleicher Standardabweichungen ein durch parallele Geraden abgegrenzter Bereich.

Verlassen wir nun dieses Gedankenexperiment, um anschließend den in der Praxis allein interessierenden umgekehrten Fall zu behandeln, nämlich den der Grundgesamtheit mit unbekanntem Mittelwert μ. Für diese Fragestellung liefert die Abb. 4 die obere und untere Grenze des Zufallsstreifens für eine vorgegebene statistische Sicherheit. Dadurch läßt sich für jeden experimentell gefundenen Mittelwert x nach Abb. 5 ein Vertrauensbereich für μ angeben, nämlich

$$\overline{x} \pm u(S)\,\frac{\sigma}{\sqrt{N}} \tag{5}$$

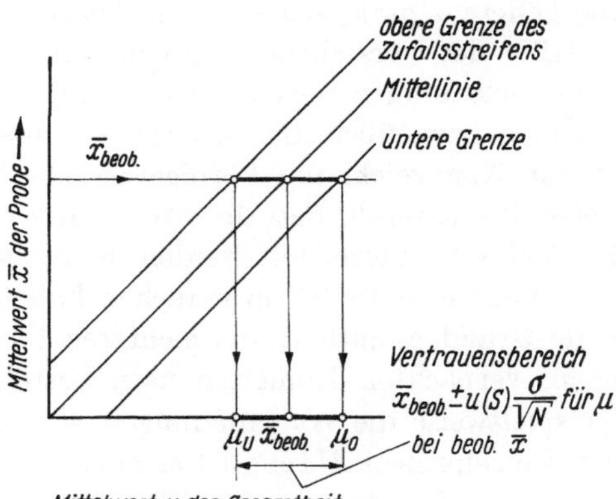

Abb. 5. Vertrauensbereich eines Mittelwertes (nach K. Stange [4])

Der gesuchte Merkmalswert μ läßt sich folglich aus einer einzigen oder nur geringen Zahl von Proben nie genau ermitteln. Die Schärfe des Bildes nimmt mit der Zahl der Einzelmessungen und mit abnehmender statistischer Sicherheit S zu.

Für den Vertrauens- oder Mutungsbereich wurde bei Abb. 4 eine bekannte Standardabweichung σ der Einzelmessungen N vorausgesetzt. Da sich dieser Wert nur durch eine sehr große, praktisch nicht durchzuführende Zahl von Messungen ermitteln läßt, ist die gemachte Voraussetzung nicht erfüllt. Die mathematische Statistik liefert jedoch für σ einen Schätzwert s, der sich aus mehreren Meßwerten nach folgender Gleichung errechnen läßt:

$$s = \sqrt{\frac{1}{N-1}\sum_{i=1}^{i=N}(x_i - \overline{x})^2} \tag{6}$$

Wie genau der Ersatz der Standardabweichung σ durch den Schätzwert s ist, gibt die t-Verteilung an. Für den Vertrauensbereich von μ gilt dann

$$\bar{x} \pm t\,(S)\,\frac{s}{\sqrt{N}} \tag{7}$$

Einige Zahlenwerte für $t = f\,(S, N)$ sind in Tab. 3 angegeben [5].

Tabelle 3. *Zahlenwerte zur Berechnung des Vertrauensbereiches*

N		2	3	5	6	8	10	15	20	∞
t	$S = 95\%$	12,71	4,3	2,78	2,57	2,37	2,26	2,15	2,09	1,96
	$S = 99\%$	63,66	9,92	4,6	4,03	3,5	3,25	2,98	2,86	2,58
	$S = 99,9\%$	636,62	31,60	8,61	6,86	5,41	4,78	4,14	3,88	3,3

Man sieht, daß der Ersatz von σ durch s für $N > 20$ bereits so gut ist, daß die Differenz praktisch zu vernachlässigen ist.

Mit Hilfe des vorstehend angegebenen statistischen Modells lassen sich sehr viele Fragen über die Genauigkeit und Aussagesicherheit der Probenahme bzw. über die Schärfe des aus den Proben gewonnenen Bildes zur Kennzeichnung körniger Stoffe befriedigend beantworten, beispielsweise dadurch, daß die Streuung s und der Vertrauensbereich aus den Meßwerten ermittelt werden. K. STANGE [4] hat jedoch gezeigt, daß dieses einfache Modell in manchen Fällen versagt, und zwar dann, wenn die Grundgesamtheit aus mehreren Elementen, wie z. B. Wagenladungen, verpackten Einheiten usw. besteht. Elemente erster Stufe sind beispielsweise die Wagenladungen, Elemente zweiter Stufe die gezogenen Einzelproben. Häufig ist es notwendig, diese Einzelproben oder Elemente 2. Stufe wegen des zu großen Umfanges zu reduzieren, wodurch Elemente 3. Stufe (Teilproben) entstehen. In solchen Fällen läßt sich die Schärfe des aus den Proben gewonnenen Bildes nur mit Hilfe eines mehrstufigen statistischen Modells beurteilen. Aus den entsprechenden Untersuchungen von K. STANGE ergibt sich, daß im allgemeinen die Streuungen in der ersten Stufe die Schärfe des aus den Proben erhaltenen Bildes bestimmen.

In einer weiteren Arbeit [6] über Probleme der Probenahme vom Band hat K. STANGE gezeigt, daß sich die Genauigkeit der Probenahme mit der Zahl der Proben nur dann nach den Gln. (3) und (5) erhöht, falls keine Korrelation [7] zwischen den Meßwerten x_i besteht. Ist diese Voraussetzung nicht erfüllt, dann gilt statt Gl. (3) die Beziehung:

$$\sigma_{\bar{x}}^2 = \frac{\sigma^2}{N}\left[1 + 2\sum_{i=1}^{i=k}\zeta_i\left(1 - \frac{i}{N}\right)\right] \tag{8}$$

ζ = Korrelationswert k = Zahl der Messungen im Korrelationsbereich

wobei der Zahlenwert in der großen Klammer den Einfluß der Korrelation erfaßt. Durch zeitliche Schwankungen in der Arbeitsweise z. B.

einer Zerkleinerungsmaschine ändert sich unter Umständen auch der Körnungsaufbau. In solchen Fällen kann zwischen den Meßwerten x_i von kurz nacheinander entnommenen Proben eine Abhängigkeit bestehen, die sich aus der Arbeitsweise der Zerkleinerungseinrichtung ergibt. Wird unter diesen Umständen die Zahl der Proben N je Zeiteinheit erhöht, dann wächst die Korrelation und damit der Zahlenwert in der eckigen Klammer der Gl. (8). Diese Zunahme kann so groß sein, daß dadurch die Abnahme des Zahlenwertes σ^2/N ausgeglichen wird. Ein Vergrößern der Probenzahl N bringt dann keine Verbesserung der Genauigkeit bzw. der Aussagesicherheit mehr.

Vorstehende Tatsache bestätigt die Erfahrung, viele zeitlich bzw. örtlich möglichst weit auseinanderliegende Proben zu ziehen und diese zu einer Sammelprobe zu vereinigen.

Aus einer angelieferten größeren Menge körnigen Materials wird der Empfänger zur Überprüfung vielleicht 60 Proben einer bestimmten Menge ziehen, je 20 Proben zu einer Sammelprobe vereinigen, diese reduzieren und dann analysieren lassen.

Damit ist auch die Frage angeschnitten, wie groß der Probenumfang zur Kennzeichnung von körnigen Stoffen zu wählen ist. Eine allgemein gültige Antwort ist nicht möglich, da die Einflüsse bei der Probenahme von zu großer Vielfalt sind. Man ist auf Erfahrungswerte angewiesen, die sich mit Hilfe der oben erwähnten statistischen Methoden systematisch finden und ordnen lassen. Nach unseren Erfahrungen haben sich folgende Mindestmengen in vielen Fällen als günstig erwiesen. (In diesem Zusammenhang sei auch auf die Arbeiten von P. Gy [8] hingewiesen.)

Tabelle 4. *Richtwerte für die Probengröße in Abhängigkeit von der Korngröße*

gröbstes Korn	µm	1	10	100	1000	10000
Masse der Probe	g	1–10	30	100	500	$5\cdot10^3-10\cdot10^3$

Diese Werte gelten keineswegs allgemein. Bei Staubuntersuchungen, z. B. mit dem Konimeter, sind die Mengen wesentlich geringer. Die Zahl der Teilchen liegt zwischen einigen Hundert und mehreren Tausend. Andererseits gibt es Fälle, wo die in obiger Tabelle angegebenen Mengen zu klein sind. Soll beispielsweise die Arbeitsweise einer großen Zerkleinerungsmaschine oder die Produktion eines Massengutes geprüft werden, dann werden in bestimmten Zeitabständen Proben entnommen, deren Größe sich aus dem Mengenstrom ergibt, weil eine einwandfreie Probenahme i. allg. die Entnahme des *gesamten* Mengenstromes über eine ausreichende Zeit erfordert, um Entmischungen zu verhindern oder um eine Entnahme aus entmischten Zonen zu vermeiden.

Bei der Beurteilung einer Mischeinrichtung gelten andere Überlegungen. Hier legen fast immer technologische Forderungen einen Raumbereich fest, in dem die Komponenten in einem gewünschten Mischungsverhältnis vorliegen sollen. Die durch diese Raumbereiche festgelegten Probemengen sind umfangmäßig recht unterschiedlich.

Bei der Aschebestimmung von Steinkohle soll die Mindestmenge [g] der Proben $50\,d$ betragen, wobei d [mm] die Korngröße des größten Kornes ist [9].

Die vorstehenden Ausführungen über die Prüfung der Schärfe des aus den Proben gewonnenen Bildes geben nur eine gewisse Einführung; sie reichen jedoch fast immer aus, weil die statistischen Probleme der Probennahme für Korngrößenanalysen im allgemeinen von einfacher Art, und weil die Einflüsse bei der Probenreduktion meist sehr klein sind. Für besonders gelagerte Fälle wird auf das Spezialschrifttum verwiesen, beispielsweise auf die Bücher von A. LINDER [10], R. A. FISHER [11], U. GRAF, H. J. HENNING und K. STANGE [5], L. SCHMETTERER [12] und G. HERDAN [7].

2.3 Geräte und Methoden der Probenahme

Die mathematische Statistik weist nach den obigen Ausführungen nicht nur auf Einflußgrößen bei der Probenahme hin, sondern liefert vor allem Methoden zur Beurteilung der Schärfe des aus den Proben gewonnenen Bildes. Die mit Hilfe dieser Statistik z. B. ermittelte Streuung s der Meßwerte hängt aber nicht nur von den bisher erwähnten Einflußgrößen wie Zahl und Größe der Proben sowie der Art der Prüfpläne ab, sondern auch von der Technik der Probenahme, wie nun zu erörtern ist. Ein Beispiel möge entsprechende Hinweise geben. Eine Schiffsladung von geschüttetem Quarz, z. B. für die Porzellanherstellung, wird man nicht nach der Verladung im Schiff prüfen, weil dann die Zugänglichkeit beschränkt ist. Zweckmäßig ist es, während der Beladung vom Band periodisch Proben zu entnehmen. Dann wird das Bild bei gleicher Probenzahl schärfer sein als bei einer Probenahme aus dem Schiff. Die technischen und statistischen Probleme sind somit eng verknüpft. Die Statistik liefert Grundlagen, die dem mit der Durchführung der Probennahme beauftragten Konstrukteur oder Betriebsingenieur den Weg zeigen, die Geräte zur Probenahme so zu entwickeln und anzuwenden, daß die Genauigkeit verbessert und der Aufwand herabgesetzt wird. Auf diesem Wege haben sich bestimmte Geräte und Verfahren zur Probennahme durchgesetzt. Es gibt drei Grundtypen, und zwar Geräte zur Entnahme von Proben aus Haufwerken, Suspensionen und Aerodispersionen. Als Hauptforderung gilt, daß die Geräte das Material in dem Zustand entnehmen, wie es in dem abgegrenzten Bereich (Probengröße) der Gesamtheit vorliegt. Entmischungen sind die häufigsten und damit besonders kritisch zu bewertenden Fehlerquellen während der Probenahme.

2.3.1 Probenahme aus Schüttgütern

Die Probenehmer für *ruhende* Schüttgüter sind einfache Geräte wie
Schaufel, Gabel, Probenstecher usw., die es in vielen Formen gibt [13].
Größere Schüttgutmengen, wie z. B. Bunkerfüllungen und Schiffsladungen, sind im allgemeinen für eine Probenahme nicht genügend zugänglich,
so daß sich gewisse Zonen überhaupt nicht prüfen lassen. In solchen Fällen
ist es notwendig, die Proben während des Füllens oder Entleerens zu
nehmen. Erfolgt die Probenahme vom Band, von der Schüttelrinne, aus

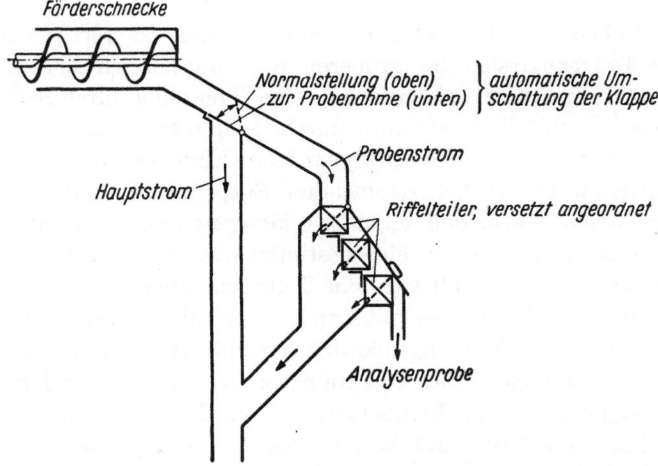

Abb. 6. Schema einer automatischen Probenahme aus einem Schüttgutstrom. Die Arbeitsweise eines
Riffelteilers wird mit Abb. 22 erklärt

Transportschnecken oder dergl., so muß nach Möglichkeit der *gesamte*
Mengenstrom für die Dauer der Probenahme abgezweigt und aufgefangen
werden, falls Entmischungen in einer Ebene quer zur Förderrichtung auftreten können (z. B. Anreicherung des feinen Materials an der Berührungs-
fläche Material-Förderband). Die Zeitdauer der Probenentnahme (Probengröße) muß sich nach den jeweiligen Bedingungen richten. Er-
fahrungsgemäß liefern bei der Probenahme aus einem Mengenstrom
große Proben mit anschließender Reduktion häufig ein schärferes Bild
als eine gleiche Zahl kleinerer Proben. Die günstigsten Bedingungen
müssen jedoch mit Hilfe der Statistik versuchstechnisch ermittelt werden, da sich oft gegenläufige Einflüsse überlagern. So wurde schon erwähnt, daß bei mehrstufigen Modellen im allgemeinen in der ersten
Stufe die größten Streuungen auftreten, die sich durch Vergrößern von
Zahl und Umfang der Proben verkleinern lassen. Andererseits kann dabei unter gewissen Bedingungen die Korrelation zunehmen, ein Einfluß,

der die Genauigkeit verschlechtert. Derartige Überlegungen gelten besonders für den zeitlichen Abstand bei der Probenahme vom Band.

In einem Kalkwerk werden zur Analyse des CaO-Gehaltes z. B. etwa 1,5% des stetigen Mengenstromes periodisch abgezweigt und auf Analysengröße reduziert. Die nicht für Analysenzwecke vorgesehenen Mengen fließen in den Hauptstrom zurück. Derartige Anlagen lassen sich staubfrei und vollautomatisch ausführen. Ein Beispiel für eine automatische Probenahme ist schematisch in Abb. 6 dargestellt.

2.3.2 Probenahme aus Suspensionen

Eine Probenahme bei ruhenden Suspensionen ist recht schwierig, falls die Teilchengrößen im gröberen Körnungsbereich liegen. Unter derartigen Bedingungen erfolgt eine gewisse Trennung durch Sedimentation. Dieser Einfluß läßt sich zwar durch Rühren beseitigen, jedoch sind dann Trennvorgänge durch hydrodynamische Einflüsse möglich. Weniger Schwierigkeiten treten bei strömenden Suspensionen auf. In diesen Fällen ist anzustreben, den gesamten Mengenstrom, z. B. über einen geeigneten Dreiwegehahn, für eine bestimmte Zeit zu entnehmen. Ist die Menge zu groß, so empfiehlt sich eine Teilstromentnahme.

Das Abtrennen der Flüssigkeit bzw. des körnigen Materials aus der Probe erfolgt je nach Korngröße durch Eindampfen, Filtrieren, Sedimentieren, Sieben usw. Bei Trocknungsprozessen sind Agglomeratbildungen möglich, die zur Fehlbeurteilung im Körnungsaufbau führen können. Für diese Fälle sind, soweit möglich, Korngrößenanalysen zu wählen, die kein Abtrennen des körnigen Materials aus der Suspension erfordern.

2.3.3 Probenahme aus Aerodispersionen

Die Probenahme aus Aerodispersionen erfolgt im allgemeinen derart, daß ein bestimmtes Volumen aus der ruhenden oder strömenden Aerodispersion abgesaugt wird. Es entsteht so ein Teilstrom, aus dem die Teilchen vollständig abzuscheiden sind. Dies geschieht mit denselben Methoden wie in der Entstaubungstechnik. Der Staub fällt allgemein in loser Form an. Für eine mikroskopische Korngrößenanalyse empfiehlt sich oft auch eine direkte Abscheidung auf einem Objektträger.

Die Technik der Probenahme aus Aerodispersionen läßt sich somit in zwei Bereiche aufgliedern, nämlich in die Teilstromentnahme und in die Abscheidung.

2.3.3.1 Teilstromentnahme. Das Schema einer üblichen Anordnung zur Probenahme aus strömenden Aerodispersionen zeigt Abb. 7.

Mit der Sonde 1 wird der Teilstrom entnommen. Um dabei Entmischungen und damit ein Verändern der Probe zu vermeiden, muß die

Teilstromgeschwindigkeit in der Sondenöffnung bestimmte Bedingungen erfüllen. Mit Hilfe des Meßrohres a wird der Gesamtdruck, über die Bohrung b der statische Druck und damit die Geschwindigkeit im Hauptgasstrom gemessen. Die Einstellung der Teilgasgeschwindigkeit läßt sich beispielsweise über eine Blendenmessung 3 durchführen. Die Abscheidung des Staubes erfolgt im Abscheider 2.

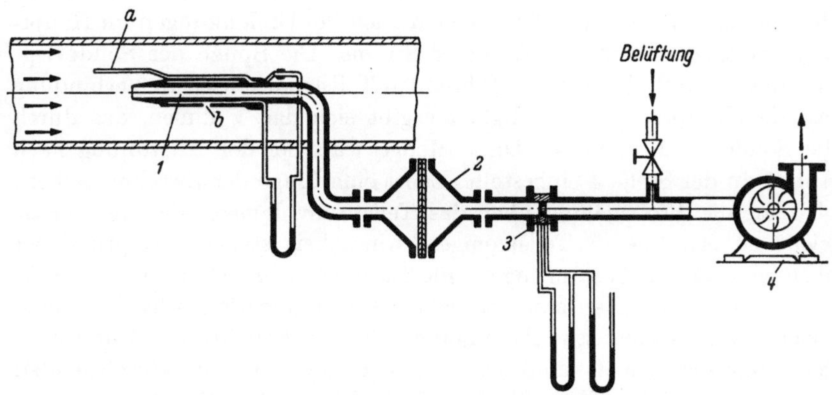

Abb. 7. Anordnung zur Probenahme aus einer strömenden Aerodispersion

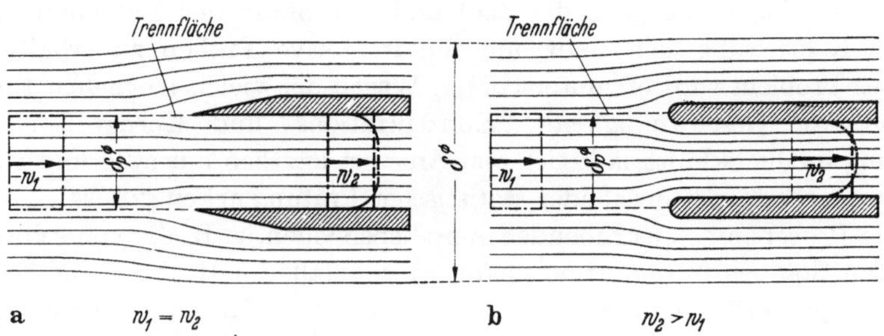

a $\quad w_1 = w_2$ $\qquad$ b $\quad w_2 > w_1$

Abb. 8. Strömungsverhältnisse bei Entnahmesonden. $\delta_p = \varnothing$ Teilgasstrom; $\delta = \varnothing$ Hauptgasstrom

Eine Probe ist dann repräsentativ, wenn z. B. der in Abb. 8 durch die gestrichelte Linie begrenzte Stromfaden mit dem Durchmesser δ_p in die Sonde gelangt und damit zum Teilgasstrom wird. Diese Forderung wird aufgrund vieler Untersuchungen dann erfüllt, wenn im Haupt- und Teilgasstrom gleiche Geschwindigkeiten vorliegen, also die Bedingung $w_1 = w_2$ erfüllt ist [14—18]. E. WALTER stellt dagegen aufgrund von Versuchen fest, daß $w_2 > w_1$ sein muß [19]. Beide Feststellungen können richtig sein. Es läßt sich nämlich zeigen, daß das notwendige Verhältnis von w_1 zu w_2 ausschließlich von der Sondenform abhängt oder davon, wie man den Teilgasstrom definiert.

Lassen wir die Existenz des Teilgasstromes nicht mit dem Eintritt in die Sonde beginnen, sondern eine ausreichende Entfernung davor. Der Teilgasstrom ist dann richtig definiert, wenn in der Trennfläche zwischen diesem und dem Hauptgasstrom keine Übergänge von Staubteilchen erfolgen. Dies ist sicher dann der Fall, wenn die Trennfläche in Strömungsrichtung keine Krümmungen aufweist und in die vordere Spitze der Sonde einmündet, wie in Abb. 8a und b dargestellt. Unter diesen Bedingungen verbleiben alle Teilchen auch bei Umlenkungen im Haupt- bzw. Teilgasstrom innerhalb dieser Ströme. Die Spitze der Sonde legt also den Querschnitt des abzuführenden Teilstromes fest. In Verbindung mit der Hauptgasgeschwindigkeit ergibt sich das Volumen, das durch die Sonde abzuführen ist. Diese Menge wird bei der Anordnung nach Abb. 7 an der Stelle 4 eingestellt. Es ist eine Frage der Zweckmäßigkeit, ob man die Probenahme über das Teilstromvolumen oder die daraus leicht zu errechnende Teilstromgeschwindigkeit steuert. Aufgrund der oben gemachten Ausführungen gilt für eine sehr scharfkantige Keil- sonde (Abb. 8a) und strömungsparallele Anordnung die geschwindigkeits- gleiche oder isokinetische Absaugung. Für den Fall (Abb. 8b) und ähn- liche Konstruktionen muß $w_2 > w_1$ sein. Bei hiervon abweichenden Verhältnissen läßt sich der Fehler oft abschätzen [20, 21, 22].

Bei der Probenahme aus strömenden Aerodispersionen stellt sich noch die Frage, wie groß die Zahl und Verteilung der Meßpunkte in einer Rohrleitung sein muß, um repräsentative Proben zu erhalten. Dieses Problem wird oft unterschätzt. Wegen der vielen möglichen Ein- flüsse, wie Geschwindigkeits-, Konzentrations- und Korngrößenver- teilung im Querschnitt, läßt sich eine Antwort letztlich nur aufgrund von Versuchen mit entsprechender statistischer Prüfung geben [23, 24].

Die Probenahme aus ruhenden Aerodispersionen, z. B. die von schwe- benden Stäuben in der Atmosphäre, ist ebenfalls im Hinblick auf Ent- mischungen kritisch zu bewerten. Wenn in diesem Fall auch die Sonden- technik keine Anwendung findet, so gelten doch die dort gemachten Ausführungen sinngemäß. Wegen der notwendigen Entnahme mit anschließender Abscheidung muß man ein bestimmtes Gasvolumen beschleunigen. Die Gefahr der hierbei möglichen Entmischungen ist um so geringer, je kleiner die Entnahmegeschwindigkeit ist. Daher werden für die Ansaug- oder Eintrittsöffnungen ausreichende Querschnitte vor- gesehen.

2.3.3.2 Abscheiden des Staubes aus dem Teilgasstrom. Die Abschei- dung der Staubteilchen aus dem Teilgasstrom geschieht mit den von der Entstaubungstechnik her bekannten Methoden. Die im Abscheider notwendige und gezielte Verschiebung zwischen Staub und Träger- medium läßt sich durch Kräfte, wie z. B. Flieh- und elektrische Kräfte und durch Filtration erreichen. Entsprechend spricht man von Fliehkraft-, Elektro- und Filtrationsabscheidern bzw. -entstaubern. Da bei der Probenahme eine vollständige Abscheidung anzustreben ist, interessiert insbesondere die Güte der Abscheidung für die verschiedenen Bauarten.

2.3.3.2.1 Filtrationsabscheider. Das Prinzip dieses Abscheiders, ein Schema zeigt Abb. 9, beruht darauf, daß die Staubteilchen bei der Durchströmung des Trägermediums durch ein poröses System von diesem zurückgehalten werden. Dieses poröse System ist zu Beginn der Filtration durch den Filterstoff vorgegeben, der z. B. aus Geweben oder Faserstoffen bestehen kann. Nach einer bestimmten Zeit übernimmt auch der abgeschiedene Staub in zunehmendem Maße die Filtrationsfunktion. Mit diesem Vorgang steigt nicht nur der Druckverlust (Nachregelung der Luftmenge), sondern auch die Güte der Filtration.

Bei der Filtration werden mit Sicherheit alle Staubteilchen zurückgehalten, die größer sind als die für die Strömung zur Verfügung stehenden Porenkanäle. Es können aber auch feinere Teilchen abgeschieden werden, nämlich dann, wenn sie bei der Ein- und Durchströmung auf Elemente des porösen Systems auftreffen und dort durch Haftkräfte festgehalten werden. Diesen Effekt sollte man aber nicht zur alleinigen Grundlage bei der Probenahme machen, weil die Einflüsse sehr komplex und nicht immer kontrollierbar sind.

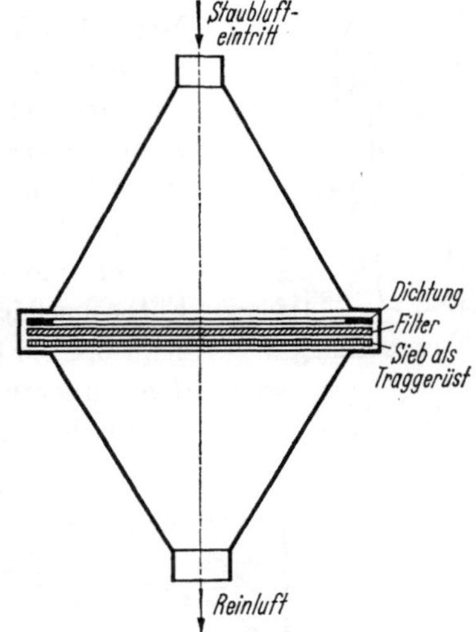

Abb. 9. Schema eines Filtrationsabscheiders

Filterstoffe. Die Hersteller von Filterstoffen liefern diese für einen weiten Bereich an Porengrößen. Die Werte gibt man sowohl direkt als auch indirekt an, wie z. B. über den Druckverlust bei der Durchströmung einer bestimmten Gasmenge. Zur Abscheidung größerer Mengen verwendet man aus Gründen der Festigkeit meist textile Gewebe, die aus Natur- oder Chemie-Fasern bestehen können. Für mittlere Mengen sind auch Filterpapiere oder andere poröse Stoffe aus ungeordnet gelagerten Fasern geeignet. Für kleinere Mengen sind diese Faserstoffe und das Membranfilter vorherrschend.

Für manche Fälle haben sich lösliche oder verdampfbare Filtermedien bewährt. Filterstoffe z. B. aus Tetrachlornaphthalin sind in Benzol löslich.

Will man einen Staub direkt auf dem Filterstoff, z. B. mikroskopisch auswerten, dann sind poröse Stoffe vorteilhaft, die eine möglichst glatte Oberfläche haben und eine Porenverteilung derart, daß keine Teilchen in den Stoff eindringen. Diese Forderungen erfüllen pergamentähnliche Membranen, die sog. Membranfilter [25, 26, 27]. Sie werden durch kolloidchemische Prozesse oder auch nach physikalischen Methoden hergestellt. Das auf physikalische Weise hergestellte Membranfilter [28] ist z. B. eine Folie aus Polycarbonat mit Poren, die man durch radioaktive Bestrahlung mit anschließender chemischer Behandlung erzeugt. Hierbei entstehen fast zylindrische Poren mit ziemlich einheitlichem Durchmesser und einer Orientierung fast senkrecht zur Filteroberfläche. Die Porengröße läßt sich zwischen etwa 0,1 bis 10 μm einstellen. Diese Hinweise lassen den äußeren Unterschied gegenüber den kolloidchemisch hergestellten Membranfiltern erkennen.

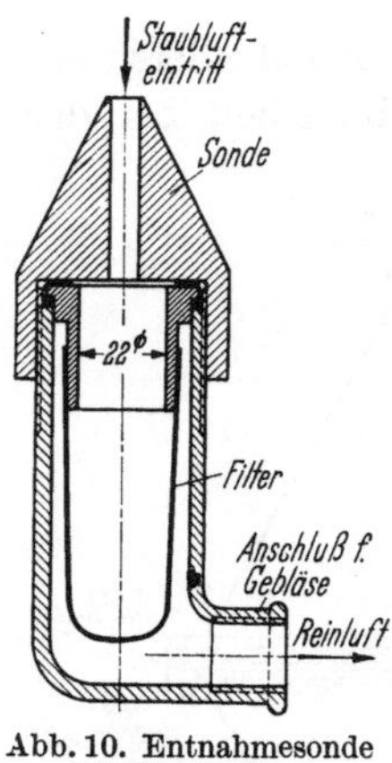

Abb. 10. Entnahmesonde mit eingebautem Abscheider

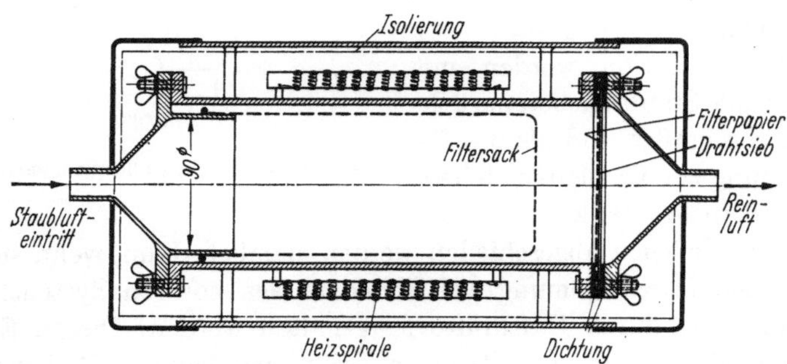

Abb. 11. Filtrationsabscheider (Bauart Ströhlein)

Bei diesen ist die Oberfläche nicht so glatt und die Porengröße nicht so einheitlich. Sie sind aber wesentlich preiswerter.

Die Filtrationsabscheider sind, wie schon die Abb. 9 zeigt, vergleichsweise einfache Geräte. Unterschiedliche Bauarten sind vorwiegend durch die jeweils geforderte Probengröße bedingt. Für kleinere Staubmengen kann der Abscheider auch direkt in die Sonde eingebaut werden, wie Abb. 10 zeigt, während für größere Mengen das Gerät nach Abb. 11 geeignet ist. Das Gerät wird entweder mit einem Filtersack oder mit Filterpapier bestückt, wodurch eine Anpassung an sehr verschiedenartige Bedingungen möglich ist.

Abschließend sei erwähnt, daß der Filtrationsabscheider der am häufigsten verwendete Abscheider bei der Probenahme aus Aerodispersionen ist. Die Methode ist einfach, und man findet für jede Dispersion einen Filterstoff mit hinreichend feinen Filterporen. Auch sind die Geräte im Hinblick auf die Menge anpassungsfähig. Dies ist besonders für eine richtige Teilstromentnahme von Bedeutung.

2.3.3.2.2 Fliehkraftabscheider. Für die Erzeugung von Fliehkräften an Staubteilchen gibt es im wesentlichen zwei Möglichkeiten, nämlich die Zentrifuge und die Umlaufströmung. Bei der Probenahme ist die zuletztgenannte Methode vorherrschend. Das Schema eines Fliehkraftabscheiders zeigt Abb. 12.

Unter idealen Bedingungen bildet sich in der gesamten Höhe etwa im Bereich zwischen Tauchrohr und Außenwand ein Potentialwirbel mit der Umlaufgeschwindigkeit $w_t = \text{const}/r$, im Kern eine Rotationsströmung mit $w_t = \omega \cdot r$ und im unteren konischen Bereich zusätzlich eine Senke aus. Hieraus läßt sich ableiten, daß die tangentiale Umlaufgeschwindigkeit w_t und damit die Fliehkraft an den

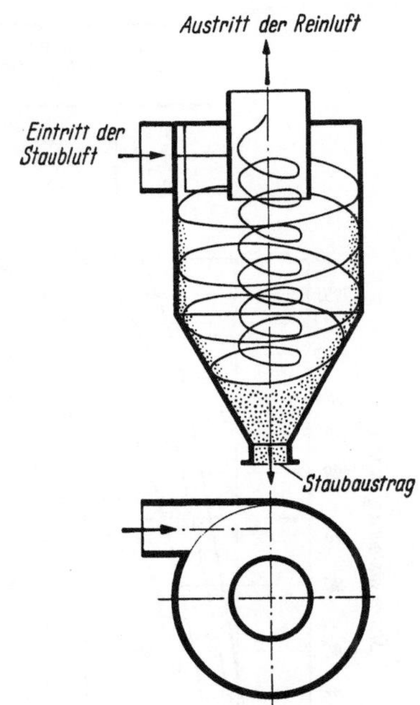

Abb. 12. Strömungsverlauf in einem Zyklon

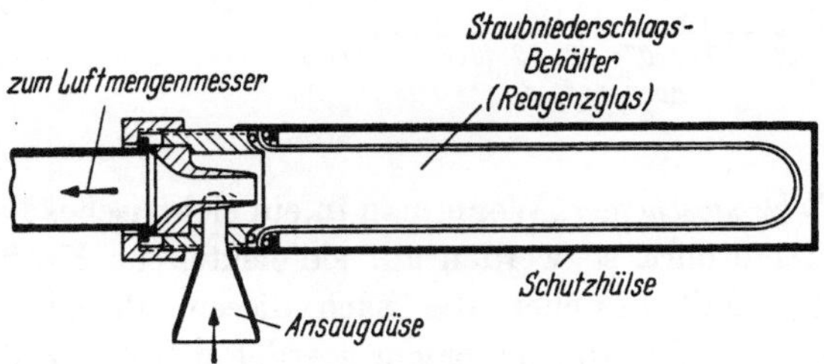

Abb. 13. Schematische Darstellung der Zyklonsonde

Staubteilchen unter ähnlichen Bedingungen um so größer ist, je kleiner der Durchmesser des Zyklons gewählt wird. Mit der Länge des Zyklons verbessert sich ebenfalls die Abscheidegüte. E. WALTER hat diese Parameter für einen Zyklon-Abscheider, Abb. 13, mit den Abmessungen nach Tab. 5 zum Zwecke der Probenahme untersucht [29]. Die Ergebnisse in Abb. 14 bestätigen die Aussage. Es gibt eine untere Grenze, sie liegt bei etwa 1 µm, weil die Fliehkräfte mit der Korngröße schneller abnehmen

2*

als die entgegenwirkenden Schlepp- bzw. Strömungskräfte. Ein weiterer Grund für diese Grenze ist auch noch die Turbulenz.

Tabelle 5. *Abmessungen der von* E. WALTER *benutzten Zyklonsonden*

Sonde Nr.	ø des Glasrohres mm	Länge des Glasrohres mm	Luftmenge m³/h
1	15	160	2,5– 5
2	19	180	4,5–10
3	28	200	9,5–15

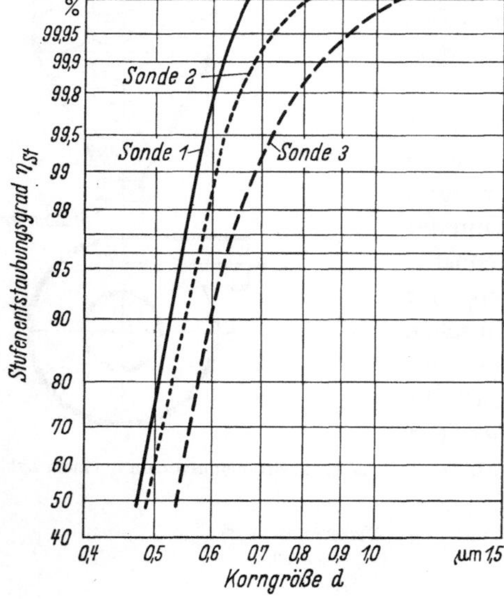

Abb. 14. Stufenentstaubungsgrade von Zyklonsonden (nach WALTER [29])

2.3.3.2.3 Elektroabscheider. Wenn man in ein elektrisches Feld geladene Staubteilchen einführt, so werden auf sie elektrische Kräfte ausgeübt. Im einfachsten Fall bestehen die nach diesem Prinzip arbeitenden Elektroabscheider (Abb. 15) aus einem geerdeten Rohr, in dessen Achse ein Draht von etwa 1 mm ø angeordnet ist. Hieran ist eine Spannungsquelle von z. B. —40000 Volt angelegt. Durchströmen negativ aufgeladene Teilchen ein auf diese Weise gebildetes elektrisches Feld, so wandern sie infolge der elektrischen Kräfte zum positiven Pol, d. h. zur Niederschlagselektrode.

Die für die gleichsinnige Aufladung der Teilchen notwendigen Ladungen werden im Sprühfeld des negativ gepolten Drahtes kontinuierlich durch Stoßionisation erzeugt. In der Umgebung des Sprühdrahtes herrscht ein starkes Potentialgefälle. Elektronen, die sich zufällig in diesem Feld befinden, erfahren eine starke Beschleunigung. Beim Auftreffen auf Gasatome oder Gasmoleküle werden neue Elektronen abgespalten, ein Vorgang, der sich in Form einer Kettenreaktion fortsetzt. Auf diese Weise entstehen Elektronen und positive Gasionen. Werden Elektronen von Gasatomen oder Gasmolekülen adsorbiert, entstehen negative Gasionen. Die in der Umgebung des Sprühdrahtes entstehenden

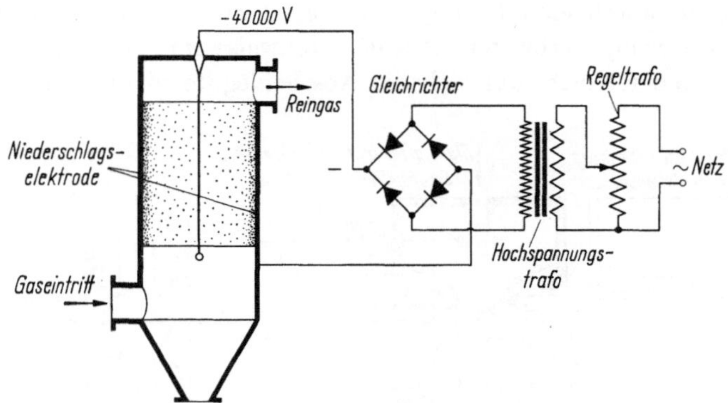

Abb. 15. Schema eines Elektroabscheiders

positiven Gasionen wandern zum Sprühdraht. Das sichtbare Merkmal des Abtrennens von Elektronen von Gasmolekülen oder Gasatomen ist ein Glimmen (Koronaentladung).

Die so erzeugten negativen Gasionen und Elektronen wandern infolge des elektrischen Feldes zum positiven Pol. Auf diesem Wege treffen sie mit Staubteilchen zusammen, haften an diesen fest und erteilen ihnen eine negative Ladung, so daß diese nun zur Niederschlagselektrode wandern. Auch der bei der Koronaentladung entstehende elektrische Wind unterstützt die Staubabscheidung.

Aus theoretischen Betrachtungen folgt, daß die Wanderungsgeschwindigkeit der Teilchen unter 1 μm (ohne Schlupf) unabhängig von der Korngröße und die der gröberen Teilchen etwa proportional der Korngröße ist. Diese Feststellung wurde vor allem für die interessierenden feinen Korngrößen durch Experimente bestätigt. Aufgrund dieser Ergebnisse existiert im Hinblick auf die Abscheidung im Prinzip keine untere Korngrößengrenze.

Störungen sind aus anderen Gründen zu erwarten, z. B. dann, wenn der elektrische Widerstand der Stäube sehr klein oder sehr groß ist [30]. Im zuletzt genannten Fall geben die abgeschiedenen Teilchen ihre Ladungen an die Niederschlagselektrode nur schlecht ab, so daß ein Rücksprühen auftreten kann. Hierdurch wird die Abscheidegüte verschlechtert. Durch Anfeuchten des Trägermediums, das eine höhere

Oberflächenleitfähigkeit der Teilchen bewirkt, läßt sich das Rücksprühen oft vermindern. Auch hat sich in solchen Fällen eine zweistufige Anordnung bewährt. In der ersten Stufe befinden sich nur die Sprühelektroden, an die z. B. eine negative Spannung von 10 kV angelegt ist. Hier erfolgt das Aufladen der Teilchen, während die Abscheidung in der aus Platten bestehenden zweiten Stufe (bei z. B. 6 kV) geschieht.

Trotz des Vorteils, daß sich mit einem Elektroabscheider prinzipiell alle Teilchen abscheiden lassen, ist dieses Gerät als Probenehmer vergleichsweise wenig verbreitet. Das liegt teilweise im notwendigen Aufwand begründet. Auch läßt sich die Abscheidegüte nicht so sicher wie

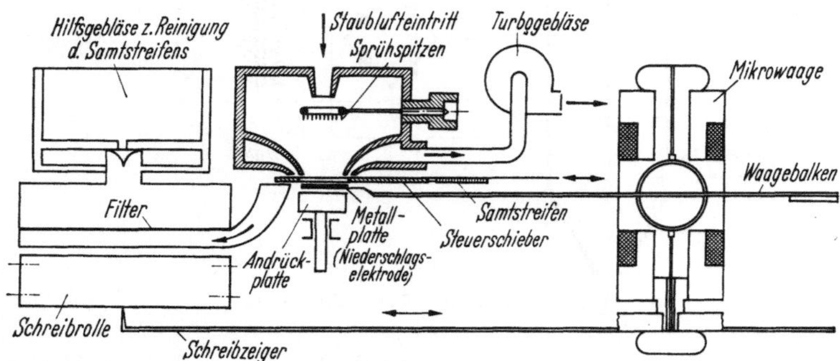

Abb. 16. Schema der GASTschen Staubwaage (Ansicht von oben)

etwa beim einfachen Filtrationsabscheider vorhersagen. Anwendung findet diese Methode z. B. in der GASTschen Staubwaage [31], Abb. 16, in dem Probengerät nach B. A. BERGSTEDT [32] und einigen anderen Bauarten [33, 34, 35, 36].

2.3.3.2.4 Abscheiden durch thermomolekulare Kräfte. Beim Thermalpräzipitator erfolgt die Abscheidung der Staubteilchen durch thermomolekulare Effekte. Wie das Schema in Abb. 17 zeigt, strömt die Aerodispersion an einem erhitzten Draht [37] oder Heizband vorbei [38]. Durch das zwischen dem Draht und den Glasplatten herrschende Temperaturgefälle entstehen Kraftwirkungen an den Staubteilchen in Richtung des Temperaturgefälles (thermomolekularer Druck). Die durch diese Kräfte auf Glasplatten oder andere Träger abgeschiedenen Staubteilchen lassen sich sowohl licht- wie elektronenmikroskopisch auszählen und ausmessen.

Es ist bekannt, daß die Moleküle der Gase in ständiger Bewegung sind (Molekularbewegung) und daß die durchschnittliche kinetische Energie der Moleküle mit der Temperatur steigt. Ein Staubteilchen, das sich in einem Gas befindet, in dem ein Temperaturgefälle herrscht, ist daher von Gasmolekülen umgeben, deren mittlere kinetische Energie in Richtung steigender Temperatur zunimmt. Hierdurch entsteht die schon genannte Kraft in Richtung abnehmender Temperatur. Diese

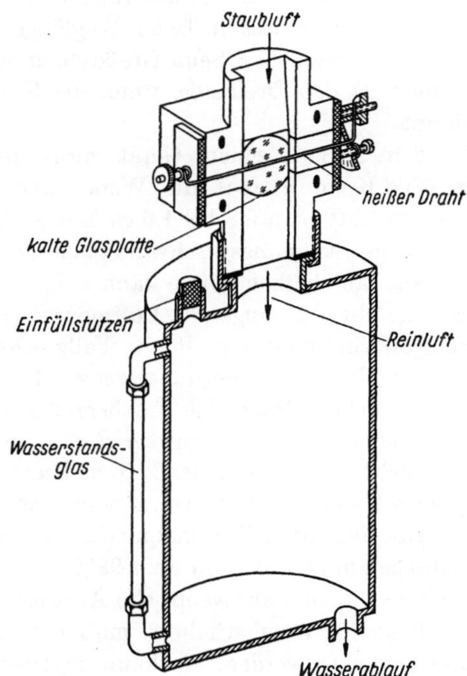

Abb. 17. Schema eines Thermal-
präzipitators

Kraft beträgt nach Untersuchung von EPSTEIN (SAXTON und RANZ) [39]:

$$K = -\frac{9}{2} \cdot \pi \cdot d \frac{\lambda_G}{2\lambda_G + \lambda_K} \frac{\eta^2}{\varrho_{FL} \cdot T} \frac{\mathrm{d}T}{\mathrm{d}x} \qquad (9)$$

In dieser Gleichung bedeuten:

d Korngröße
λ_G, λ_K Wärmeleitzahl des Gases bzw. der Teilchen
T absolute Temperatur
$\mathrm{d}T/\mathrm{d}x$ Temperaturgradient
η Zähigkeit des Gases
ϱ_{Fl} Dichte des Gases

Die Wanderungsgeschwindigkeit der Staubteilchen erhält man aus der obigen Gleichung und dem Widerstandsgesetz nach STOKES-CUN-NINGHAM. Für die Teilchen in einer bestimmten Aerodispersion ergibt sich eine Wanderungsgeschwindigkeit von

$$v = \frac{c}{T} \frac{\mathrm{d}T}{\mathrm{d}x} \qquad (10)$$

wobei der Wert c dimensionsbehaftet ist.

Die Geschwindigkeit ist somit unabhängig von der Korngröße, wodurch auch die Abscheidung von feinsten Staubteilchen mit Sicherheit möglich ist. Der in Gl. (10) auftretende Wert c ist jedoch abhängig von dem Verhältnis zwischen freier Weglänge l der Gasmoleküle und der Größe der Staubteilchen. Seine Größe steigt bei sonst gleichen Bedingungen um mehr als das Dreifache, wenn die Korngröße von $d > l$ auf $d < l$ abnimmt.

Bei dem z. B. in einem Gerät vorhandenen Temperaturgefälle von etwa 6000 K/cm beträgt die Wanderungsgeschwindigkeit der Staubteilchen in Luft etwa 0,8 bis 1,6 cm/sec. Aufgrund dieser Werte läßt sich die zulässige Strömungsgeschwindigkeit der Staubluft in dem Abscheidungskanal abschätzen. Diese kann z. B. 5 cm/sec betragen, woraus sich dann eine durchzusaugende Luftmenge von etwa 10 cm³/min ergibt. Diejenigen Staubteilchen, deren Fallgeschwindigkeit nicht wesentlich kleiner ist als die Wanderungsgeschwindigkeit infolge des thermomolekularen Druckes, lassen sich nur begrenzt abscheiden. Bei den üblichen Geräten ist eine Abscheidung für $d < 5$ µm vollständig, für $d > 20$ µm jedoch nicht mehr ausreichend. Der Thermalpräzipitator ist daher ein geeignetes Gerät zur Probenahme von sehr feinen Teilchen. Die Fa. Sartorius gibt für ihren Thermalpräzipitator und diese Bedingungen Gesamtabscheidungsgrade von über 99% an.

Um eine für die mikroskopische Auswertung geeignete Verteilung auf dem Objektträger zu erhalten, muß die Meßdauer der Staubkonzentration angepaßt werden. Sie kann zwischen 5 und 45 Minuten liegen. Die Luftmenge wird über den Wasserablauf eingestellt. Hieraus wird auch sichtbar, daß dieses Gerät für die Probenahme aus strömenden Aerosolen nicht oder nur unter bestimmten Bedingungen geeignet ist. Auch über das Temperaturgefälle bzw. den Heizstrom läßt sich die Verteilung beeinflussen.

2.3.3.2.5 Abscheiden durch Trägheitskräfte. Trägheitskräfte zur Abscheidung werden bei den Aufprallabscheidern ausgenützt, Abb. 18. Wird ein Gasstrahl umgelenkt, so wollen die Staubteilchen infolge der Trägheit ihre bisherige Richtung beibehalten. Dadurch entsteht eine

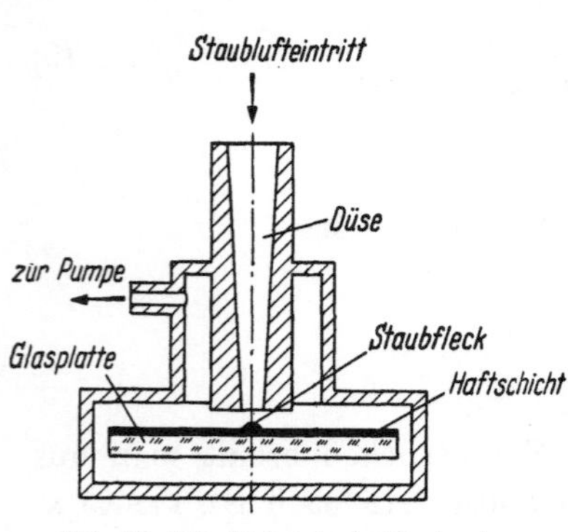

Abb. 18. Schnitt durch ein Konimeter

Relativbewegung, die sich aus den Trägheitskräften einerseits und den Strömungskräften andererseits ergibt. Da die Trägheitskräfte mit der dritten, die Strömungskräfte in grober Näherung nur mit der zweiten Potenz der Teilchengröße abnehmen, wird sichtbar, daß einer Abscheidung auf diese Weise Grenzen gesetzt sind. H. RUMPF [40] hat z. B. ausgerechnet, daß ein Staubteilchen mit $d = 1\ \mu$m und 100 m/sec abgeschossen, schon nach 0,25 mm Flugweg seine Geschwindigkeit verloren hat. Mit diesen Hinweisen wird verständlich, daß Teilchen mit $d < 0,5\ \mu$m nur noch teilweise abgeschieden werden. Die Daten einiger Aufprallabscheider oder Impaktoren und die Abhängigkeit der unteren abgeschiedenen Korngröße (Fraktion) von der Strömungsgeschwindigkeit nach Messungen von K. H. FRIEDRICHS [41] sind in Tab. 6 dargestellt. Aufprallabscheider oder Impaktoren sind somit für sehr feine Stäube nicht einsetzbar.

Tabelle 6. *Kenngrößen verschiedener Impaktoren*

| Bauart | Stufe | Abstand von der Platte mm | Kenngrößen der Düsen | | Durchmesser mm | Durchsatz V_t l/min | Strömgs.-geschw. m/s | Abgeschiedene Fraktion μm |
			Breite mm	Höhe mm				
CASELLA	1	6/1	19	7/6			2,20	>12—8
	2	2/0,14	14	1,45		17,5	10,20	19—4 —2
	3	0,36	14	0,75			27,50	7—1,5—0,8
	4	0,14	14	0,27			77,00	2—0,5—0,3
ANDERSEN	1				1,18		1,08	> 9,2
	2				0,91		1,80	9,2—5,5
	3	2,5			0,71	28,3	2,97	5,5—3,3
	4				0,53		5,28	3,3—2,0
	5				0,34		12,78	2,0—1,0
	6				0,25		23,29	< 1,0
UNICO	1		20	3,56			0,24·V	
	2		20	1,52		2—40	0,55·V	variabel
	3		20	0,64			1,31·V	
	4		20	0,25			3,30·V	

Die Fangflächen werden mit einem Haftmittel, z. B. Vaseline, überzogen, damit die abgeschiedenen Teilchen nicht von der Strömung mitgerissen werden. Die Ausbildung der Flächen hängt vom Zweck der Probenahme ab. Man nimmt z. B. Filterpapiere oder Folien, wenn die Proben auszuwiegen sind. Für eine lichtoptische Auswertung werden Objektträger aus Glas verwendet. Elektronenoptische Auswertungen sind selten, weil sich Teilchen des entsprechenden Größenbereiches nicht abscheiden lassen. Es sei noch erwähnt, daß man ein- und mehrstufige Aufprallabscheider verwenden kann, wie auch aus Tab. 6 sichtbar wird. Mit den mehrstufigen Impaktoren (Abb. 19) kann man sich auch einen Überblick über die Korngrößenverteilung verschaffen. Von den vielen bekannten einstufigen Bauarten sei an dieser Stelle das Konimeter (S. 172) erwähnt.

Trägheitskräfte werden auch ausgenutzt, um Staub vom gasförmigen Trägermedium in eine Flüssigkeit zu überführen. Solche Abscheider

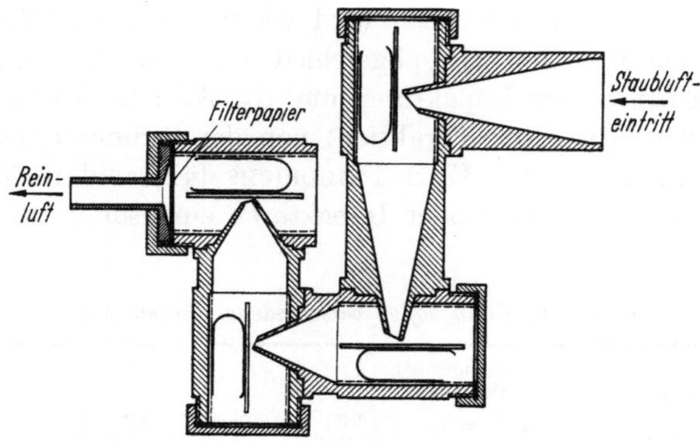

Abb. 19. Schema eines vierstufigen Impaktors

nennt man Wasch- oder auch Naßentstauber. Für die Probenahme findet dieses Prinzip Anwendung beim Impinger. Dieses Gerät ist schematisch in Abb. 20 dargestellt. Es lassen sich nur grobe Teilchen, etwa der Größe $d > 1\,\mu m$, abscheiden. Je nach den gegebenen Bedingungen wird dieses Gerät allein eingesetzt oder einem Filtrationsabscheider vorgeschaltet, wie z.B. die Abb. 21 zeigt.

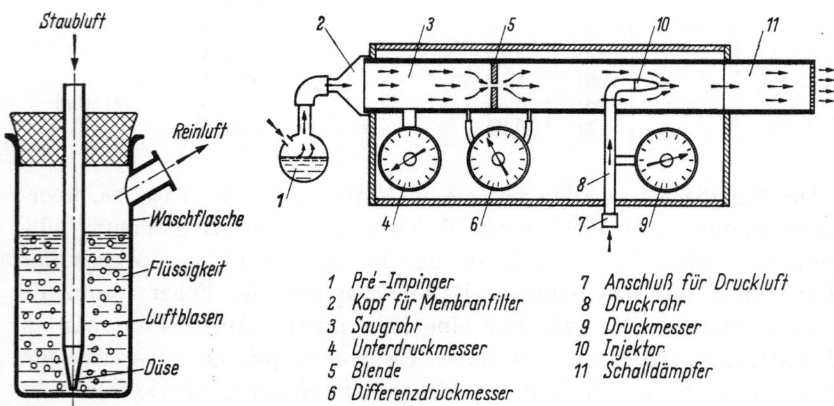

1 Pré-Impinger
2 Kopf für Membranfilter
3 Saugrohr
4 Unterdruckmesser
5 Blende
6 Differenzdruckmesser
7 Anschluß für Druckluft
8 Druckrohr
9 Druckmesser
10 Injektor
11 Schalldämpfer

Abb. 20. Schema eines Gerätes zur Prallabscheidung unter Flüssigkeit (Impinger)

Abb. 21. Membranfilter-Absauggerät mit vorgeschaltetem Impinger

Wie auch schon angedeutet, sind nicht alle erwähnten Abscheidegeräte für die Probenahme aus strömenden Aerodispersionen geeignet,

weil in diesem Fall eine bestimmte Teilstrommenge entnommen werden
muß. Ferner ist die Anwendbarkeit der verschiedenen Abscheider auf
bestimmte Korngrößenbereiche beschränkt. Die Tab. 7 möge zusammen-
fassend eine Übersicht geben.

Tabelle 7. *Verwendbarkeit von Abscheidegeräten bei der Probenahme aus Aerodispersionen*

Gerät	Thermal-präzipitator	Konimeter (Prallabscheider)	Filtrations-abscheider	Elektro-Abscheider	Zyklon
Korngrößen-bereich in μm	$d<5$	$0,5<d<20$	$0,05<d$	$0,01<d<30$	$1<d$
verwendbar für ruhende Aero-dispersionen	ja	ja	ja	ja	ja (beschränkt)
verwendbar für strömende Aero-dispersionen	nein (beschränkt)	nein (beschränkt)	ja	ja	ja

2.4 Die Probenteilung

Die durch die Probenahme anfallenden Sammel- und Stichproben sind
für die Korngrößenanalyse oder auch andere Untersuchungen häufig an
Umfang zu groß. In diesen Fällen ist ein Reduzieren der Proben auf Analysengröße notwendig. Eine mögliche Art der Teilung oder Reduktion ist
das sog. ‚Vierteln‘, das man auch als Quadranten- oder Kegelverfahren
bezeichnet. Diese Methode ist für Steinkohle nach DIN 51701/02 genormt. Dazu wird das körnige Material so aufgeschüttet, daß sich ein
Kegel ergibt. Nach dem Aufschütten erfolgt das Aufteilen des Kegels in
4 Quadranten, und zwar derart, daß die Durchdringungsgerade der
Teilungsebenen mit der Mittellinie des Kegels zusammenfällt. Von den
4 anfallenden Quadranten werden im allgemeinen 2 gegenüberliegende
Quadranten neu aufgeschüttet und in erwähnter Art nochmals geteilt.
Dieser Vorgang wird so oft wiederholt, bis die gewünschte Probengröße
erreicht ist.

Das Teilen nach dem Aufschütten mit Hilfe eines Blechkreuzes ist fast
immer schwierig. Daher stellt man das Kreuz vor dem Aufschütten auf.

Zweckmäßig ist auch ein Verfahren, bei dem die zu reduzierende Stich-
oder Teilprobe aus einem Behälter (Bunker) abgezogen wird, wobei sich
die Mitte der Ausflußöffnung über der Mitte des Blechkreuzes befindet.
Oft ist es von Vorteil, das Teilungskreuz durch vier entsprechend auf-
gestellte quadratische Behälter zu bilden.

Im Riffelteiler [42] (Abb. 22) wird die Probe bei jedem Durchgang zur Hälfte geteilt. Man kann nun die eine Hälfte verwerfen und die andere nochmals teilen. Diese Teilungsfolge ist eine von zahlreichen Möglichkeiten, wie sich aus Abb. 23 folgern läßt, wo zwei häufig ausgeführte Teilungsfolgen dargestellt sind.

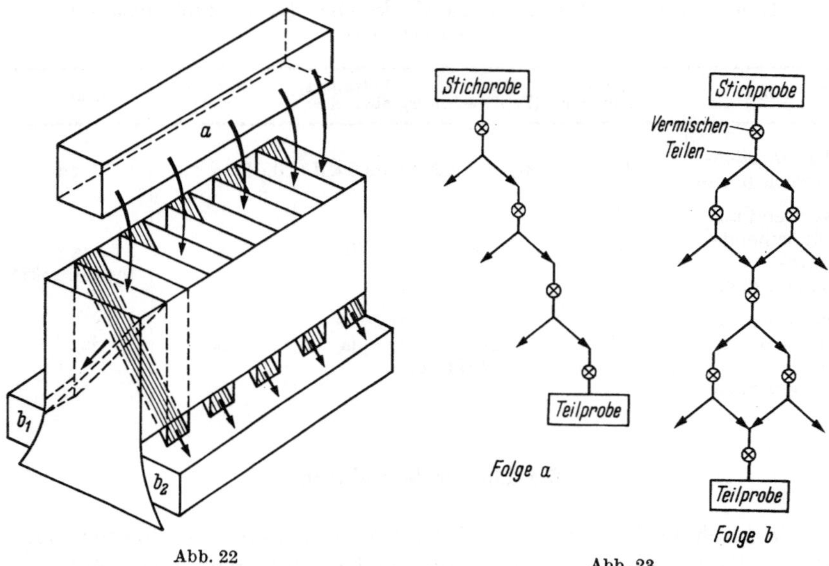

Abb. 22   Abb. 23

Abb. 22. Schema eines Riffelteilers mit 10 Zellen. Die gut vermischte Probe wird über die gesamte Länge aufgegeben. Die Zellen sind so gebaut, daß je 5 Zellen das Gut in die Behälter b_1 und b_2 führen. Die mit dem Behälter a aufgegebene Probe wird also zur Hälfte geteilt

Abb. 23. Teilungsfolgen. Hintereinanderschaltung mehrerer Teilungen (Teilungsfolge). Bei der linken Folge a wird die Probe in zwei Hälften geteilt, wovon eine verworfen wird. Man kann aber auch wie bei der rechten Folge b von der Stichprobe zunächst 4 Teilproben herstellen und dann zwei davon wieder vermischen. Der mögliche Unterschied im Korngrößenaufbau zwischen Stich- und Teilprobe ist dann kleiner als bei der Folge a. Die Teilprobenmasse beträgt nach m idealen Teilungen bei

$$\text{Folge } a: \quad \frac{1}{2^m} \cdot \text{Stichprobenmasse}$$

$$\text{Folge } b: \quad \frac{1}{2^{m/3}} \cdot \text{Stichprobenmasse}$$

Für die Reduktion von Getreideproben von 2 kg auf etwa 50 g in einem Arbeitsgang hat die Fa. Meß-Kühne einen speziellen Probenteiler entwickelt [43].

Eine Veränderung in der Korngrößenverteilung (Körnung) während der Reduktion der Stich- und Sammelproben auf Analysengröße kann nur durch Entmischungsvorgänge erfolgen. Untersuchungen sollten zeigen, wie sich dieser Vorgang auf die Genauigkeit der Probenteilung in Abhängigkeit von den möglichen Einflußgrößen auswirkt. Als Gerät wurde der Riffelteiler gewählt. Sinngemäß gelten diese Ergebnisse auch für andere Teilungsverfahren, wie z. B. das schon erwähnte

Kegelverfahren. Die Veränderung der Kornzusammensetzung während der Reduktion im Riffelteiler hängt im wesentlichen von folgenden Einflüssen ab:

a) Zahl der Zellen,
b) Art der Teilungsfolge,
c) Umfang der Stichprobe und Anzahl der Teilungen,
d) Art der Körnung und des Stoffes.

In Abb. 24 ist der Einfluß der Zellenzahl dargestellt. Es ergibt sich, daß die Streuung der mittleren Korngröße d_m um den Mittelwert mit der

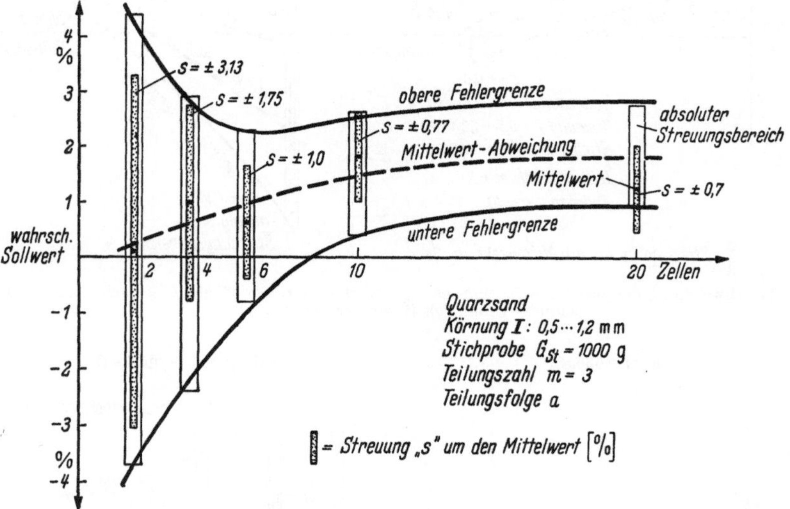

Abb. 24. Abweichung der mittleren Korngröße d_m in der Analysenprobe vom Sollwert in Abhängigkeit von der Zellenzahl

Zahl der Zellen abnimmt, ebenso die absolute Fehlergröße. Die Genauigkeit der Probenteilung steigt nicht mehr wesentlich an, wenn die Zahl der Zellen größer als 10 gewählt wird. Der Mittelwert nähert sich deshalb nicht dem Sollwert, weil dieser nur als wahrscheinlich angenommen wurde. Diese Annahme war notwendig, weil die Körnung der Stichprobe (Grundgesamtheit) unbekannt ist, und die Zahl der Analysen zur Bestimmung des wahren Sollwertes nicht genügend groß war. Diese Tatsache ist aber für die Beurteilung der obenerwähnten Einflußgrößen unerheblich.

Auf Grund der Wahrscheinlichkeit ist zu erwarten, daß bei der Folge b nach Abb. 23, auf die Zahl der Teilungen bezogen, kleinere Streuungen auftreten. Diese Tatsache wird durch die Meßergebnisse nach Abb. 25 bestätigt. Für die Mittelwertabweichung vom wahrscheinlichen Sollwert gilt das schon vorhin gesagte.

Es ist noch zu erwähnen, daß die Teilprobenmasse bei gleicher Teilungszahl bei der Folge b größer ist als bei der Folge a. Falls auf eine bestimmte

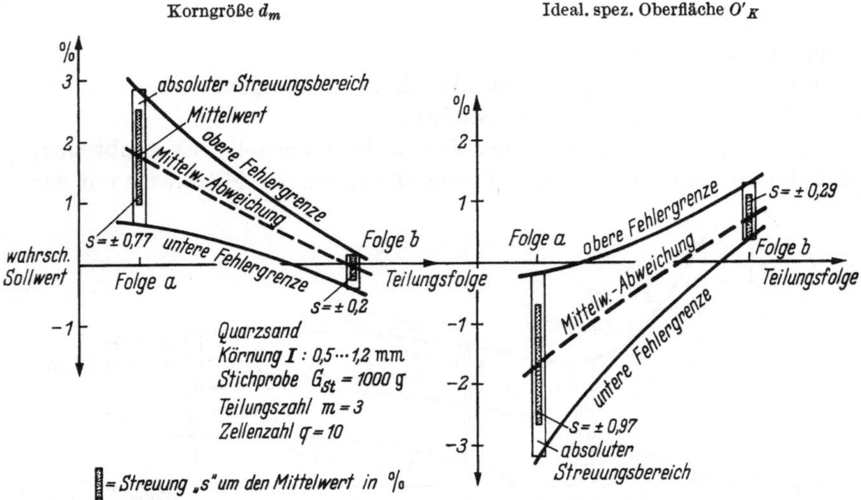

Abb. 25. Abweichung der mittleren Korngröße d_m und der spez. Oberfläche O'_K nach dem Reduzieren in Abhängigkeit von der Teilungsart

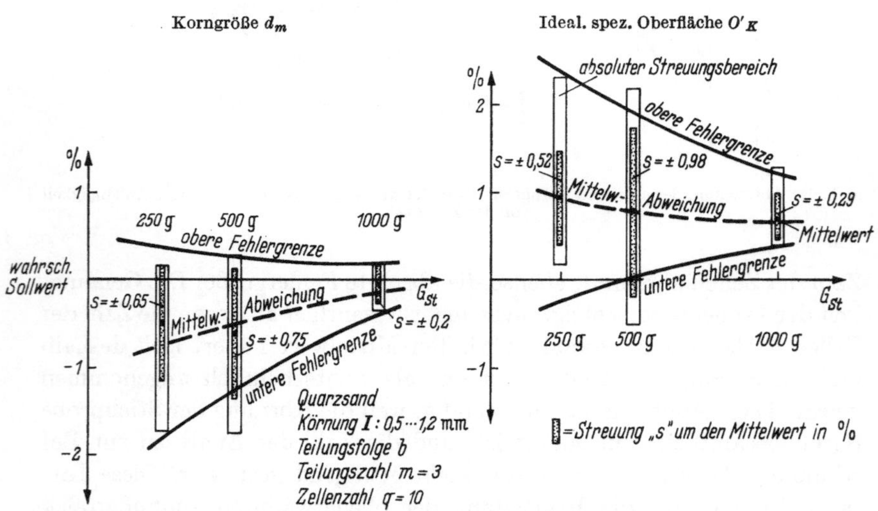

Abb. 26. Einfluß des Probenumfanges auf die Veränderung der Körnung durch Reduzieren

Analysenprobenmenge geteilt werden muß, ist bei der Folge b eine größere Zahl von Teilungen erforderlich, wodurch der Fehler wieder zunimmt. Aus diesem Grund ergeben sich nach den bisher bekannten
Messungen keine nennenswerten Unterschiede in Abhängigkeit von der

Teilungsfolge, wenn man eine etwa gleiche Massenreduktion durchführt. Die Wahl der Folgeart wird somit im wesentlichen nur durch die gewünschte Analysenprobenmenge bestimmt.

In Abb. 26 ist der Einfluß des Probenumfanges auf die Veränderung der Körnung durch Probenteilung dargestellt. Es ergibt sich, daß die Abweichungen vom Sollwert um so kleiner sind, je größer der Stichprobenumfang ist. Mit dem Ansteigen der Stichprobenmenge muß jedoch bei vorgegebener Analysenprobenmenge die Zahl der Teilungen zunehmen, und es ist daher notwendig zu untersuchen, wie der Fehler von der Zahl

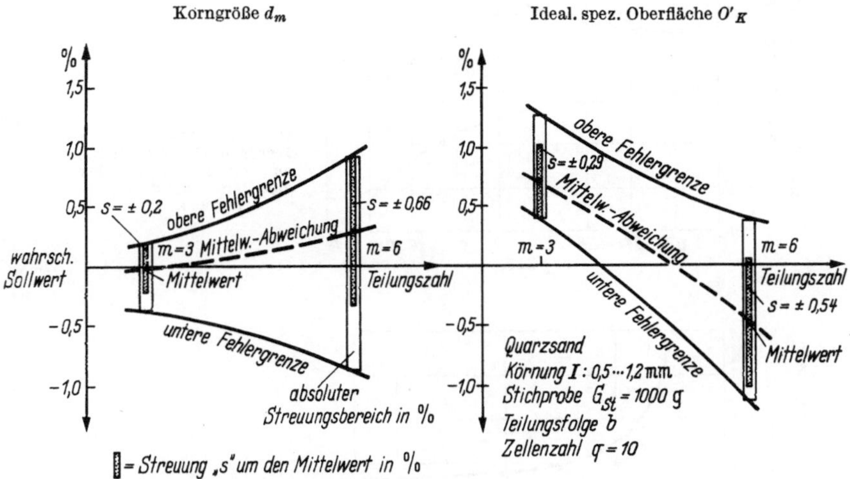

Abb. 27. Abweichung der Körnungskennwerte d_m und O'_K der Analysenproben in Abhängigkeit von der Teilungszahl

der Teilungen abhängt. Für vorliegenden Zweck erscheint die Wiedergabe einiger Meßwerte ausreichend. Eine umfassendere Antwort erhält man über das von K. STANGE [4] angegebene mehrstufige statistische Modell.

Abb. 27 zeigt, daß die Abweichungen, wie zu erwarten, um so größer sind, je größer die Zahl der Teilungen ist. Wenn man nun die mit dieser Abbildung gefundenen Ergebnisse mit dem Einfluß des Probenumfanges (Abb. 26) vergleicht, also die Zunahme der Abweichungen durch die Zahl der Teilungen und die Abnahme der Fehler durch Vergrößern des Stichprobenumfanges, dann ergibt sich, daß sich die Fehler entgegengesetzt und bei den vorliegenden Messungen etwa gleich groß auswirken. Es ist aber zu vermuten, daß der Fehler für eine vorgegebene Endteilprobengröße mit dem Umfang der Stichprobe etwas zunimmt. Wahrscheinlich ist jedoch dieser Einfluß im Vergleich zu dem der Zellenzahl und vor allem dem der Korngrößenverteilung, wie nun gezeigt wird, verhältnismäßig klein.

Mit Hilfe einer großen Zahl von Versuchen an verschiedenartigen Körnungen, die der RRS-Verteilung folgen, wurde der Einfluß der Korngrößenverteilung auf die Veränderung der Körnung während des Reduzierens ermittelt [44]. Durch mehrmaliges Teilen wurden aus jeder Stichprobe 6 Teilproben hergestellt. In Abb. 28 sind die Abweichungen

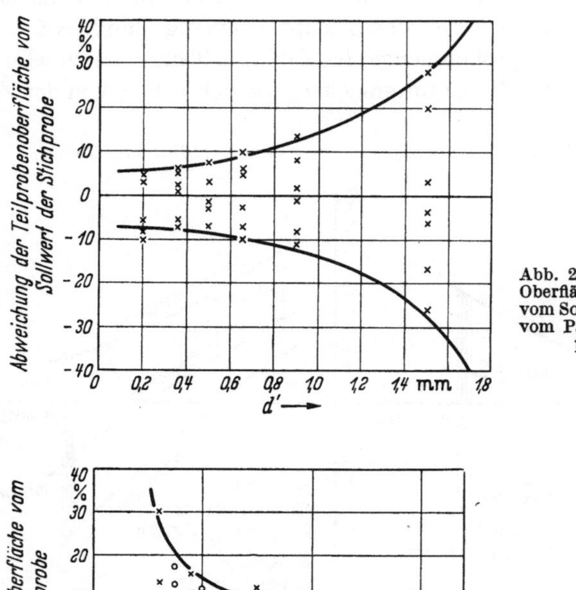

Abb. 28. Abweichung der Oberfläche O'_K der Teilproben vom Sollwert in Abhängigkeit vom Parameter d' der Stichprobe. $n = 1{,}2$

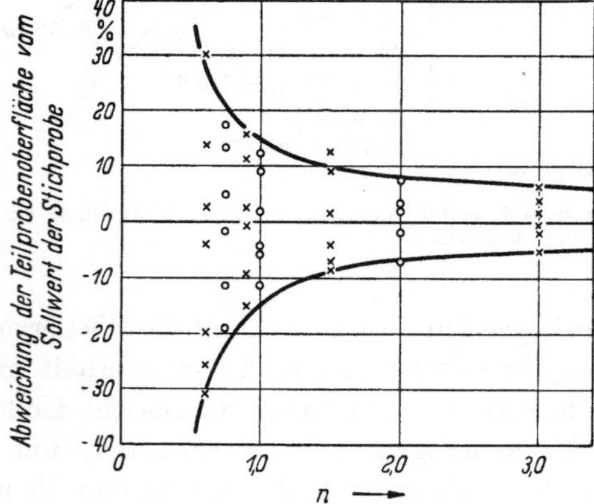

Abb. 29. Abweichung der Oberfläche O'_K der Teilproben vom Sollwert in Abhängigkeit vom Körnungsparameter n der Stichprobe. $d' = 0{,}9$ mm

der Teilprobenoberflächen vom Sollwert der Stichprobe in Abhängigkeit vom Körnungsparameter d' bei einem Parameter $n = 1{,}2$ dargestellt. Die Abweichungen sind um so größer, je gröber das Gut ist.

Den Einfluß der Breite der vorkommenden Korngrößen zeigt Abb. 29. Die Abweichungen sind um so größer, je ungleichmäßiger das Gut, d. h. je kleiner der Körnungsparameter n ist. Die Veränderung des Körnungsaufbaues in Abhängigkeit von der Korngröße und dem Bereich der vorkommenden Korngrößen ist auf Entmischungsvorgänge während der Reduktion zurückzuführen. Wäre der dem Riffelteiler zugeführte lose Korn-

verband ideal vermischt (Zufallsgleichgewichtsmischung), dann würde
sich die Zusammensetzung der Korngrößen durch Reduzieren nicht verändern. Der ideale Vermischungszustand ist aber nicht immer zu verwirklichen, nämlich dann nicht, wenn das feinste Korn zwischen den
gröberen Teilchen durchrieselt. Dieser Vorgang tritt um so mehr in
Erscheinung, je gröber das Gut und je breiter der Korngrößenbereich
ist. Der Vorgang des Entmischens nimmt mit wachsender Feinheit ab,
weil dabei die Reibungskräfte zwischen den Körnern gegenüber dem
Eigengewicht zunehmen. Auch geringe Oberflächenfeuchtigkeit setzt die
relative Beweglichkeit der Körner herab, so daß die Fehler durch Teilen
auch bei feuchtem Gut kleiner sind.

Aus den vorliegenden Messungen ist zu schließen, daß die Fehler
infolge Reduktion im Vergleich zu den Fehlern durch die Probenahme
klein sind. In diesem Zusammenhang erhebt sich die Frage, ob es ratsam ist, die Zahl der Proben bei der Probenahme sowie den Probenumfang zu steigern, also Sammel- statt Stichproben zu wählen, um anschließend eine mehrfache Reduktion folgen zu lassen. Nach den Untersuchungen von K. STANGE ist diese Frage zu bejahen. Auch Messungen
von O. SOMMER [45] ergaben, daß die Streuung von Meßwerten bei
Sammelproben geringer ist als bei einer gleichen Zahl von Stichproben.

3. Die Korngrößenanalyse

Die Aufgabe der Korngrößenanalyse besteht darin, Größe und Anteil der jeweiligen Teilchen, also die Korngrößenverteilung zu ermitteln. Diese beiden Schritte erfordern eine bestimmte Trennung der im Kollektiv vorliegenden Teilchen. Aus dieser Notwendigkeit und der Größe der Teilchen, die etwa zwischen 10^{-4} und 10^4 µm liegen kann, leitet sich die eigentliche Besonderheit dieser Analyse ab.

Bei der Mehrzahl der Korngrößenanalysen ist die Trennung mit der Korngrößenmessung gekoppelt. Es ist aber auch möglich, das Kollektiv zur Messung so zu strecken, daß die Teilchen dem Meßvorgang einzeln unterworfen werden.

Bei der mikroskopischen Korngrößenanalyse (Abschnitt 3.2) wird die Größe der Teilchen im mikroskopischen Bild gemessen und der Anteil durch Auszählen unter Berücksichtigung der Größe ermittelt. Bei dieser Methode verbleiben die Teilchen im Kollektiv, sie werden aber bei der Messung einzeln und nacheinander erfaßt. Die mikroskopische Analyse ist eine direkte Meßmethode, die für alle Teilchengrößen im licht- und elektronenmikroskopischen Arbeitsbereich anwendbar ist. Diese Methode überdeckt den Bereich aller praktisch vorkommenden Teilchengrößen. Da das Auszählen und Ausmessen durch Augenbeobachtung recht mühsam ist, hat man halb- und vollautomatische Auswertungseinrichtungen entwickelt.

Eine andere Möglichkeit besteht darin, Flächen mit jeweils gleichen Öffnungen (Siebböden) in gestuften Größen vorzugeben. Durch geeignete Bewegungen des körnigen Stoffes auf diesen Böden lassen sich die Teilchen mit den Öffnungen in statistischer Folge vergleichen und trennen. Bei diesem Prüfsiebverfahren (Abschnitt 3.3) wird das Kollektiv in eine Anzahl von Klassen aufgeteilt. Die Korngrößenmessung und die Trennung sind also direkt gekoppelt. Bei n Siebböden erhält man $n + 1$ Korngrößenklassen. Der Anteil dieser Klassen wird durch Wiegen bestimmt. Die Prüfsiebanalyse ist besonders für gröbere Teilchen, z. B. $d > 40$ (20) µm geeignet.

Der Strömungswiderstand von Teilchen in einem flüssigen oder gasförmigen Medium ist abhängig von der Korngröße. Da die Massenkräfte wie Schwer- und Fliehkräfte in anderer Weise von der Teilchengröße abhängen, lassen sich körnige Stoffe über diese Kräfte trennen (Abschnitt 3.4). Durch die korngrößenabhängige Verschiebung der dispergierten Teilchen bei der Sedimentation sind jedem Ort in Abhängigkeit von der Zeit bestimmte Korngrößen zugeordnet. Die jeweiligen Mengenanteile lassen sich z. B. über eine Konzentrationsmessung ermitteln. Beim Sichten dagegen erfolgt eine Auftrennung in Kornklassen, ähnlich wie bei der Prüfsiebung. Die Anwendbarkeit dieser Methoden im Hinblick auf die Teilchengröße wird vorwiegend von der Stärke der Kraftfelder bestimmt. Im Schwerefeld lassen sich auf diese Weise Teilchen mit $d > 1\ \mu\mathrm{m}$ untersuchen. Durch Zentrifugalfelder verschiebt sich diese Grenze nach unten.

Bei den bisher genannten Methoden läßt sich die Korngröße bzw. eine davon abhängende Größe im Kollektiv messen, weil das Meßergebnis oder der Trennvorgang durch die Nachbarschaft der Teilchen nicht oder in erfaßbarer Weise beeinflußt wird. Der Einfluß der Nachbarschaft ist es aber, der die Zahl der für eine Korngrößenanalyse geeigneten Methoden einschränkt. Die Möglichkeiten erweitern sich, wenn jedes Teilchen zur Messung isoliert wird. Dies läßt sich beispielsweise dadurch erreichen, daß eine Dispersion geringer Konzentration durch eine als Kapillare ausgebildete Meßstrecke geschickt wird. Durch eine solche Streckung des Kollektivs passieren die Teilchen einzeln und nacheinander die Meßstelle, in der dann Größe und Zahl der Teilchen ermittelt werden. Die nach dieser Methode arbeitenden Geräte werden als Teilchenzähler bezeichnet (Abschnitt 3.5).

Die Behandlung dieser Meßmethoden vereinfacht sich, wenn die zur Beschreibung der Korngrößenverteilung geeigneten mathematischen Mittel als bekannt vorausgesetzt werden können. Daher wird dieser Problemkreis zuerst, also in Abschnitt 3.1 dieses Kapitels behandelt.

3.1 Schaubildliche Darstellung und Kennzeichnung von Korngrößenverteilungen

3.1.1 Die Häufigkeitsverteilung

Wenn man sich fragt, wie sich ein Körnungsaufbau nach Zahl und Größe der vorkommenden Korngrößen treffend beschreiben läßt, dann wirft man damit bis zu einem gewissen Grade die Frage nach der Entstehung von Körnungen auf. Der körnige Zustand fester Materie entsteht durch Zerkleinern, Verwittern, Sublimieren, Kristallisieren usw., also durch Vorgänge, die nach bestimmten Gesetzmäßigkeiten ablaufen. Diese Vorgänge lassen sich steuern, falls es sich um technische Verfahren handelt. Es ist somit möglich, gewünschte Korngrößen herzustellen. Nicht steuern läßt sich jedoch die Entstehung des einzelnen Kornes, sobald es sich um technische Mengen handelt. Daher schwankt die Korngröße um einen Mittelwert. Zum Beschreiben eines solchen Kollektivs empfehlen sich statistische Methoden. Ein einfaches und analoges Beispiel möge dies veranschaulichen. Will man erfahren, wie die Körpergröße der Schüler eines Geburtsjahrganges verteilt ist, dann wird ausgezählt, wieviel Schüler auf jede vorkommende Größe entfallen. Diese Werte werden graphisch dargestellt, und zwar mit der Anzahl (Häufigkeit) auf der Ordinate und der Körpergröße auf der Abszisse.

Ähnlich wird bei körnigen Stoffen verfahren. Da jedoch die Bestimmung jeder einzelnen Korngröße oft aufwendig ist, beschränkt man sich auf Kornklassen. Anschließend erfolgt das Auszählen der Teilchen in jeder Kornklasse. Die graphische Darstellung der so erhaltenen Werte liefert das obere Stufendiagramm in Abb. 30.

Wird die Zahl der Klassen sehr groß gewählt, dann ergibt sich eine stetige Kurve, die sog. Häufigkeitskurve. Sie gibt an, wie häufig bzw. wie oft jede Korngröße vorkommt. Eine solche stetige Kurve ergibt sich ferner nur dann, wenn die Zahl der Körner genügend groß ist.

Die Angabe der absoluten Häufigkeit ist für technische Zwecke wenig geeignet, weil der Wert dieser Häufigkeit vom Umfang der Probe abhängt. Zweckmäßiger ist die relative oder prozentuale Häufigkeit, weil sie vergleichende Betrachtungen oder auch Kontrollen an körnigen Stoffen erleichtert. Aber auch in dieser Form erfüllt die Darstellung noch nicht die allgemeinen Forderungen. Da das Auszählen der Körner jeder Kornklasse sehr viel Zeit erfordert, ist es für viele Fälle zweckmäßig, die Menge der Körner in jeder Klasse nicht durch die Anzahl, sondern durch ihre Masse anzugeben. Für welche Angabe man sich zu entscheiden hat, hängt von der jeweiligen Problemstellung ab. Bei der Beurteilung von Mischvorgängen z. B. benutzt man meist Kornzahlen. Da aber bei fast allen Verarbeitungsprozessen Massenangaben bevorzugt werden, verwendet man diese im allgemeinen auch zum Beschreiben des Korngrößenaufbaues. Diese durch die relativen Massenanteile gekennzeichnete Häufigkeit

$$y_H = \text{relative Häufigkeit} = \frac{\text{Kornmasse der Klasse in \%}}{\text{Klassenbreite}} = \frac{\Delta D}{\Delta d}$$

führt zu einem Stufendiagramm, das in der Mitte von Abb. 30 dargestellt ist.

Die obere Kurve und die Kurve in der Mitte der Abbildung (bzw. die Stufendiagramme) unterscheiden sich, weil Kornzahl und Klassenmasse durch eine, wenn auch sehr einfache Funktion verknüpft sind. Zum Begrifflichen sei noch erwähnt, daß die Meßwerte der Korngrößenanalysen fast immer nur Stufendiagramme liefern. Bei mehr als 10 Stufen ist jedoch das Zeichnen einer stetigen Kurve berechtigt, weil der Fehler dann im allgemeinen vergleichsweise klein ist. Es wird daher in der Folge auch nur noch von einer Häufigkeitsverteilung (Häufigkeitskurve) gesprochen. Die jeweils vorliegenden Verhältnisse drücken sich zwangsläufig in der

Schreibweise aus. (In diesem Zusammenhang sei erwähnt, daß hier die unabhängige Veränderliche nicht mit x, sondern mit d bezeichnet wird, sobald die Korngröße funktionell verknüpft ist. Dieser Gepflogenheit

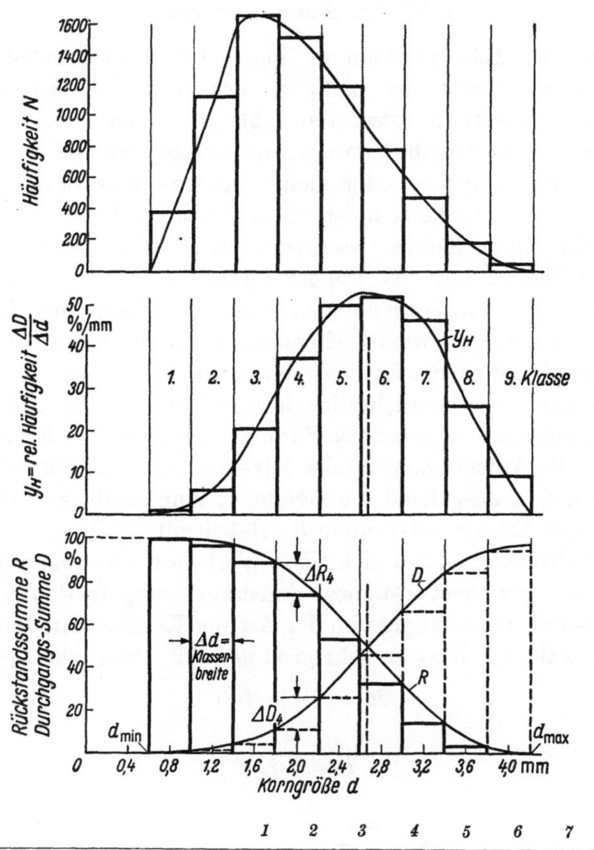

Klasse		1	2	3	4	5	6	7	8	9
mittl. Korngröße d_a	mm	0,8	1,2	1,6	2,0	2,4	2,8	3,2	3,6	4,0
Kornzahl N		370	1110	1660	1510	1190	776	470	187	48
Kornmasse je Klasse ΔD_g	g	0,1	1,0	3,55	6,35	8,6	8,9	8,05	4,55	1,6
Kornmasse je Klasse ΔD	%	0,23	2,35	8,3	14,95	20,1	20,85	18,8	10,65	3,77
Rel. Häufigkeit $\Delta D/\Delta d$	%/mm	0,58	5,88	20,8	37,4	50,3	52,1	47,0	26,6	9,6
Rückst.-Summe $\Sigma\,\Delta R$	%	100	99,7	97,42	89,12	74,17	54,07	33,22	14,42	3,77

Abb. 30. Häufigkeits- und Summenverteilung von Korngrößen

konnte sich der Verfasser nach anfänglichem Bedenken auf Grund vieler Gespräche mit Fachkollegen anschließen.)

Bisher wurde der Begriff der Korngröße ohne Erklärung verwendet. Wir wollen diese recht schwierige Fragestellung nach der Korngröße zunächst nicht aufwerfen und annehmen, daß alle Körner kugelförmig sind. Dann sind Korngröße und Kugeldurchmesser identisch. Dies ist ohne Zweifel eine einschneidende Idealisierung, die jedoch nur vorübergehend zur Vereinfachung gewählt wird.

3.1.2 Die Summenverteilung

Obwohl die Häufigkeitskurve eine Korngrößenverteilung recht anschaulich beschreibt, ist nicht zu erwarten, daß sich damit jede Fragestellung direkt beantworten läßt. Für viele verfahrenstechnische Prozesse sind Angaben darüber notwendig, wieviel Massen-% des körnigen Materials größer oder kleiner sind als eine bestimmte Korngröße. Die Häufigkeitskurve liefert diese Werte durch die entsprechenden Flächen unter dieser Kurve. Geeigneter zur Beantwortung dieser Fragestellung ist jedoch eine Körnungskennlinie, aus der der prozentuale Massenanteil jedes interessierenden Korngrößenbereiches *direkt* abzulesen ist. Das führt zur Durchgangssummenverteilung (unteres, gestrichelt gezeichnetes Stufendiagramm in Abb. 30). Im Gegensatz zur Häufigkeitskurve werden nicht die relativen Häufigkeiten $\Delta D_i/\Delta d_i$ in den Klassen eingetragen, sondern die Summen der relativen Klassenmassen ΔD_i. Wird die Aufsummierung der Klassenmassen ΔD_i nicht von $d_{\min}$, sondern von $d_{\max}$ ausgehend durchgeführt, dann ergibt sich das Stufendiagramm der Rückstandssumme R. Dabei gilt $|\Delta D_i| = |\Delta R_i|$, wobei zu berücksichtigen ist, daß sich diese Werte auf die rechte bzw. linke Klassengrenze beziehen. Da diese Aufsummierung fortlaufend erfolgt, ist das Ergebnis unabhängig von der Art der Klasseneinteilung.

Wird die Zahl der Klassen sehr groß gewählt, dann gilt wegen

$$R + D = 100 \tag{11}$$

$$D = \int\limits_{d_{\min}}^{d} \mathrm{d}D \tag{12}$$

$$R = \int\limits_{d}^{d_{\max}} \mathrm{d}D = 100 - \int\limits_{d_{\min}}^{d} \mathrm{d}D \tag{13}$$

und mit

$$y_H = \frac{\mathrm{d}D}{\mathrm{d}d} \tag{14}$$

erhält man

$$D = \int\limits_{d_{\min}}^{d} y_H \,\mathrm{d}d \tag{15}$$

$$R = 100 - \int\limits_{d_{\min}}^{d} y_H \,\mathrm{d}d \tag{16}$$

oder

$$y_H = \frac{\mathrm{d}D}{\mathrm{d}d} = -\frac{\mathrm{d}R}{\mathrm{d}d} \tag{17}$$

Diese Beziehungen sind schaubildlich in Abb. 31 dargestellt.

Die Rückstandssummenverteilung R gibt an, wieviel Massen-% der Körnung *größer* sind als die jeweils betrachtete Korngröße. Dieser Anteil würde auf einem Sieb der entsprechenden Maschenweite verbleiben, wodurch die Bezeichnung „Rückstandssummenverteilung" eine anschauliche Bedeutung erhält.

Die Durchgangssummenverteilung D gibt an, wieviel Massen-% der Körnung *kleiner* sind als die jeweils betrachtete Korngröße.

Da die Durchgangssummenverteilung in der Verfahrenstechnik wenig gebräuchlich ist, wird im folgenden die Rückstandssummenverteilung bevorzugt.

Unter Berücksichtigung des Vorzeichens ist die Rückstandssummenverteilung nach Gl. (16) das Integral der Häufigkeitsverteilung, und jedem Ordinatenwert der zuerst genannten Kurve entspricht eine Fläche unter der Häufigkeitskurve.

Es bleibt noch zu erwähnen, daß alle Flächen unterhalb der Häufigkeitskurven unter Berücksichtigung des Maßstabes gleich groß sind, weil sich bei der Integration über den vorkommenden Korngrößenbereich der Gesamtrückstand und damit der Zahlenwert 100% ergibt. Die Integration bedingt ferner, daß die Rückstandssummenkurve von d_{max} aus ansteigt. Dem Wendepunkt entspricht der Extremwert der Häufigkeitskurve. Da es eine Korngröße $d_{min} = 0$ nicht gibt, endet die Rückstandssummenkurve bei einer noch endlichen Korngröße.

3.1.3 Kennwerte von Korngrößenverteilungen (Körnungskennwerte)

Die Korngrößenhäufigkeitsverteilung sowie die Summenverteilung sind charakteristische Kennlinien für Haufwerke. Jedoch kann diese Art der Beschreibung eines Kollektivs noch nicht befriedigend sein, denn es fehlt ihr die Kürze. Aus diesem Grunde verwendet man geeignete *Kennwerte* [46, 47]. In Abb. 31 sind die gebräuchlichsten wiedergegeben.

Die *häufigste Korngröße* d_h, als der wohl aufschlußreichste Kennwert, ist durch das Maximum der Häufigkeitskurve bzw. den Wendepunkt der Summenkurve bestimmt.

Die *mittlere Korngröße* d_m, auch als Durchschnittskorngröße bezeichnet, gibt das arithmetische Korngrößenmittel unter Berücksichtigung der Häufigkeit an (arithmetisch gewogenes Mittel). Die mittlere Korngröße in jeder genügend engen Klasse ist entsprechend der Darstellung der Häufigkeitskurve nach Abb. 30 durch den Wert d_{ai} gegeben. Der Massenanteil dieser Korngrößen am gesamten körnigen Stoff beträgt jeweils $(\Delta D_i/\Delta d_i) \cdot (\Delta d_i/100)$. Unter Berücksichtigung dieser Anteile liefert die Aufsummierung der mittleren Korngrößen d_{ai} den Mittelwert d_m der

Körnung:

$$d_m = \sum_{i=1}^{i=k} d_{ai} \frac{\Delta D_i}{\Delta d_i} \cdot \frac{\Delta d_i}{100} = \frac{1}{100} \sum_{i=1}^{i=k} d_{ai} \Delta D_i \tag{18}$$

oder bei $\Delta d \to 0$

$$d_m = \frac{1}{100} \int_{d_{min}}^{d_{max}} d\, y_H\, \mathrm{d}\,d \tag{19}$$

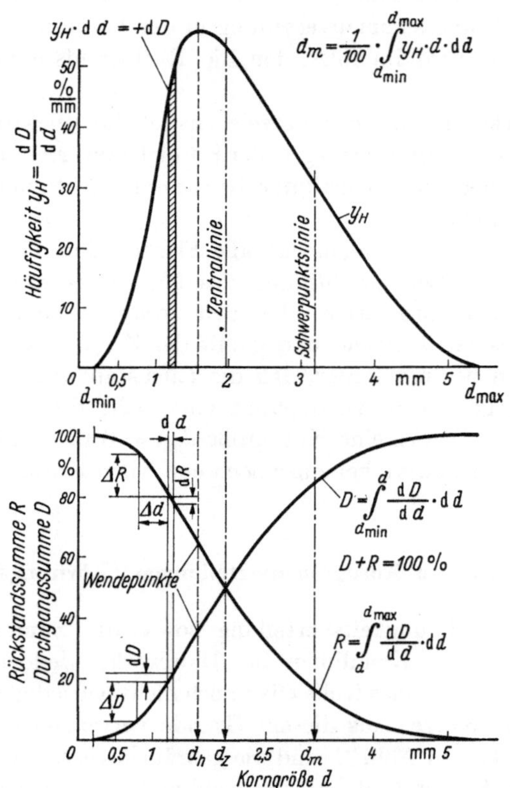

Abb. 31. Zusammenhang zwischen Häufigkeits- und Rückstandssummenverteilung. Die Kennwerte d_h, d_m und d_z von Korngrößenverteilungen (Körnungskennwerte)

Das Integral in Gl. (19) stellt das statische Moment der Häufigkeitskurve bezogen auf die Ordinatenachse dar. Daher läßt sich der Kennwert d_m auch durch Ausplanimetrieren der Fläche unterhalb der Durchgangssummenkurve finden.

Es wurde schon erwähnt, daß die Summe aus k Klassen (Stufendiagramm) nur eine Näherung für die Integralsumme (stetige Kurve) darstellt. Das gleiche gilt auch für die Kennwerte. Die Zahlenwerte für

d_m aus den Gln. (18) und (19) unterscheiden sich daher um einen bestimmten Betrag.

Diejenige Parallele zur Ordinate, die die Fläche unter der Häufigkeitskurve in zwei gleiche Teile teilt, legt auf der Abszisse die *Halbwertskorngröße* d_z fest. Sie läßt sich aus der Häufigkeitskurve durch Ausplanimetrieren finden, wird aber durch die Rückstandssumme direkt angegeben, und zwar durch die dem Wert $R = 50\%$ zugeordnete Korngröße.

Vorgenannte aus der Korngrößenhäufigkeitskurve abgeleitete Kennwerte d_h, d_m und d_z sind also verschieden definiert. Nur im Sonderfall einer symmetrischen Häufigkeitskurve (Glockenkurve) fallen diese drei Werte zusammen.

Obwohl die Summenverteilung nicht die Anschaulichkeit der Häufigkeitskurve besitzt, wird in der Praxis zur Beurteilung von körnigen Stoffen fast nur diese Verteilung benutzt. Die Ursache liegt darin, daß neben der schnelleren Darstellung vor allem die in der Verfahrenstechnik besonders interessierende prozentuale Massenverteilung der Korngrößen direkt angegeben wird. Auch ist die Bestimmung der Kennwerte mit Hilfe der Summenverteilung recht einfach. So läßt sich die mittlere Korngröße d_m nach Gl. (18) bei stufenweiser Berechnung am schnellsten über die Summenverteilung ermitteln, weil die Klassenmengen ΔD_i an der Summenkurve direkt abzulesen sind. Ferner läßt sich die geometrische Oberfläche eines körnigen Stoffes bei stufenweiser Berechnung am einfachsten über die Rückstandssummenverteilung ermitteln.

3.1.4 Die Oberfläche eines körnigen Stoffes

Die Oberfläche eines Haufwerkes ist eine besonders charakteristische Kenngröße. Es hat daher nicht an Bestrebungen zu ihrer Bestimmung gefehlt. Die Folge ist, daß eine geradezu unübersehbare Anzahl experimenteller Methoden entwickelt worden ist, die jedoch fast immer nur für bestimmte Stoffe befriedigen und die oft auch für betriebliche Messungen zu umständlich sind. Ferner besteht die Möglichkeit, die Oberfläche über die Korngrößenverteilung zu berechnen [48]. Welche Schwierigkeiten dabei zu erwarten sind, läßt sich beispielsweise durch eine mikroskopische Betrachtung von körnigem Material erkennen. So ist der Einfluß der Rauhigkeit und der Poren durch eine Berechnung kaum zu erfassen. Eine Oberflächenberechnung ist daher nur dann durchführbar, wenn die bis jetzt gewählte Voraussetzung, nämlich Kugelgestalt der Teilchen, weiter benutzt wird. Die unter dieser Voraussetzung sich ergebende Oberfläche wird auch als idealisierte bzw. geometrische Oberfläche bezeichnet.

Ein kg eines Stoffes mit der Dichte ϱ_K hat das spezifische Volumen

$$V_{sp} = \frac{1}{\varrho_K} \tag{20}$$

Dieses Volumen kompakter Materie wird durch n_k Kugeln mit dem Inhalt $\frac{\pi\,d^3}{6}$ ausgefüllt.

$$V_{sp} = n_k\,\pi\,d^3/6 \tag{21}$$

Die Zahl der Kugeln je kg beträgt:

$$n_k = \frac{6}{\varrho_K\,\pi\,d^3} \tag{22}$$

Diese Kugeln haben die Oberfläche

$$O_K = n_k\,\pi\,d^2 \tag{23}$$

Setzt man d in mm und ϱ_K in g/cm³ ein und wird O_K in der Einheit cm²/g gewünscht, dann gilt die Zahlenwertgleichung:

$$O_K = \frac{60}{\varrho_K\,d} \quad \text{cm}^2/\text{g} \tag{24}$$

Damit ist die geometrische Oberfläche von einem Gramm eines gleichkörnigen Gutes mit dem Durchmesser d bestimmt.

Zur Berechnung der geometrischen Oberfläche von Korngrößenverteilungen, also von körnigen Stoffen mit verschiedenen Korngrößen, teilt man die Rückstandssummenkurve in eine Anzahl Klassen Δd ein. Die mittlere Korngröße jeder (genügend engen) Klasse ist durch d_{ai} und der Massenanteil durch $\Delta R_i/100$ gegeben. Damit beträgt die Oberfläche der i-ten Kornklasse in den Einheiten des internationalen Maßsystems:

$$\Delta O_{K_i} = \frac{6}{\varrho_K\,d_{ai}} \cdot \frac{\Delta R_i}{100} \tag{25}$$

Mit dieser Gl. (25) lassen sich die Klassenoberflächen ΔO_{K_i} aus der Rückstandssummenkurve, die in einem beliebigen Koordinatensystem vorliegen kann, einfach berechnen. Die Aufsummierung dieser Werte ergibt, wie auch in Abb. 32 gezeigt wird, die gesamte Oberfläche von 1 kg des Haufwerkes. Das Ergebnis ist bei dieser Art der Berechnung unabhängig von der Richtung der Summenbildung. Es gilt:

$$O_K = \sum_{i=1}^{i=k} \frac{6}{\varrho_K\,d_{ai}} \cdot \frac{\Delta R_i}{100} \tag{26}$$

Für $k \to \infty$ gilt für eine Fraktionsdifferenz $\mathrm{d}D$ mit der Breite $\mathrm{d}d$:

$$\mathrm{d}O_K = \frac{6}{\varrho_K} \cdot \frac{1}{d} \cdot \frac{\mathrm{d}D}{100} \tag{27}$$

oder mit Gl. (17):

$$dO_K = -\frac{6}{\varrho_K} \cdot \frac{1}{d} \cdot \frac{dR}{100} \tag{28}$$

$$O_K = \frac{0{,}06}{\varrho_K} \int\limits_{d_{min}}^{d_{max}} \frac{1}{d} \cdot y_H \, dd \tag{29}$$

Aus Gl. (26) geht hervor, daß die Klassen mit kleinen Korngrößen den größten Anteil zur Oberfläche liefern. Dies gilt auch innerhalb der

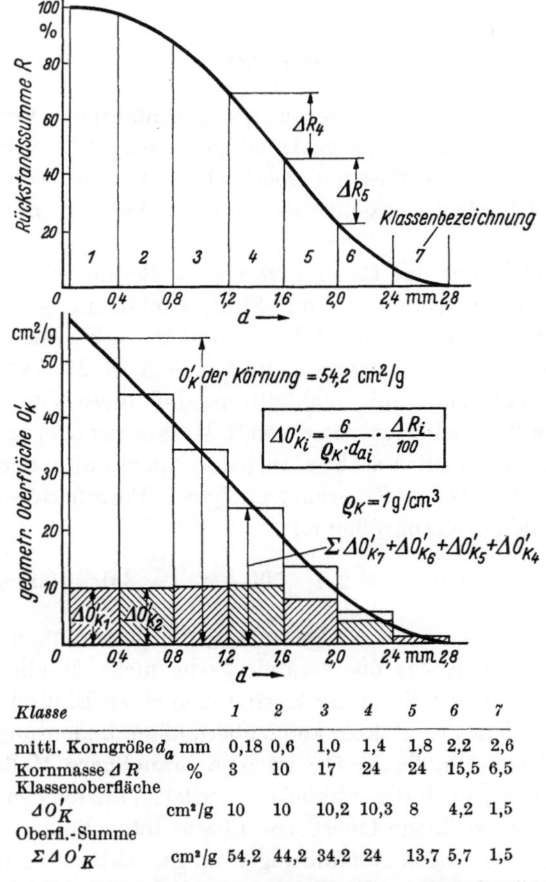

Klasse	1	2	3	4	5	6	7
mittl. Korngröße d_a mm	0,18	0,6	1,0	1,4	1,8	2,2	2,6
Kornmasse ΔR %	3	10	17	24	24	15,5	6,5
Klassenoberfläche $\Delta O'_K$ cm²/g	10	10	10,2	10,3	8	4,2	1,5
Oberfl.-Summe $\Sigma \Delta O'_K$ cm²/g	54,2	44,2	34,2	24	13,7	5,7	1,5

Abb. 32. Stufenweise Berechnung der geometrischen Oberfläche. (Wird für die Dichte ein Wert $\varrho_K = 1$ g/cm³ angenommen, dann wird die geometrische Oberfläche nicht mit O_K sondern mit O'_K bezeichnet)

Kornklassen. Es ist daher für die stufenweise Berechnung nach Gl. (26) nicht zulässig, die Klassenbreite im Bereich kleiner Korngrößen über eine bestimmte Größe hinaus festzulegen, wenn man am arithmetischen

Mittel, der Korngröße d_a, festhalten will. Wie groß die Klassenbreite zu wählen ist, läßt sich nicht eindeutig angeben, weil die geforderte Genauigkeit von praktischen Erwägungen mitbestimmt wird. In diesem Zusammenhang ist daran zu denken, für die Klassenmitte nicht den arithmetischen, sondern den logarithmischen oder einen anderen geeigneten Mittelwert einzusetzen [46].

Die Berechnung der wahren Oberfläche O erfolgt oft nach der Gleichung:

$$O = \frac{f}{\varrho_z} \cdot O'_K$$

bzw.

$$O = f O_K \tag{30}$$

Hierin bedeuten: ϱ_z = Dichtezahl, f = Formfaktor = Verhältnis zwischen wahrer und der sich unter Annahme kugeliger Gestalt der Körner errechneten sog. geometrischen Oberfläche. Die mit O'_K bezeichnete geometrische Oberfläche bezieht sich auf einen Feststoff mit der Dichtezahl $\varrho_z = 1$.

Die Anwendbarkeit der Gl. (30) ist an die Bedingung geknüpft, daß der Formfaktor f für eine bestimmte Stoffart unabhängig von der Korngröße ist. Untersuchungen von P. ROSIN und H. G. KAYSER [49] ergaben Unabhängigkeit von der Korngröße und auch A. H. M. ANDREASEN [50] schließt aus Versuchen mit Mahlgütern, daß diese Feststellung gilt. Ebenso weisen Versuchsergebnisse von S. KIESSKALT [51] auf die Gültigkeit hin. Verschiedentlich stößt man jedoch auch auf andere Ansichten [52]. So geben GROSS und ZIMMERLEY folgende Formfaktoren für Quarzsand verschiedener Korngrößen an:

10 µm : $f = 1,8$;   60 µm : $f = 2,0$;   500 µm : $f = 3,0$;   1000 µm : $f = 4,0$.

Vermutlich ist es eine Stoffeigenschaft, die bestimmt, ob der Formfaktor sich mit der Korngröße verändert oder nicht. Möglicherweise hat auch die Art der Herstellung der Korngrößen einen Einfluß. Grundsätzlich sollte man dem Formfaktor keine übermäßige Bedeutung beimessen. Die geometrische Oberfläche O_K ist eine brauchbare Maßzahl für die Oberfläche, ohne jedoch die wirkliche Oberfläche anzugeben. Die Frage, ob man die sog. wirkliche Oberfläche überhaupt definieren kann, muß offen bleiben. Aus obigen Ausführungen möge sichtbar werden, daß ein Formfaktor nur für bestimmte Fälle Aufschluß geben kann.

Die Bestimmung des Formfaktors nach Gl. (30) ist recht schwierig, weil der Begriff der wahren Oberfläche, wie schon angedeutet, nicht eindeutig festzulegen ist. Die beispielsweise durch Adsorption, Farbmethoden oder durch mikroskopisches Ausmessen gefundenen Oberflächenwerte unterscheiden sich unter Umständen sogar recht erheblich. Im allgemeinen wählt man daher diejenige Methode, die für die Technologie des körnigen Stoffes besonders aufschlußreich ist. Soll beispielsweise der Formfaktor f bzw. die Oberfläche O einer für Adsorptionsverfahren vorgesehenen Aktivkohle ermittelt werden, dann ist die Argon-Adsorptionsmethode zur Oberflächenbestimmung oder zur Ermittlung des Formfaktors f ein geeignetes Meßverfahren (s. S. 152 ff.).

Tabelle 8. *Formfaktoren f* (nach H. HEYWOOD), $\varrho_z =$ Dichtezahl

Stoff	f	ϱ_z	Stoff	f	ϱ_z
Kork	1,98	0,3	Glas	1,9	2,57
Kohlenstaub	1,75	1,3	Glimmer	9,27	2,8
Natürl. Kohlenstaub	2,12	1,3	Flugstaub (kugelig)	1,22	2,28
Fusit	4,42	0,9	Flugstaub	2,28	2,28
Sand	1,43	2,64	Wolframpulver	1,18	17,3

In Tab. 8 sind einige von H. HEYWOOD durch mikroskopische Verfahren ermittelte Formfaktoren angegeben [52]. Auf andere Verfahren und Ergebnisse sei nur hingewiesen [53, 54].

Die Berechnung von Kennwerten ist dann mit geringstem Arbeitsaufwand verbunden, wenn eine die Korngrößenverteilung beschreibende Verteilungsfunktion y_H bekannt ist, wie die Gln. (19) und (29) zeigen. Infolge der sehr großen Vielfalt von Korngrößenverteilungen, die einer kollektiven Behandlung zugänglich sind, ist zu vermuten, daß die Aussichten auf umfassende Näherungsfunktionen nicht sehr groß sind. Wenn man aber die Entstehungsgeschichte von Kornverteilungen kennt, dann lassen sich auf Grund wahrscheinlichkeitstheoretischer Überlegungen gewisse Grundtypen von Näherungsfunktionen herausschälen. So sind z. B. die Normalverteilung, die logarithmische Normalverteilung, die ROSIN-RAMMLER-SPERLING-Verteilung, die GAUDIN-SCHUHMANN-Verteilung (Potenz-Verteilung) [55] und noch andere [56] recht häufig zur Beschreibung von Korngrößenverteilungen brauchbar.

3.1.5 Die Normalverteilung

Bei Zerkleinerungsprozessen können Normalverteilungen u. a. dann entstehen, wenn ein gleichkörniges Gut so zerkleinert wird, daß jedes Korn im Mittel in zwei gleiche Hälften aufgetrennt wird, die Abweichungen zufällig sind und sich dieser Vorgang sehr oft wiederholt. Derartig strenge Bedingungen sind bei einem Mahlvorgang fast nie erfüllt, so daß auf diese Weise selten Normalverteilungen entstehen. Wenn trotzdem Mahlgüter mit derart verteilten Korngrößen anfallen, dann aus anderen Gründen. Sehr oft bestehen die Körner des zu zerkleinernden Stoffes aus Elementen, deren Größe durch eine Normalverteilung beschrieben wird.

so z. B. bei den Getreidearten, die aus nahezu gleich großen Stärke-
körnern aufgebaut sind. Werden diese, wie in der Getreidemüllerei, durch
den Mahlprozeß freigelegt, dann können Normalverteilungen entstehen. —
Bei den durch Wachstumsprozesse entstandenen körnigen Stoffen sind

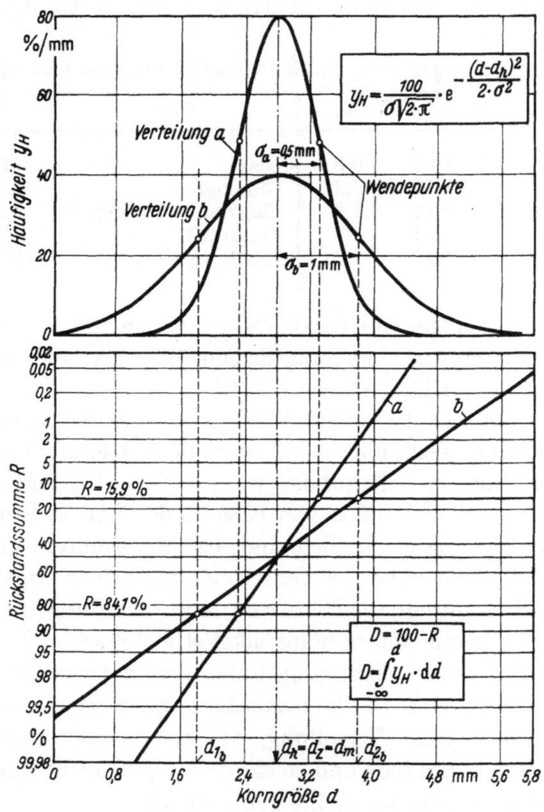

Abb. 33. Darstellung und Auswertung von Normalverteilungen

die Korngrößen fast immer normal verteilt. Man denke nur an Getreide,
Kartoffeln, Obst, Sämereien, körnige Gemüsearten, Pflanzenzellen usw.
Auch Formänderungsprozesse, wie Granulieren, Agglomerieren, Verdüsen
sowie Kristallisations- und Sublimationsprozesse, liefern häufig Korngrößen, die einer Normalverteilung folgen.

Die Gleichung der Häufigkeitskurve dieser Korngrößenverteilung
lautet:

$$y_H = -\frac{dR}{dd} = \frac{100}{\sqrt{2\pi \cdot \sigma}} \cdot \exp\left[-\frac{(d-d_h)^2}{2\sigma^2}\right] \tag{31}$$

d_h = häufigste Korngröße, σ = Standardabweichung

Diese Gleichung ist als das GAUSSsche Fehlergesetz bekannt und beschreibt in bezug auf den Wert d_h symmetrische Verteilungen. Die Verteilungskurve (Glockenkurve) erstreckt sich beiderseitig ins Unendliche. Diese Divergenz ist aber belanglos, denn die Kurve nimmt mit wachsendem Betrage von $d - d_h$ außerordentlich schnell ab, so daß der Fehler im Vergleich zu den endlichen Verteilungen sehr gering ist. Obige Gleichung ist hier ein Mittel zur Beschreibung der Korngrößenhäufigkeitsverteilung, in der Fehlerrechnung z. B. ein Mittel zur Bestimmung der Genauigkeit.

Eine Normalverteilung (Abb. 33) wird durch die Parameter σ und d_h eindeutig gekennzeichnet. Der Wert d_h legt die Lage der Kurve im Koordinatensystem sowie die häufigste Korngröße fest. Dieser Wert ist aus Gründen der Symmetrie mit der mittleren Korngröße d_m sowie mit dem Zentralwert d_z identisch.

Der Parameter σ bestimmt die Gestalt der Kurve und ist ein Maß für die Verteilungsbreite bzw. die Gleichmäßigkeit der vorkommenden Korngrößen. Aus der Gleichung der Normalverteilung folgt unmittelbar, daß die Wendepunkte der Häufigkeitskurve bei $d = d_h \pm \sigma$ liegen. Dieser Bereich legt die sog. Standardabweichung

$$\sigma = \frac{1}{2}\,(d_2 - d_1) \tag{32}$$

fest, wobei d_1 dem Wert $R_1 = 84{,}1\%$ und d_2 dem Wert $R_2 = 15{,}9\%$ zugeordnet ist (Wendepunkte). Je kleiner der Parameter σ ist, um so gleichkörniger ist eine normal verteilte Körnung.

Zur Auswertung ist das Wahrscheinlichkeitspapier (unteres Koordinatennetz in Abb. 33) entwickelt worden. Die Rückstandssummenverteilung bzw. das GAUSSsche Fehlerintegral ergibt in diesem Netz eine gerade Linie [57]. Der Parameter σ wird durch die Steigung dieser Geraden, der Wert d_h durch die der Rückstandssumme $R = 50\%$ zugeordnete Korngröße festgelegt.

3.1.6 Die logarithmische Normalverteilung

Diese Verteilung besitzt insofern mit der Normalverteilung eine gewisse Verwandtschaft, als die Häufigkeitskurve

$$y_\zeta = -\frac{\mathrm{d}R}{\mathrm{d}\zeta} = \frac{100}{\sigma_\zeta\,\sqrt{2\pi}}\cdot\exp\left[-\frac{(\log d - \log d_z)^2}{2\,\sigma_\zeta^2}\right] \tag{33}$$

über $\zeta = \log d$ aufgetragen (Abb. 34), die Form einer GAUSSschen Glockenkurve erhält.

Damit sind besondere Möglichkeiten zur Beschreibung dieser Verteilung gegeben, wie von K. STANGE [58], H. GEBELEIN [59] und G. HERDAN [47] im einzelnen gezeigt worden ist. K. STANGE erwähnt, daß eine derartige Korngrößenverteilung dann entsteht, wenn jedes Korn eines gleichförmigen Ausgangsgutes zufällig in zwei beliebig große Teile gespalten wird und sich dieser Vorgang n-mal wiederholt. In Zerkleinerungsmaschinen wird diese Forderung unter bestimmten Bedingungen

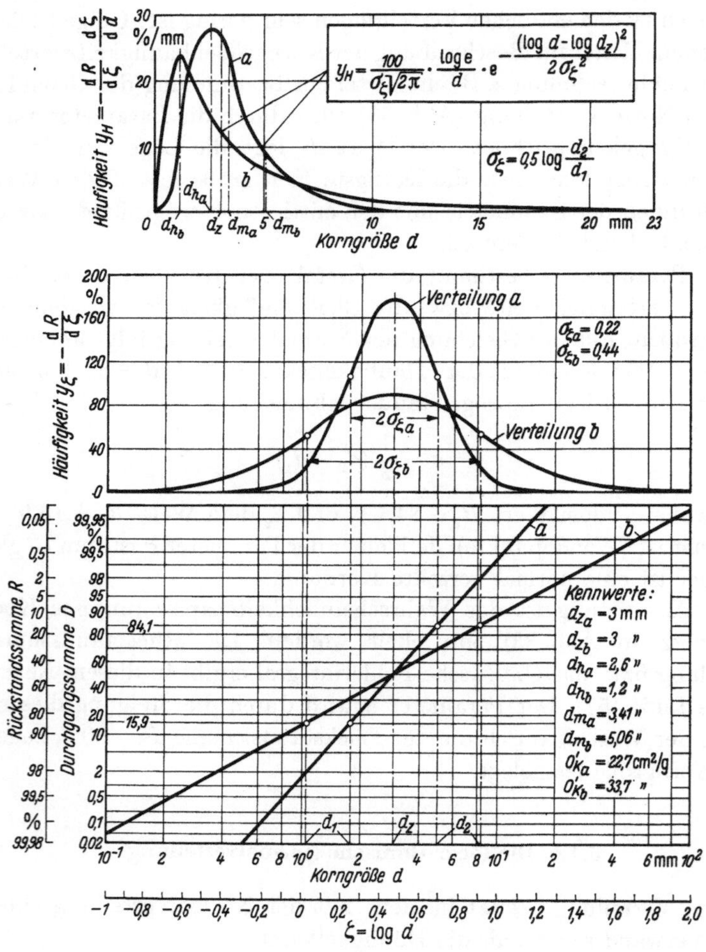

Abb. 34. Darstellung und Auswertung von logarithmischen Normalverteilungen

erfüllt, so daß Mahlgüter häufig dieser Verteilung folgen. Ferner ist anzunehmen, daß die gemachte Voraussetzung bei manchen Zerkleinerungsvorgängen im Verlauf geologischer Veränderungen zutrifft, weil gewisse Sande dieser Verteilung folgen. Nach K. KONOPICKY werden auch viele auf andere Weise als durch Zerkleinerung hergestellte Pulver von logarithmischen Normalverteilungen beschrieben, so z. B. die durch Zerstäuben und die auf elektrolytischem Wege hergestellten Metallpulver, ferner Zementgranalien und Schwefelblume [60].

Die Auswertung genannter Verteilung erfolgt im Wahrscheinlichkeitsnetz mit logarithmischer Merkmalsteilung (Abb. 34 unteres Netz). In diesem Netz ist die Rückstandssummenkurve eine gerade Linie, aus der sich die Kennwerte wie folgt ergeben:

Der Rückstandswert $R = 50\%$ bestimmt die Halbwertskorngröße bzw. den Zentralwert d_z.

Der Parameter σ_ζ wird ähnlich wie bei der Normalverteilung, jedoch unter Berücksichtigung der logarithmischen Merkmalsteilung, durch folgende Gleichung bestimmt:

$$\sigma_\zeta = \frac{1}{2} \log \frac{d_2}{d_1} \tag{34}$$

wobei d_1 und d_2 den Werten $R = 84{,}1\%$ bzw. $R = 15{,}9\%$ zugeordnet sind. Dieser σ_ζ-Wert läßt sich auch direkt auf dem ζ-Maßstab ablesen. Statt des Parameters σ_ζ wird oft ein Streufaktor $\varepsilon = 10^{\sigma_\zeta}$ verwendet. Dadurch vermeidet man nicht nur Verwechselungen, sondern vereinfacht auch manche Berechnungen. (Ein Beispiel findet man bei [61], S. 65.)

Für die geometrische Oberfläche O_K von 1 kg körnigen Gutes (Kugelform) gilt [58]:

$$O_K = \frac{6}{\varrho_K d_z} \cdot e^{\frac{1}{2} \left[(\ln 10)\, \sigma_\zeta\right]^2} \tag{35}$$

Die arithmetisch gewogene mittlere Korngröße errechnet sich nach der Gleichung:

$$d_m = d_z\, e^{\frac{1}{2} \left[(\ln 10)\, \sigma_\zeta\right]^2} \tag{36}$$

3.1.7 Die Rosin-Rammler-Sperling-Verteilung

Sehr viele technologisch wichtige Haufwerke werden durch Zerkleinern hergestellt. Eine oft notwendige hohe Endfeinheit des Mahlgutes (Feinmahlung) läßt sich erreichen, indem das Mahlgut dem Zerkleinerungsvorgang eine längere Zeit bzw. wiederholt unterworfen wird. Das so zerkleinerte Gut, wie es die Schwing-, Rohr-, Kugel-, Schlag-, Hammer- und andere Mühlen liefern, weist im allgemeinen Kornverteilungen auf, deren Häufigkeitskurven stärker asymmetrisch sind als die der logarithmischen Normalverteilung.

Nach Vorarbeit von Martin und Weinig haben Rosin, Rammler und unabhängig davon Sperling eine Gl. (37) angegeben, mit der sich viele Häufigkeitsverteilungen von Körnungen nach der Feinzerkleinerung mit guter Näherung beschreiben lassen [62, 63]:

$$-\frac{\mathrm{d}R}{\mathrm{d}d} = \frac{\mathrm{d}D}{\mathrm{d}d} = 100\,\frac{n}{d'^n} \cdot d^{n-1}\, e^{-[d/d']^n} \tag{37}$$

In dieser Gleichung sind n und d' Parameter, die nach DIN 4190 die Bezeichnung Körnungsparameter tragen. Das Integral dieser Gleichung oder die Rückstandssummenverteilung lautet:

$$R = 100\,e^{-[d/d']^n} \qquad (38)$$

Diese Verteilungsfunktion wird, weil sie sich zur Kennzeichnung vieler Mahlgüter bewährt hat, oft auch als Mahlgesetz bezeichnet. Dies ist nicht begründet, worauf auch schon E. RAMMLER wiederholt hingewiesen hat. Viele Mahlgüter befolgen, wie schon erwähnt, Kornverteilungen, die sich durch eine normale oder eine logarithmisch normale Verteilung darstellen lassen oder auch solche, für die Verteilungsfunktionen noch nicht bekannt sind. Ob eine bestimmte Verteilungsfunktion für ein Mahlgut oder einen körnigen Stoff zutrifft, läßt sich grundsätzlich erst *nach* der Messung des Körnungsaufbaues angeben.

Man kann einwenden, daß die ROSIN-RAMMLER-SPERLING-Formel (RRS-Formel) für die praktische Anwendung etwas unhandlich ist. Die grafische Auswertung mit Hilfe eines entsprechenden Koordinatennetzes zeigt aber, daß diese Bedenken unbegründet sind. Durch zweimaliges Logarithmieren der RRS-Formel ergeben sich folgende Beziehungen:

$$\log\left(\log\frac{100}{R}\right) = n \log d - n \log d' + \log\log e \qquad (39)$$
$$= n \log d + \text{const.}$$

Obige Gleichung ergibt in einem Koordinatensystem eine gerade Linie, falls die Ordinate doppelt $\left(\log\log\dfrac{100}{R}\right)$ und die Abszisse einfach logarithmisch geteilt ist. Dieses Diagramm (Abb. 35) wird als doppeltlogarithmisches Körnungsnetz oder nach den Anfangsbuchstaben der Namen der Forscher, die die Gl. (38) entwickelt haben, mit RRS-Diagramm bezeichnet. Das Netz ist nach DIN 4190 genormt [64]. Wird eine Korngrößenverteilung durch die ROSIN-RAMMLER-SPERLING-Funktion genügend genau angenähert, dann ergibt die Rückstandssummenverteilung in diesem Körnungsnetz eine gerade Linie. Der Parameter n wird nach Parallelverschiebung der Geraden bis zum Pol P auf dem Randmaßstab abgelesen, während der Wert d' durch den Schnittpunkt der RRS-Geraden mit dem Rückstandssummenwert $R = 36,82\%$ festgelegt ist [65]. Diese Parameter sind reine Zahlenwerte. Da sie keine unabhängigen Bestimmungswerte im Sinne von Mittelwert d_h und Standardabweichung σ der Normalverteilung sind, ist die häufig übliche Bezeichnung wie Gleichmäßigkeitszahl für n und Feinheit für d' nicht sinnvoll (vgl. dazu auch A. KNESCHKE [66, 67]).

Naturgemäß verliert eine Kurve in logarithmisch geteilten Netzen ihre Anschaulichkeit. Aus diesem Grunde sind in Abb. 36 einige Häufig-

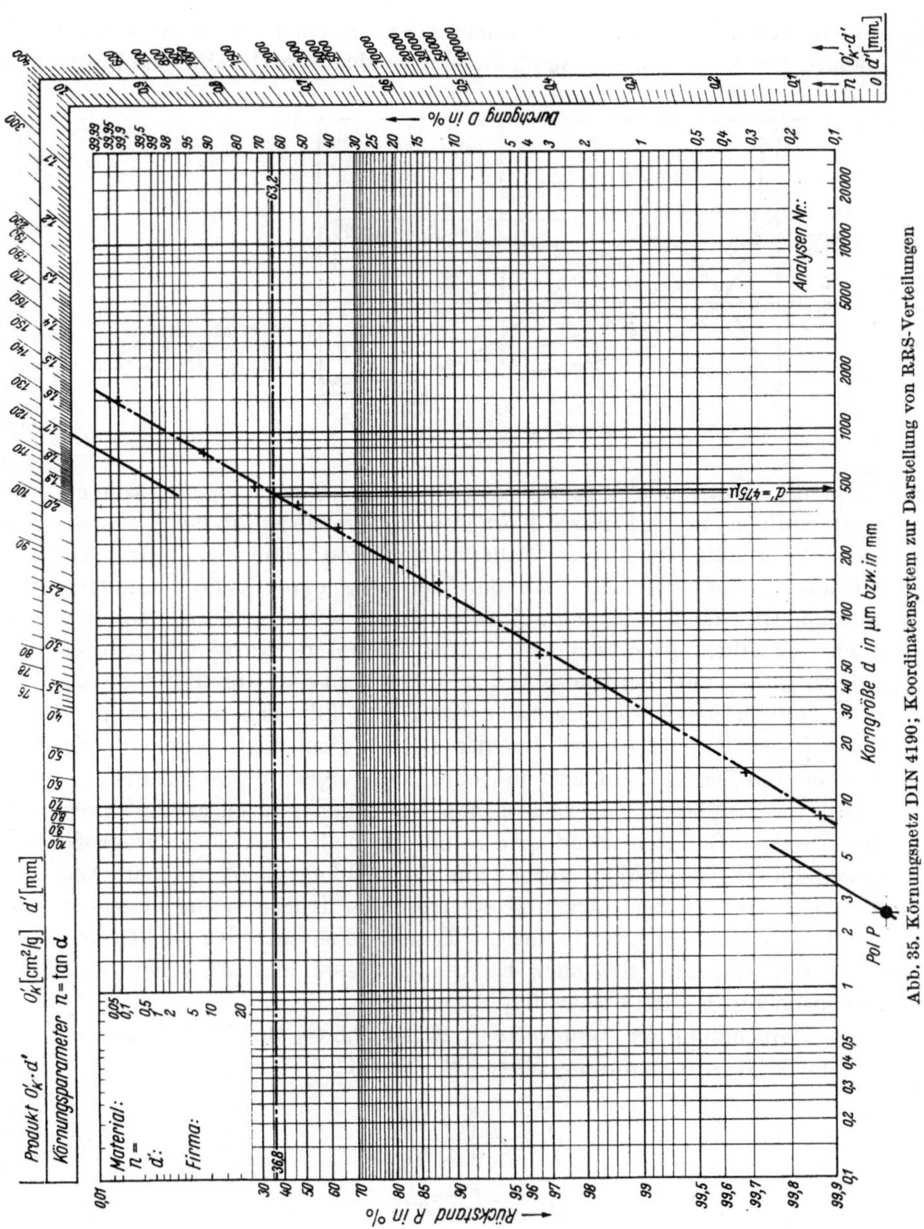

Abb. 35. Körnungsnetz DIN 4190; Koordinatensystem zur Darstellung von RRS-Verteilungen

keitskurven für verschiedene Parameter n dargestellt, um eine anschauliche Verknüpfung mit den Rückstandssummenkurven im Körnungsnetz DIN 4190 zu erhalten. Für $n > 1$ liegt eine asymmetrische Verteilung, ähnlich wie bei der logarithmischen Normalverteilung, vor,

4*

wobei sich diese Kurve mit wachsendem n einer Normalverteilung nähert. Für $n < 1$ hat die Häufigkeitskurve eine hyperbelähnliche Form.

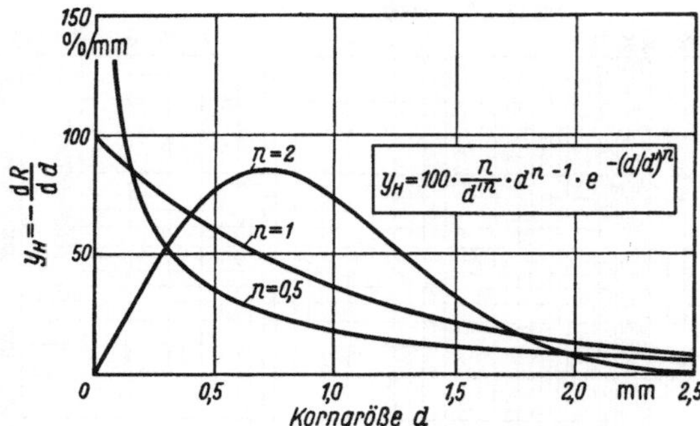

Abb. 36. Häufigkeitskurven von RRS-Verteilungen für $d' = 1\,\text{mm}$

Da die Häufigkeitskurve für $n < 1$ und $d \to 0$ nur schlecht konvergiert, muß man eine kleinste Korngröße d_{min} festlegen, damit die wirkliche Verteilung durch die Näherungsfunktion genügend genau beschrieben wird. Streng müßte der Wert d_{min} experimentell ermittelt werden. Dies ist jedoch meßtechnisch oft nicht nur schwierig, sondern auch unmöglich. In diesen Fällen wird die untere Korngröße so festgelegt, daß sie mit dem Rückstand $R = 99,9\%$ zusammenfällt. Inwieweit diese konventionelle Festlegung zulässig ist, läßt sich mit Sicherheit nicht beurteilen, da es sich bei der RRS-Formel z. B. nicht um ein Zerkleinerungsgesetz, sondern um eine Näherungsfunktion handelt.

Mit wachsendem d nähern sich alle Häufigkeitskurven asymptotisch der Abszisse. Der Rückstand wird somit erst Null, wenn die Korngröße unendlich ist. Dieser Widerspruch zur Wirklichkeit ist oft tragbar, weil der Fehler infolge der starken Konvergenz der Kurve vernachlässigbar ist. Für Verteilungen, die in diesem Bereich eine scharfe obere Grenze aufweisen, empfiehlt sich nach H. KELLERWESSEL eine Abszissentransformation für das RRS-Netz [55].

Die Berechnung der Kennwerte d_h, d_z, d_m und O_K für RRS-Verteilungen hat E. RAMMLER durchgeführt [68]. Es gilt:

$$d_h = d' \sqrt[n]{\frac{n-1}{n}} \tag{40}$$

$$d_z = d' \sqrt[n]{0,69315} \tag{41}$$

$$d_m = d' \, \Pi\left(\frac{1}{n}\right) \tag{42}$$

In der Gl. (42) bezeichnet der Ausdruck Π die sog. GAUSSsche Pi-Funktion, die z. B. in den Funktionstafeln von JAHNKE-EMDE tabelliert ist. Um die Auswertung der obigen Kennwertgleichungen zu erleichtern, sind die hierin vorkommenden Funktionen von n in Abb. 37 dargestellt.

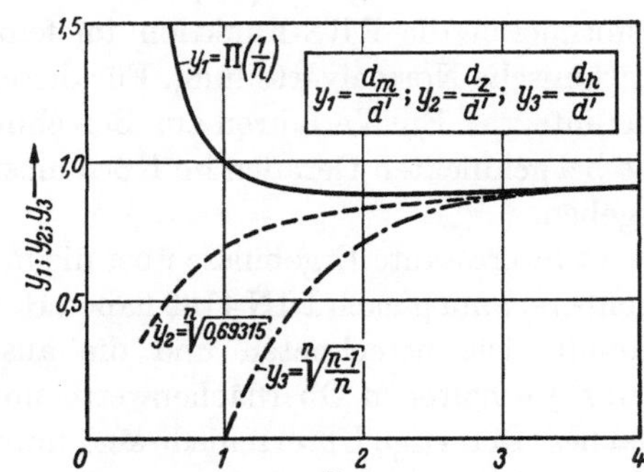

Abb. 37. Funktionstafel zur Bestimmung von RRS-Kennwerten

Die geometrische Oberfläche einer RRS-Verteilung errechnet sich wegen Gl. (29) und (37) nach [46] zu:

$$O_K = \frac{O'_K}{\varrho_z} = \frac{6}{\varrho_K} \cdot \frac{n}{d'^n} \int\limits_{d_{\min}}^{d_{\max}} d^{n-2}\, \mathrm{e}^{-[d/d']^n}\, \mathrm{d}d \qquad (43)$$

Der Wert der Oberfläche O'_K ist nach dieser Gleichung nur abhängig von den Körnungsparametern n und d'. Man hat daher nach einem Vorschlag von E. Rammler und E. Glöckner [69] das Produkt $O'_K \cdot d'$ mit dem von S. Kiesskalt und G. Matz [70] errechneten Oberflächenwerten als Randmaßstab in das Körnungsnetz DIN 4190 eintragen lassen. Zur Oberflächenberechnung wird eine Parallele zur RRS-Geraden durch den Pol P gelegt. Der auf dem Randmaßstab abgelesene Wert $O'_K \cdot d'$ wird durch d' dividiert. Hierbei ist zu beachten, daß der Kennwert d' in mm einzusetzen ist. Die Oberfläche ergibt sich in der Einheit cm²/g.

Zur Lösung der Gl. (43) ist noch zu erwähnen, daß das Integral für $n < 1$ und $d_{\min} = 0$ nicht konvergiert. Man muß daher die kleinste Korngröße $d_{\min}$ ermitteln. S. Kiesskalt und G. Matz [70] wählten als kleinstes Korn die der Rückstandssumme $R = 99,9\%$ zugeordnete Korngröße, also eine bis zu einem gewissen Grade willkürliche Festlegung. Damit ist die Berechnung der Oberfläche O'_K nach dem Randmaßstab im Körnungsnetz nach DIN 4190 an folgende Voraussetzungen gebunden:

1. kugeliges Korn
2. Dichtezahl $\varrho_z = 1$
3. Gültigkeit der RRS-Formel im Bereich $0,1 < R < 99,9\%$
4. $0,1\%$ des feinen und groben (ohne Einfluß) Anteils der Körnung bleiben unberücksichtigt.

In einer weiteren Lösung der Gl. (43) wählt F. Weidenhammer für d_{min} die wirklich auftretende, experimentell oft jedoch schwer zu ermittelnde kleinste Korngröße [71]. K. Stange [58] und H. Gebelein [59] transformieren die RRS-Funktion im feinen Körnungsbereich in eine logarithmische Normalverteilung. Für diesen Fall konvergiert das Oberflächenintegral. Ein Verfahren zur Berechnung der geometrischen Oberfläche bei geknickten Geraden im Körnungsnetz hat H. Langemann [72] angegeben.

Recht interessante Ergebnisse über die möglichen Fehler bei der Oberflächenberechnung nach DIN 4190 haben H. Lehmann und U. Haese [73] mitgeteilt. Die berechneten und die aus Durchlässigkeitsmessungen (S. 161 ff.) erhaltenen Oberflächenwerte unterscheiden sich oft um ein Vielfaches. Derartige Unterschiede sind unter Umständen darauf zurückzuführen, daß die notwendigen, oben erwähnten Voraussetzungen (Punkt 3) für eine Berechnung nicht immer erfüllt sind. In den meisten Fällen liegen nur Meßpunkte für den Bereich z. B. $R < 95\%$ vor. Die erhaltenen Geraden bzw. geknickten Geraden werden dann bis $R = 99,9\%$ extrapoliert. Nur wenn die Körnung im nicht gemessenenen Bereich der Extrapolation folgt, ergeben sich sinnvolle Werte. Dies darf man nicht allgemein voraussetzen, weil die RRS-Formel kein Gesetz ist. Bei einer intervallweisen Auswertung, z. B. entsprechend Tab. 9, die eine meßtechnische Erfassung des gesamten Körnungsbereiches verlangt, ergeben sich nach den Messungen von H. Lehmann und U. Haese keine Unterschiede zwischen der berechneten und der gemessenen Oberfläche.

Ferner folgt aus den Gln. (24) und (29), daß schon sehr kleine Fehler bei der Korngrößenanalyse im Bereich der kleinsten Korngrößen, die wegen meßtechnischer Schwierigkeiten leicht auftreten, in der Oberfläche zu beträchtlichen Fehlern führen, falls diese aus den Kennlinien berechnet wird.

3.1.8 Zur Praxis der Kennzeichnung einer Korngrößenverteilung

Nach einer Korngrößenanalyse und der sich daran anschließenden Berechnung der Rückstandssummen steht man vor der Frage, in welchem der vorstehend erklärten Koordinatennetze die Werte darzustellen sind. Liegen keine Erfahrungen vor, die auf eine bestimmte Korngrößenverteilung hinweisen, dann ist zu empfehlen, zunächst das genormte Körnungsnetz DIN 4190 zu wählen. Ergibt die Rückstandssummenverteilung eine gerade Linie, dann verläuft die weitere Auswertung zwangsläufig. Im anderen Fall ist zu prüfen, welche Verteilungsfunktion geeignet sein könnte [74]. Um sich ein Kriterium zu verschaffen, sind in Abb. 38 einige normale und logarithmisch-normale Verteilungen im Körnungsnetz dargestellt.

Ist keine der vorstehend erwähnten Verteilungsfunktionen als Näherung zu verwenden, dann ist eine stufenweise oder graphische Auswertung der Körnungskennlinien im Hinblick auf Körnungskennwerte notwendig.

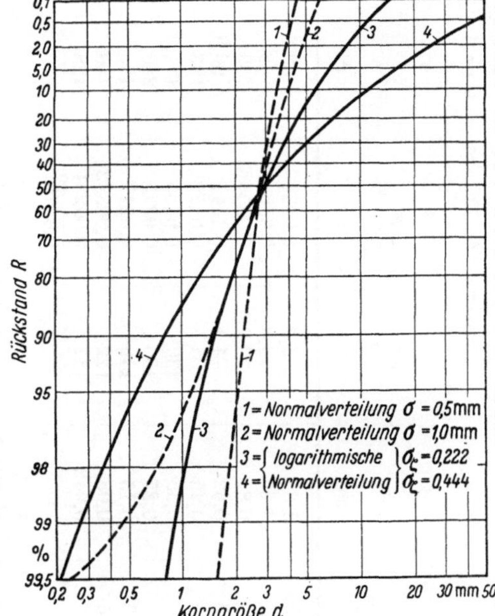

Abb. 38. Normal- und logarithmische Normalverteilungen, dargestellt im Körnungsnetz

Die stufenweise Berechnung von Körnungskennwerten ist mit einigem Aufwand verbunden und für ein Beispiel in der Tab. 9 angegeben, wobei sich die gewählten Einheiten aus Gründen der Zweckmäßigkeit um Vielfache von denen des internationalen MKS-Systems unterscheiden. Dieses Berechnungsverfahren hat den Vorteil, daß es für alle Fälle anwendbar ist und umfassende Ergebnisse liefert (vgl. auch Tab. 11 und 12).

Die stufenweise Berechnung läßt sich unter Umständen durch grafische Methoden verkürzen, wie am Beispiel der Bestimmung der Kennwerte d_m und O_K in Abb. 39 gezeigt wird. Dazu trägt man die Werte $d = f(R)$ bzw. $1/d = f(R)$ in ein geeignetes Koordinatennetz ein. Die schraffierten Flächen sind unter Berücksichtigung des Maßstabes proportional den Kenngrößen d_m bzw. O_K.

Diese Abbildung zeigt weiter recht anschaulich, daß der Wert d_m im wesentlichen durch die groben, meßtechnisch recht gut zu erfassenden Anteile einer Körnung bestimmt wird, die Oberfläche dagegen durch die feinsten, oft schwierig zu messenden Anteile. Nur ein einziger Kennwert ist daher nicht immer genügend aufschlußreich.

Tabelle 9. *Auswertung einer Korngrößenanalyse*

Korngrößenanalyse					Auswertung der Korngrößenanalyse				
1	2	3	4	5	6	7	8	9	10
d	ΔR_g	ΔR	Δd	R	d_a	$\dfrac{\Delta R}{\Delta d}$	$\dfrac{\Delta R}{100}\cdot d_a$	O'_K	$O'_K\cdot\dfrac{\Delta R}{100}$
mm	g	%	mm	%	mm	%/mm	mm	cm²/g	cm²/g
1,5	1,58	1,3	0,6	1,3	1,8	2,2	0,0234	33,3	0,43
1,0	8,38	6,9	0,5	8,2	1,25	13,8	0,0864	48	3,31
0,75	11,89	9,8	0,25	18	0,87	39,2	0,0854	69	6,67
0,5	22,46	18,5	0,25	36,5	0,62	74,1	0,1141	96,8	17,9
0,4	12,75	10,5	0,1	47	0,45	105	0,0472	133	13,96
0,3	15,78	13	0,1	60	0,35	130	0,0455	171,5	22,3
0,2	18,21	15	0,1	75	0,25	150	0,0375	240	36
0,1	17,72	14,6	0,1	89,6	0,15	146	0,0219	400	58,3
0,06	5,95	4,9	0,04	94,5	0,08	122	0,00392	750	36,8
0,025	6,68	5,5	0,035	100	0,042	157	0,00231	1428	78,5
	121,4						0,4676		274,17

Spalte 1 Untere Klassengrenzwerte, die bei der Prüfsiebung mit den Maschenweiten (mm) identisch sind.

Spalte 2 Klassenrückstände ΔR_g (Masse je Klasse in g).

Spalte 3 Klassenrückstände ΔR in Massen-%, bezogen auf die Probenmenge. (Man beachte: $\Delta R_i = \Delta D_i$, s. Abb. 30).

Spalte 4 Klassenbreite Δd (mm).

Spalte 5 Rückstandssummen $R\,(\%) = \Sigma\,\Delta R$

Spalte 6 Klassenmitte d_a (mm)

Spalte 7 Zu jeder Kornklasse gehörende Ordinate $\Delta R/\Delta d$ der Häufigkeitskurve, errechnet aus Spalte 3 und 4.

Spalte 8 Produkt $(\Delta R/100)\cdot d_a$. Die Aufsummierung dieser Werte über sämtliche Klassen ergibt die mittlere Korngröße d_m, das sog. arithmetisch gewogene Mittel.

Spalte 9 Oberfläche O'_K von 1 g eines idealisierten, also kugeligen Haufwerkes der Dichte 1 und der Korngröße d_a. $O'_K = 60/d_a$ (cm²/g). Dabei ist d_a in mm einzusetzen.

Spalte 10 Idealisierte Oberfläche jeder Kornklasse $\Delta O'_K = O'_K \cdot \Delta R/100$. Die Summe dieser Klassenoberflächen ergibt die idealisierte Oberfläche von 1 g des analysierten Haufwerkes.

Die Körnungskennlinien und -kennwerte liefern ein anschauliches Bild vom Körnungsaufbau [75]. Häufig treten Besonderheiten auf, die von gewollten oder auch unerwünschten Vorgängen während der Verarbeitung des körnigen Materials herrühren. Wie sich manche Besonderheiten im Körnungsnetz bzw. bei den Körnungskennlinien ausdrücken, soll nun gezeigt werden.

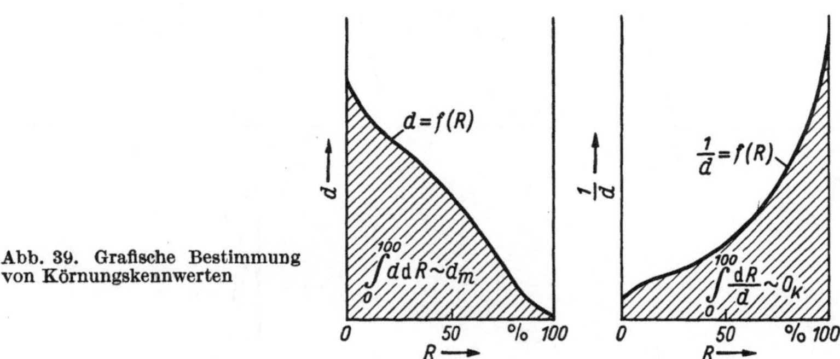

Abb. 39. Grafische Bestimmung von Körnungskennwerten

3.1.9 Mischkollektive

Ein Haufwerk, das sich aus Komponenten mit unterschiedlichem Körnungsaufbau zusammensetzt, wird als Mischkollektiv bezeichnet. Im einfachsten Fall entsteht ein solches Kollektiv durch Vermischen von körnigen Stoffen, wobei der Körnungsaufbau der Komponenten verschieden ist.

Die Häufigkeits- bzw. Rückstandssummenverteilung eines Mischkollektives ergibt sich einfach durch Überlagern der Kennlinien der

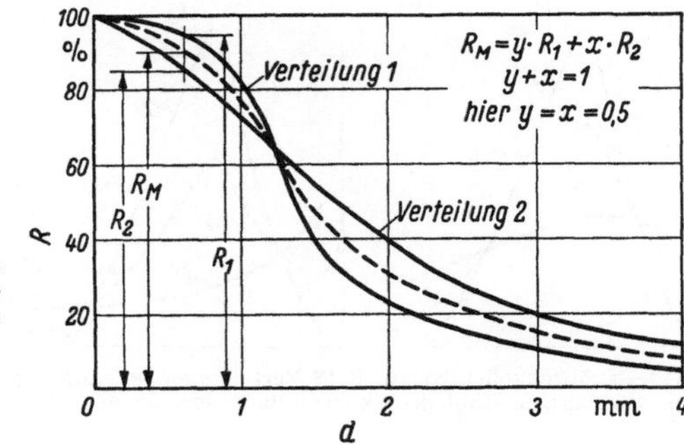

Abb. 40. Rückstandssummenverteilung eines Kollektivs, hergestellt durch Vermischen von 2 Verteilungen

Komponenten entsprechend dem Mischungsverhältnis. Bezeichnet y den Anteil der Komponente 1, x den der Komponente 2, dann errechnen sich die Ordinaten der Rückstandssummenkurve der Mischung zu:

$$R_M = y\,R_1 + x\,R_2 \tag{44}$$

mit $y + x = 1$. Die Werte R_1 und R_2 bezeichnen die Rückstände der Komponenten für die jeweilige Korngröße d (s. Abb. 40). Die Bestimmung der Häufigkeitsverteilung erfolgt analog.

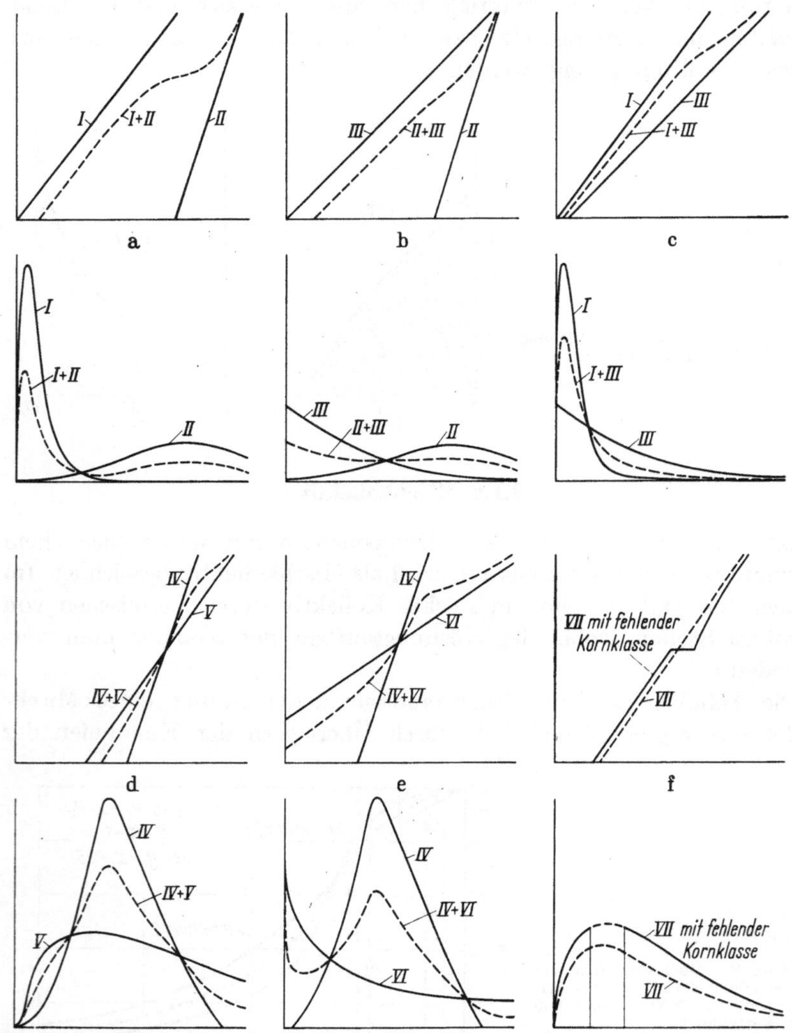

Abb. 41a—f. Mischkollektive aus RRS-Verteilungen im Körnungsnetz. Unter den Rückstandskurven sind die zugehörigen Häufigkeitskurven über einer linear geteilten Abszisse dargestellt ($x = y = 0{,}5$)

Der umgekehrte Fall, nämlich der der Zerlegung eines Mischkollektivs in seine unbekannten Bestandteile, ist wesentlich schwieriger. Zum Vergleich sind in Abb. 41 einige Beispiele von Mischkollektiven im Körnungsnetz einander gegenübergestellt, und zwar ausgehend von den Komponenten (vgl. auch E. RAMMLER [76]). Zur Vereinfachung bestehen die Komponenten aus RRS-Verteilungen. Hierbei sind im wesentlichen diejenigen Fälle zu unterscheiden, bei denen sich die von den RRS-Geraden erfaßten Korngrößenbereiche der Komponenten nicht, teilweise oder ganz überdecken.

Die zuerst erwähnte Art eines Mischkollektivs, bei dem sich die Korngrößenbereiche der Komponenten nicht überschneiden, ist am einfachsten zu erfassen (Fall a). Als Rückstandssummenkurve entsteht eine geschwungene Kurve, wobei die Steigung der Tangenten an den Endpunkten bis auf einen vernachlässigbaren Fehler derjenigen der RRS-Geraden der Komponenten gleich ist. Der Zahlenwert der dem Wendepunkt entsprechenden Rückstandssumme zeigt das Mischungsverhältnis an, wodurch mit Gl. (44) die Ordinaten der Rückstandssummen der Ausgangskomponenten berechnet werden können. Dieser recht einfach zu analysierende Fall eines Mischkollektivs liegt jedoch recht selten vor. Im allgemeinen überdecken sich die Korngrößenbereiche, wodurch sich eine Analyse schwieriger gestaltet (Fall b und c). Eventuell auftretende Wendepunkte geben hier keinen direkten Anhalt für das Mischungsverhältnis. Starke Krümmungen weisen unter Umständen auf Schnittpunkte der sich überlagernden Häufigkeitskurven hin.

Für den Fall, daß sich die RRS-Geraden schneiden (Fall d und e), ergeben sich S-förmige Kurvenzüge für das Mischkollektiv. Die Knickpunkte und Bereiche mit stärkerer Krümmung der Summenkurve zeigen die Schnittpunkte der Häufigkeitskurven an.

Besitzt eine der Geraden (Fall e) eine sehr große Steigung — eine Komponente besteht aus nahezu gleich großen Körnern — dann liegt eine Verteilung mit Gleichkornsprung [64] vor.

Ein weiterer Sonderfall kann entstehen, wenn während des Prozesses eine bestimmte Kornklasse entnommen oder nicht erzeugt worden ist (Fall f). Diese Erscheinung wurde von S. Kiesskalt als Ausfallkörnung bezeichnet [64].

Für Mischkollektive mit mehr als zwei Komponenten gelten die vorstehenden Ausführungen sinngemäß.

Ein Mischkollektiv, das bei Zerkleinerungsvorgängen häufig auftritt, ist der unter b dargestellte Fall. Das Aufgabegut möge z. B. durch die Kennlinie II, das Endprodukt durch die Kennlinie III beschrieben werden. Das Mahlgut besteht nach kurzer Mahldauer, also erst teilweiser Zerkleinerung, aus einer Mischung der Komponenten II und III. In einer absatzweise arbeitenden Rohrmühle z. B. liegt zu Beginn der Zerkleinerung die Linie II vor. Mit fortschreitendem Mahlprozeß entsteht die sich mit der Zeit verändernde Linie II + III, die schließlich in die Kennlinie III übergeht.

Für ein vertieftes Studium des in diesem Kapitel behandelten Stoffes wird neben den Fachaufsätzen das Buch von G. Herdan [47] empfohlen.

3.2 Mikroskopische Analyse von Korngrößenverteilungen

3.2.1 Allgemeines

Mit Hilfe der Mikroskopie besteht die Möglichkeit, Korngrößen im Bereich zwischen etwa $0{,}01\ \mu m < d < 5\ \mu m$ elektronenmikroskopisch und im Bereich $1\ \mu m < d < 100\ \mu m$ lichtmikroskopisch zu untersuchen. Durch Auszählen und Ausmessen der Korngrößen ergibt sich die Häufigkeits- bzw. Summenverteilung der Kornzahlen, die sich in Massenverteilungen umrechnen lassen.

Das Auszählen und Ausmessen durch Augenbeobachtung ist vergleichsweise selten. Vielmehr geschieht dies am projizierten Bild, an einem Mikrofoto oder mit Hilfe der Fernsehmikroskopie. Besonders in letzter Zeit sind Geräte entwickelt worden, die das Messen und Zählen vollautomatisch und in kurzer Zeit durchführen. Unter diesen Bedingungen entfällt der wesentliche Nachteil, nämlich die mühsame und zeitraubende Auswertung.

Die mikroskopische Analyse ist nicht nur als universell, sondern auch als sehr genau zu bezeichnen. Sie eignet sich daher auch zum Eichen oder zur Kontrolle. Diese direkte Analysenmethode gibt bei richtiger Durchführung und Kugelgestalt der Teilchen ohne Einschränkung sichere Werte. Für nicht kugelige Körner, und das ist der Normalfall, sind Vereinbarungen über die Definition der Korngröße zu treffen.

Das mikroskopische Bild eines Kornhaufwerkes ermöglicht nur Strekken- oder Flächenmessungen. So besteht die Möglichkeit, die Projektionsfläche F_K der Körner auszuplanimetrieren und als Korngröße den Durchmesser des Kreises zu definieren, der die gleiche Fläche hat.

$$d_F = \sqrt{\frac{4}{\pi} \cdot F_K} \tag{45}$$

Der Durchmesser des flächengleichen Kreises d_F stimmt nur dann überein mit dem Durchmesser einer Kugel d_V, die das gleiche Volumen wie das Teilchen hat, wenn die Körner kugelförmig sind. Für d_V gilt:

$$d_V = \sqrt[3]{\frac{6}{\pi} \cdot V_K} \tag{46}$$

Der Unterschied zwischen d_F und d_V ist um so größer, je mehr die Korngestalt von der Kugelform abweicht, im wesentlichen deswegen, weil eine Orientierung der Teilchen auf dem Objektträger stattfindet. Je nach Art der Präparation lagern sich die Teilchen mehr oder weniger mit ihrer größten Fläche auf dem Objektträger ab [77]. Unter diesen Bedingungen gilt immer $d_F > d_V$.

Da das Ausplanimetrieren sehr zeitraubend ist, versucht man, die Korngröße d_F aus einem Vergleich der Teilchenflächen mit Kreisflächen

zu finden. Bei dieser Meßmethode sind jedoch subjektive Einflüsse
möglich [78, 79], und zwar derart, daß die Fläche der Teilchen im Vergleich zu den von Kreisflächen, je nach Versuchsperson, systematisch
über- oder unterschätzt wird.

Da die Bestimmung des Durchmessers eines flächengleichen Kreises
durch Ausplanimetrieren recht aufwendig, beim Flächenvergleich jedoch
mit Unsicherheiten behaftet ist, empfiehlt es sich, die Korngröße aus
Streckenmessungen zu finden. Zur Bestimmung des MARTINschen
Durchmessers d_M werden Geraden entweder parallel zur Abszisse oder

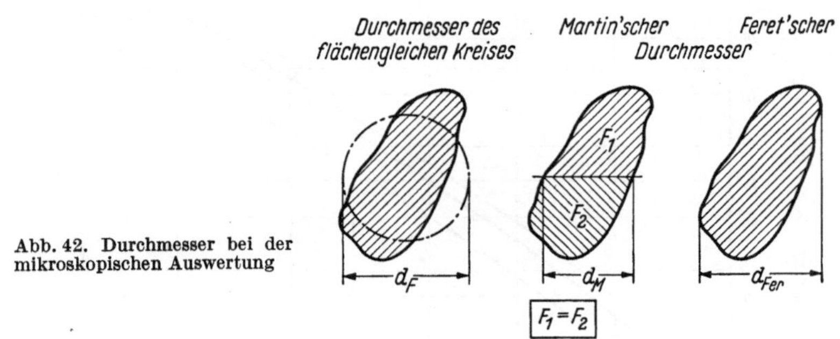

Abb. 42. Durchmesser bei der
mikroskopischen Auswertung

einer anderen Bezugsgeraden so durch alle Teilchen gelegt, daß jede Teilchenfläche in zwei gleiche Hälften aufgetrennt wird. Die Flächenhalbie-
rende legt den Durchmesser d_M fest, wie in Abb. 42 dargestellt ist. Da die
Orientierung aller Körner durch den Zufall erfolgt, ergibt sich ein statistischer Durchmesser. Streng genommen müßten die Geraden durch den
Schwerpunkt der Teilchen gehen. Da jedoch der Schwerpunkt nur
umständlich zu ermitteln ist, begnügt man sich mit der Flächen-
halbierenden. Diese ist zwar keine Schwerpunktslinie, doch ist die Abweichung gering.

Auch der FERETsche Durchmesser d_{Fer} ist ein statistischer Durchmesser, der nach Abb. 42 als die größte Ausdehnung in einer vorgegebenen Richtung definiert ist.

Die Werte der auf obige Weise definierten Durchmesser stimmen, außer
bei Kugelgestalt der Teilchen, nicht überein. In Abb. 43 sind die Verteilungskurven einer Körnung für diese Durchmesser angegeben. Daß nicht
die Massenverteilung, sondern die Kornzahlverteilung angegeben wird,
ist für die Beurteilung unerheblich. Nach dieser Darstellung werden die
Korngrößen im Vergleich zu d_F bei MARTIN unter- und bei FERET über-
schätzt. Diese Tatsache läßt sich auch durch statistische Untersuchungen
ableiten, wie GEBELEIN [80] im einzelnen gezeigt hat. Aus weiteren Messungen ist zu schließen, daß die Unterschiede zwischen den Werten der

verschieden definierten Durchmesser um so kleiner sind, je größer die
Zahl der ausgezählten Teilchen ist.

Diese Unterschiede wirken sich besonders dann stark aus, wenn aus den
ausgezählten und -gemessenen Werten auf eine Massenverteilung umgerechnet wird. Die Korngröße geht mit der dritten Potenz als Multi-
plikator in die Rechnung ein, die entsprechenden Unterschiede in der
Definition in entsprechendem Maße.

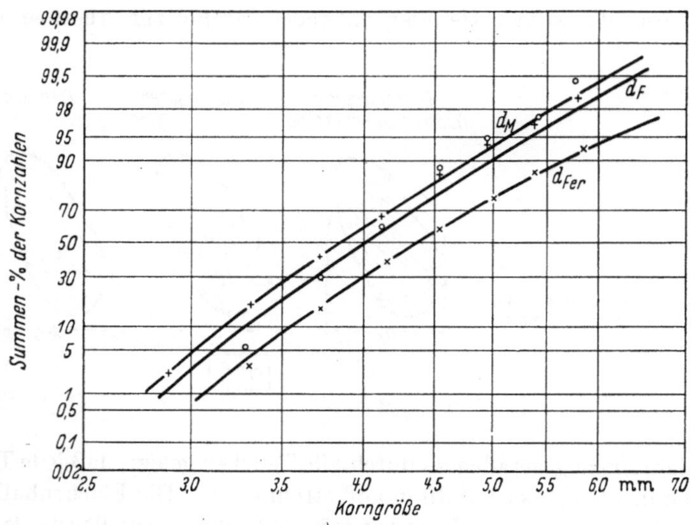

Abb. 43. Verteilungskurven (Durchgangssumme der Kornzahlen) für ein Haufwerk bei verschiedenen
Durchmesserdefinitionen nach H. GEBELEIN [80]

3.2.2 Lichtmikroskopische Untersuchung von körnigen Stoffen

3.2.2.1 Das Mikroskop. Bevor wir uns dem mikroskopischen Messen
und Auszählen im einzelnen zuwenden, zunächst einige kurze Ausführungen über das Mikroskop. Die abbildende Optik eines Mikroskopes
(Abb. 44) sind das Objektiv und das Okular.

Das Objektiv entwirft von dem auf dem Objekttisch befindlichen Präparat ein umgekehrtes, reelles, vergrößertes Zwischenbild innerhalb der
Brennweite des Okulars. Das Okular wirkt wie eine Lupe und erzeugt
vom Zwischenbild ein aufrechtes, virtuelles und weiter vergrößertes Bild.

Bei den Objektiven, die aus Systemen mehrerer Linsen bestehen, unterscheidet man Achromate, Fluoritobjektive und Apochromate.

Beim Linsensystem der Achromate bestehen noch Fehlerreste, besonders hinsichtlich der Farbvereinigung. Sie eignen sich vorwiegend für
die Augenbeobachtung, weniger für die mikrofotografische Aufnahme.
Der Abbildungsmaßstab dieser Objektive liegt z. B. zwischen 2,5:1 und

100:1. Die Fluoritobjektive erzeugen farbreine Bilder. Die Apochromate zeichnen sich durch hohe sphärische und chromatische Korrektur und somit durch Schärfe und Farbenreinheit aus. Sie werden nur in Verbindung mit entsprechenden Okularen (Kompensationsokularen) verwendet.

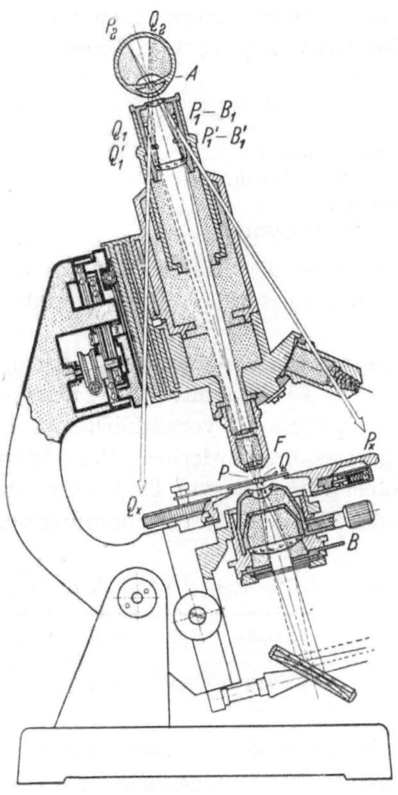

Abb. 44. Strahlengang im Mikroskop nach einer Darstellung der Fa. Leitz. Das Licht fällt über den Spiegel durch die Blende B und den Kondensor auf das Präparat. Die Punkte P und Q eines mikroskopischen Präparates werden durch das Objektiv F in der Ebene B_1 abgebildet. (Q_1 und P_1 umgekehrtes, reelles, vergrößertes Zwischenbild). Dieses Zwischenbild kommt bei den üblichen Mikroskopen nur ohne Okular, nicht aber bei eingeschobenem Okular zustande, weil die Kollektivlinse des Okulars bereits den Strahlengang beeinflußt. Durch diese Linse wird das Zwischenbild in die Ebene B_1' verlagert. Die Augenlinse des Okulars wirkt wie eine Lupe und bildet das Zwischenbild als aufrechtes virtuelles Bild im Unendlichen ab. Bei einem Einblick mit dem Auge bilden sich auf der Netzhaut die Punkte P_2 und Q_2 ab. Die Strahlen scheinen von Q_x und P_x zu kommen. Das Verhältnis der Länge Q_x bis P_x zur Länge Q bis P wird als Vergrößerung bezeichnet

Die obengenannten Objektive sind Trockensysteme. Läßt sich der Raum zwischen Präparat und Objektiv mit einer Flüssigkeit eines speziellen Brechungsverhaltens ausfüllen, dann spricht man von Immersionsobjektiven. Das Immersionsmittel, wie z. B. Zedernholzöl, wird nach Anheben des Tubus bzw. Absenken des Objekttisches als Tropfen auf das Präparat aufgegeben. Durch das Immersionsmittel wird der Raum zwischen Präparat und Objektiv auf Grund geeignet gewählter Brechungswerte optisch homogen gestaltet.

Das Auflösungsvermögen (laterales Auflösungsvermögen) eines Lichtmikroskopes ist durch die Beugungserscheinungen begrenzt. Nach FRAUNHOFER, HELMHOLTZ und ABBE ist der kleinste Abstand a zweier Punkte in einer Ebene senkrecht zur optischen Achse, die man bei stärkster Vergrößerung im Mikroskop noch getrennt sehen kann, von der Größenordnung

$$a = \frac{\lambda}{n^* \sin \alpha} \tag{47}$$

λ Wellenlänge des benutzten Lichtes
n^* Brechungsindex des Stoffes, der den Raum zwischen Präparat und Objektiv
   ausfüllt (Immersionsmittel)
α halber Öffnungswinkel des Objektivs.

Der Öffnungswinkel $2\,\alpha$ ist der Winkel zwischen den äußersten Strahlen, die von einem deutlich gesehenen Achsenpunkt aus durch das Objektiv treten können.

Die Größe $n^* \sin \alpha$ wird als numerische Apertur bezeichnet. Bei Trockensystemen ist $n^* = 1$ und damit $A < 1$. Durch Immersionsmittel lassen sich Aperturen bis etwa 1,6 verwirklichen.

Zu jeder Apertur gibt es eine förderliche Vergrößerung, die zwischen dem 500- und 1000fachen der Apertur liegt. In nachfolgender Tab. 10 sind optimale Werte der förderlichen Vergrößerung angegeben.

Tabelle 10. *Optimale Werte für die förderliche Vergrößerung*

Apertur	0,30	0,60	0,70	0,95	1,3	1,4
förderliche Vergrößerung	273	548	637	820	1180	1275

Neben dem Auflösungsvermögen nebeneinander liegender Punkte (laterale Auflösung) ist die Tiefenzeichnung eines Objektives für Korngrößenanalysen von besonderem Interesse (axiale Auflösung). Diese beträgt bei einer Betrachtung aus 250 mm (konventionelle Sehweite) und einer zulässigen Unschärfe entsprechend einem Sehwinkel von etwa einem Grad nach K. MICHEL [81]:

$$T_i = \frac{1}{14} \, \frac{1}{A \, \beta'} \left(1 + \frac{1}{\beta'}\right) \tag{48}$$

β' Abbildungsmaßstab des Objektivs; A Apertur; T_i Tiefenschärfe (mm)

Die Tiefenschärfe (s. a. Abb. 45) wächst nach dieser Gleichung mit abnehmender Apertur und zunehmender Brennweite des Objektivs. Auch durch Zuziehen der Kondensorblende läßt sich oft die Tiefenwirkung verbessern. Bei nicht ausreichender Tiefenschärfe ist es unter Umständen notwendig, den Abbildungsmaßstab des Objektivs auf Kosten der lateralen

Auflösung zu verkleinern. Bei Augenbeobachtung läßt sich mangelnde Tiefenschärfe in gewissen Bereichen durch Verschieben des Objekttisches ausgleichen.

Aus der Tatsache, daß die Tiefenzeichnung nach obiger Gl. (48) bzw. Abb. 45 bei einer Gesamtvergrößerung von 1000:1 und einer Apertur $A \approx 0,5$ nur etwa 3 µm beträgt, folgt, daß breite Korngrößenverteilungen nur unter besonderen Bedingungen auszumessen sind. Bei

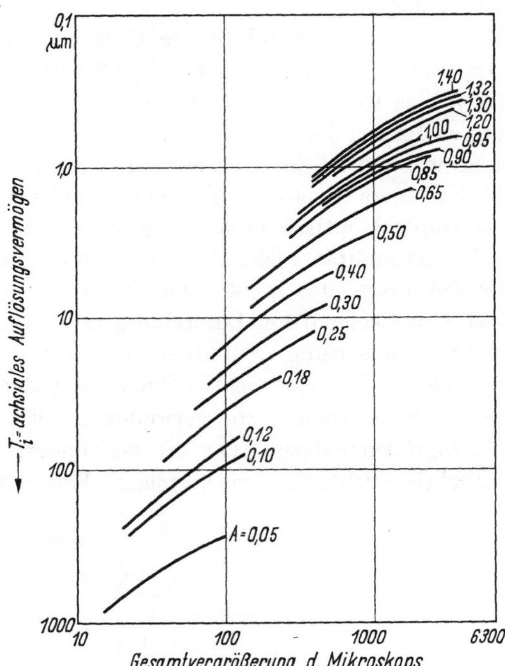

Abb. 45. Abhängigkeit des axialen Auflösungsvermögens von der Gesamtvergrößerung bei Lichtmikroskopen für verschiedene Aperturen A

einem Korngrößenbereich z. B. von 1 bis 60 µm ist die Präparatdicke bereits so groß (mindestens 60 µm), daß die Erfassung der feinen Anteile bei den entsprechend notwendigen Vergrößerungen wegen zu geringer Tiefenzeichnung nicht mehr möglich ist. In solchen Fällen ist es erforderlich, entweder die Körnung aufzutrennen oder ein spezielles Präparationsverfahren zu wählen, wie Bedampfen des Objektträgers mit anschließender Entfernung der Körner (s. später).

Bei den Okularen unterscheidet man HUYGENSsche und periplanatische Okulare. Die HUYGENS-Okulare sind vergleichsweise einfache Systeme mit Lupenvergrößerungen zwischen 6- und 16fach. Sie werden im wesentlichen nur in Verbindung mit den Achromaten benutzt. Die hohe Abbildungsqualität der Fluoritsysteme und der Apochromate läßt sich nur mit periplanatischen Okularen ausnutzen, die Vergrößerungen zwischen 6- und 25fach liefern.

Der Beleuchtung des mikroskopischen Präparates ist besondere Bedeutung beizumessen. Der einfachste Teil der Beleuchtungseinrichtung ist der kardanisch aufgehängte oder je nach Art der Beleuchtungsquelle auch feststehende Spiegel, der das von der Lichtquelle kommende Licht in einen Kondensor wirft. Der ein- oder meistens mehrlinsige Kondensor hat die Aufgabe, eine gleichmäßige Beleuchtung des Objektfeldes sicherzustellen.

Der Kondensor beeinflußt die Güte des mikroskopischen Bildes in hohem Maße. Dabei spielt der Begriff der Apertur der Beleuchtungsstrahlen eine wichtige Rolle. Die notwendige Kondensorapertur richtet sich nach der Art der Beobachtung. In der Regel ist diese Apertur ebenso hoch zu wählen wie die der Beobachtung. Bei Immersionssystemen wird auch der Raum zwischen Kondensor und Objektträger durch ein Immersionsmittel optisch homogen gestaltet. Mit der Aperturblende soll nur die Bildqualität, nicht aber die Bildhelligkeit eingestellt werden.

Die Zuführung des Lichts über einen Spiegel und Kondensator zum Objekt, entsprechend der Darstellung nach Abb. 46, bezeichnet man als Durchlichtbeleuchtung. Für diese Methode sind durchsichtige Objektträger und — bei einer evtl. Einbettung der Teilchen — ebensolche Einbettungsmaterialien zu verwenden. Diese Beleuchtungsart wird für Korngrößenanalysen sehr oft verwendet. Es gibt zwei Arten der Durchlichtbeleuchtung. Im normalen Fall erscheinen die Körner als

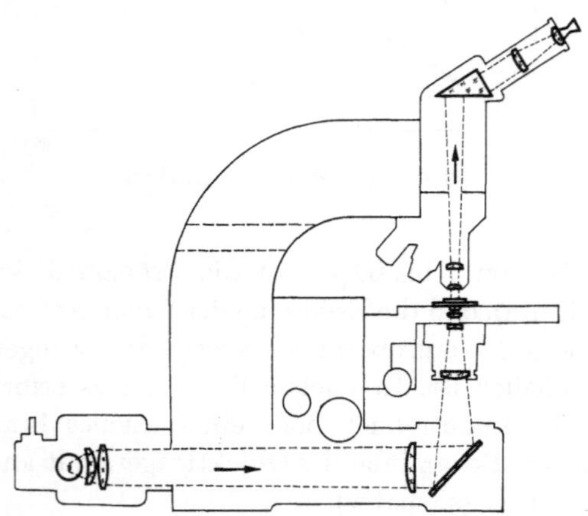

Abb. 46. Durchlichtbeleuchtung beim Lichtmikroskop

dunkle Bilder auf hellem Grund (Hellfeld-Durchlichtbeleuchtung). Wenig kontrastreiche Teilchen ergeben bei einer Dunkelfeld-Durchlichtbeleuchtung im allgemeinen bessere Bilder. Bei dieser Beleuchtung erscheinen die Teilchen als helle Bilder auf dunklem Grund. Diese

Dunkelfeld-Durchlichtbeleuchtung erreicht man durch Ausblenden der achsnahen Strahlen, so daß nur indirekte Strahlen das Objekt treffen. Das Bild eines Präparates aus Monazitsand bei Hellfeld- und Dunkelfeld-Durchlichtbeleuchtung ist in Abb. 47 dargestellt.

Abb. 47. Monazitsand bei Hellfeld- (oben) und Dunkelfelddurchlichtbeleuchtung (unten) (nach R. MELDAU)

Die Beleuchtung des Präparates kann auch mit Auflicht erfolgen (Abb. 48). Diese Auflichtbeleuchtung ist notwendig für opak gelegte Teilchen. Diese Art von Präparaten wird jedoch bei Korngrößenanalysen fast nie verwendet. Häufig wird eine Auflicht-Dunkelfeldbeleuchtung angewendet, weil sie den natürlichen Verhältnissen am nächsten kommt. Eine einseitige Auflichtbeleuchtung, z. B. mit einer nicht mit dem Mikroskop verbundenen Lichtquelle, ist für Kornpräparate wenig geeignet.

Zur Auflichtbeleuchtung werden Epikondensoren und Vertikalilluminatoren benutzt. Die Epikondensoren sind Ringkondensoren, die das Objektiv umgeben und das Licht, wie mit Abb. 49 gezeigt, auf das Präparat strahlen. Bei den Vertikalilluminatoren werden die beleuchten-

5*

den Lichtstrahlen über ein entsprechendes Prisma durch das Objektiv dem Objekt zugeführt.

Bei der mikroskopischen Korngrößenmessung wird statt Augenbeobachtung zunehmend die Mikroprojektion und vor allem die Mikrofotografie verwendet, und zwar aus mehreren Gründen. Durch das mikrofotografische Bild wird nicht nur ein Dokument über den Korngrößenaufbau geschaffen, sondern es wird vor allem das Auszählen und

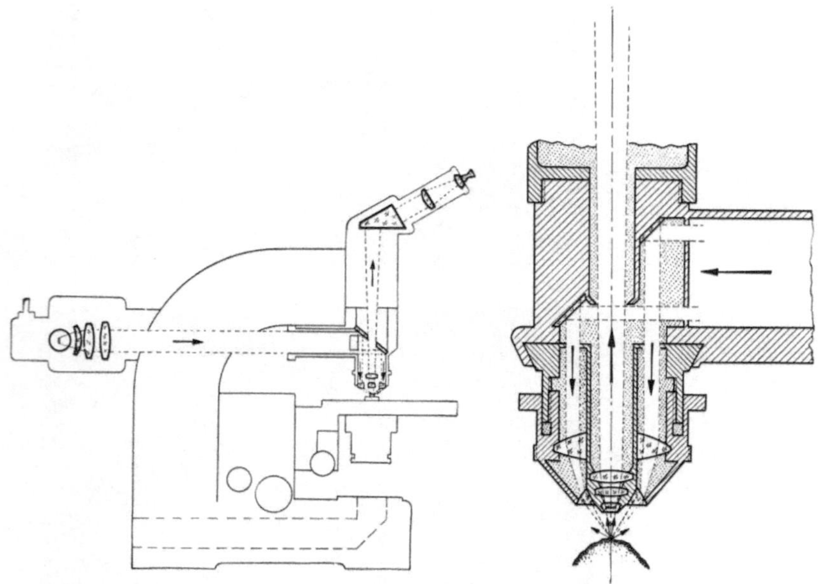

Abb. 48. Strahlengang des Lichtes bei Auflichtbeleuchtung

Abb. 49. Strahlengang des Auflichtes
bei Objektiven mit Ringkondensatoren

Ausmessen wesentlich erleichtert. In den letzten Jahren sind auch Geräte entwickelt worden, die das mikrofotografische Bild automatisch auszählen und auswerten. Auch die Mikroprojektion bietet gegenüber der Augenbeobachtung insofern Vorteile, als das Auszählen und Ausmessen auf einer Projektionsfläche, wie bei einem Mikrofoto, weniger mühsam und genauer ist und weil sich Doppel- und Fehlzählungen durch Markieren der gezählten Teilchen ausschalten lassen.

Das in Abb. 50 dargestellte Projektionsmikroskop z. B. ist ein auf dem Kopf stehendes Mikroskop. Das Bild des Staubpräparates wird auf der Projektionsfläche f abgebildet, dort ausgemessen und ausgezählt. Wird auf diese Fläche ein Fotopapier gelegt und eine ausreichende Zeit belichtet, so entsteht nach Entwickeln eine Mikrofotografie. Diese sehr einfache Methode wird zur Korngrößenanalyse ebenfalls benutzt. Das Negativ ist jedoch unter Umständen durch Nebenlicht verschleiert. Mit der Fotografie des projizierten Bildes durch eine Fotokamera erhält man bessere Ergebnisse. Die Mikrofotografie beruht auf der Tatsache, daß oberhalb des Okulars ein auffangbares Projektionsbild (s. Abb. 44) des mikroskopischen Präparates entsteht.

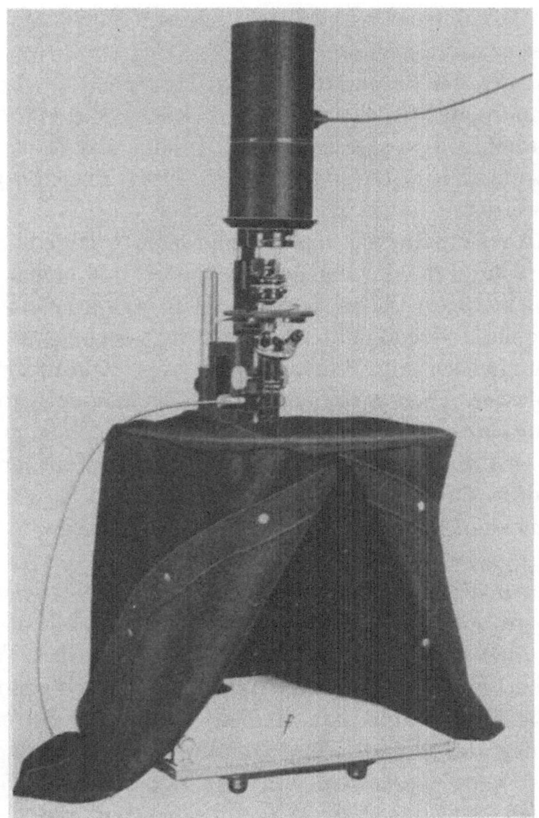

Abb. 50. Projektionsmikroskop für Staubpräparate (Bauart Leitz)

Fast alle modernen Mikroskope lassen sich mit einer Kamera ausrüsten. Man verwendet im allgemeinen eine Fotokamera ohne Objektive. Das mikroskopische Bild wird auf das Negativmaterial in der Kamera projiziert. Als Bildformate wählt man gerne die Größe 24 × 36 mm, wie sie in der Kleinbildfotografie üblich ist. Dieses Kleinbildformat hat viele Vorteile. Die Belichtungszeit ist wesentlich kürzer als bei größeren Formaten, ein Vorzug, der besonders bei hohen Vergrößerungen ins Gewicht fällt. Ferner ist der Filmtransport einfacher und schneller, so daß sich viele Aufnahmen in kurzer Zeit machen lassen. Auch ist der Materialbedarf geringer.

Die für die Kleinbildfotografie notwendigen Kameras werden über ein Zwischenstück direkt auf das Mikroskop gesetzt. An diesem Zwischenstück befindet sich oft ein Einstellokular, um das Bild scharf einstellen zu können[1].

Statt einer Fotokamera kann man auch eine Fernsehkamera verwenden. Diese Kombination bietet sehr viele Möglichkeiten und Vorteile, die später erörtert werden.

3.2.2.2 Herstellen der Präparate. Für das Herstellen der Präparate ist die Tiefenzeichnung des Objektives zu berücksichtigen, besonders dann, wenn Mikroaufnahmen vorgesehen sind. Infolge der Tiefenzeichnung (axiales Auflösungsvermögen) darf eine gewisse Präparatdicke nicht überschritten werden.

Das einfachste Präparat ist das Streupräparat. Hierzu streut man eine Analysenprobe auf den angehauchten oder mit einem Haftmittel versehenen Objektträger. Dieses Verfahren wird wenig benutzt, weil eine gute Verteilung der Teilchen ohne Überlagerung schwierig ist. Den Streupräparaten entsprechen die Präparate aus dem Konimeter und dem Thermalpräzipitator. Hier wird jedoch im allgemeinen durch die Art der Abscheidung eine gute Verteilung erreicht. Falls auch beim Konimeter oder beim Thermalpräzipitator Überlagerungen von Teilchen auftreten, so lassen sich diese durch Verkürzen der Meßdauer, d. h. Verringern der Kornzahl, vermeiden. In jedem Fall kann man mit diesen Probenehmern einwandfreie Präparate herstellen.

Im allgemeinen liegen die zu untersuchenden Staubteilchen in Form von Schüttgütern oder auch in Suspensionen vor. Es ist zu empfehlen, alle Präparate über eine Dispersion herzustellen. Auf diese Weise lassen sich die Teilchen gut verteilen und Agglomerate leicht zerstören. Als Dispergierflüssigkeiten wählt man Medien wie bei der Sedimentationsanalyse oder auch aushärtende Flüssigkeiten. Ferner soll der Brechungsindex möglichst verschieden sein von dem der Teilchen. Von den bekannten Methoden zur Herstellung von Präparaten seien folgende erwähnt:

a) Man dispergiert etwa 1 bis 5 g Pulver in Flüssigkeit. Aus dieser Suspension wird ein Tropfen entnommen und auf den Objektträger aufgetragen. Durch Drehen und Schieben des Deckglases wird die Probe auf dem Objektträger verteilt. Die Entnahme von Proben aus einer Suspension ist nur für Korngrößen unter etwa 20 μm zu empfehlen, weil sonst eine einwandfreie Probenahme wegen Entmischung infolge Sedimentation nicht möglich ist. Als Nachteil der vorstehenden Methode ist zu erwähnen, daß die BROWNsche Molekularbewegung nicht völlig ausgeschaltet wird.

---

[1] Zum Einarbeiten in das Gebiet der Mikrofotografie steht umfangreiches Schrifttum zur Verfügung. Erwähnt sei nur das Buch von H. H. HEUNERT: Praxis der Mikrofotografie, 2. Aufl., Berlin/Göttingen/Heidelberg: Springer 1959.

b) Ein Tropfen einer Suspension wird mit einem Glasstab in kleinen kreisenden Bewegungen über den gesamten Objektträger verteilt. Nachdem eine gute Verteilung erreicht ist, wird die Flüssigkeit durch Erhitzen des Objektträgers vorsichtig verdunstet oder verdampft. Nachteilig ist, daß sich durch das Trocknen Kornagglomerate bilden können.

c) Ein Suspensionstropfen wird, wie unter b) erwähnt, verteilt. Anschließend wird soviel abgewischt, daß in der Mitte des Objektträgers ein kleines Viereck verbleibt. Hierauf legt man etwa 5 mg Dammar, das durch Erhitzen geschmolzen wird. Nun wird ein Deckglas aufgelegt und mit einem Holzgegenstand niedergedrückt. Die seitlich ausfließende Dammarflüssigkeit wird z. B. von einem Löschblatt aufgenommen.

d) Ein Tropfen aus einer Suspension wird in eine 6%ige Gelatinelösung gegeben, gut vermischt und auf dem Objektträger verteilt. Das aufgelegte Deckglas wird evtl. beschwert. Nach einiger Zeit ist die Flüssigkeit erhärtet. Auf diese Weise erhält man ein sehr brauchbares Dauerpräparat.

e) Ein Tropfen aushärtendes Dispergiermittel, wie z.B. Zaponlack, wird auf den Objektträger aufgetragen. Dann gibt man eine geringe Pulvermenge zu, beispielsweise mit einem Holzspatel. Anschließend werden Dispergiermittel und Staub durch einen Holz- oder Glasstab verrieben und in Form eines sehr dünnen Filmes verteilt. Nachdem das Dispergiermittel erhärtet ist, wird das Präparat ohne Deckglas, gegebenenfalls nach Auftragen von Immersionsöl, auf den Objekttisch gelegt. Mit dieser empfehlenswerten Methode erhält man ebenfalls gute Dauerpräparate.

f) Breite Korngrößenverteilungen erfordern eine besondere Präparationstechnik, weil die Tiefenzeichnung unter Umständen wesentlich kleiner als die Präparatdicke ist. In diesen Fällen wird der Objektträger mit den Staubteilchen nach Verdunstung der Dispergierflüssigkeit unter Vakuum bei Drücken zwischen 10^{-6} und 10^{-4} Torr

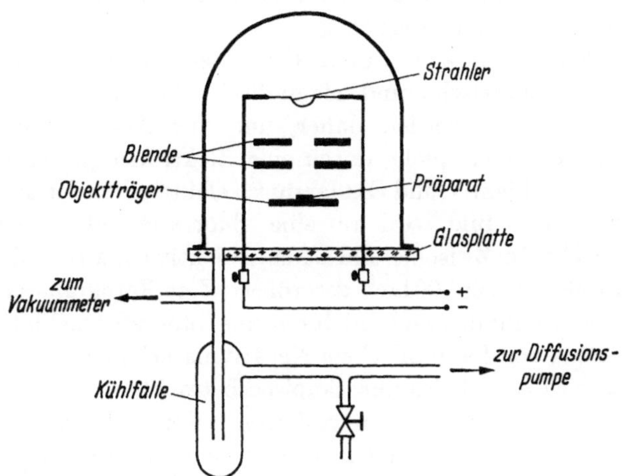

Abb. 51. Schema einer Aufdampfanordnung

mit Metall, wie Gold, Chrom, Aluminium usw., bedampft. Die geometrische Anordnung (Abb. 51) von Strahler und Auffänger (Objektträger) ist unter Verwendung von Blenden so zu wählen, daß der Metalldampfstrahl senkrecht auf die Oberfläche des Objektträgers fällt [82]. Die Teilchen werden anschließend mechanisch oder auch durch Auflösen mit Hilfe von Lösungsmitteln entfernt. Auf diese Weise wird ein scharfes und kontrastreiches Schattenbild von den Teilchen erzeugt. Durch diese Präparate mit einer Dicke von 0,01 µm entfallen alle Probleme der Tiefenzeichnung.

Diese Methode ist nicht anwendbar, wenn der Dampfdruck der Teilchen so groß ist, daß sich die oben erwähnten niedrigen Drücke nicht erreichen lassen, bzw. dann, wenn sich Form und Größe der Teilchen durch den Verdampfungsvorgang unter Vakuum ändern. In diesen Fällen ist es notwendig, die Körnung, z. B. durch Dekantieren, vollständig aufzutrennen. Für die Fraktionen ist eine unter a) bis e) genannte Präparationsmethode anzuwenden.

3.2.3 Elektronenmikroskopische Untersuchung von Korngrößen

Das Auflösungsvermögen eines Mikroskopes ist nach Gl. (47) abhängig von der Wellenlänge der Strahlen und der numerischen Apertur, so daß man bei Lichtstrahlen und Objektiven mit sehr hoher Apertur bestenfalls Strukturen von etwa 0,2 µm auflösen kann.

Diese Längengrenze läßt sich jedoch für Korngrößenmessungen nicht ausnutzen, weil Teilchen von etwa 0,2 µm zwar mikroskopisch noch sichtbar, jedoch nicht mehr genügend genau auszumessen sind. Aus diesem Grunde werden im allgemeinen Korngrößen unter etwa 1 µm nicht mehr lichtmikroskopisch, sondern elektronenmikroskopisch untersucht. Das Elektronenmikroskop hat ein Auflösungsvermögen von etwa 0,002 µm. Die untere Grenze der Ausmeßbarkeit von Korngrößen liegt bei etwa 0,01 µm. Das hohe Auflösungsvermögen des Elektronenmikroskopes beruht darauf, daß nicht Lichtwellen, sondern sehr kurzwellige Elektronenstrahlen verwendet werden.

Lichtstrahlen lassen sich durch Glaslinsen ablenken, Elektronenstrahlen durch elektrische und magnetische Felder. Im Elektronenmikroskop (Abb. 52) werden daher, um eine Analogie-Betrachtung zu verwenden, die Lichtquelle durch eine Elektronenquelle, die Linsen von Kondensor, Objektiv und Okular durch elektrische oder magnetische Felder ersetzt. Das Bild wird auf einer fluoreszierenden Schirmfläche sichtbar gemacht. Im Zwischenbild ist das Objektiv etwa 100- bis 150 fach, im Endbild 1000- bis 200000 fach vergrößert. Zum Fotografieren wird der Fluoreszenzschirm für das Endbild durch eine fotografische Platte ersetzt, wobei alle Arten von fotografischem Negativmaterial geeignet sind. Das Endbild läßt sich auch lichtmikroskopisch betrachten.

Die Linsen des Elektronenmikroskopes lassen sich auswechseln, so daß verschiedene Vergrößerungen möglich sind. Es sei noch erwähnt, daß die Apertur der elektrostatischen und elektromagnetischen Linsen sehr klein ist ($A \approx 0,05$). Diese sehr kleine Apertur bringt den Vorteil einer großen Tiefenzeichnung von einigen µm mit sich.

Die häufigste Form des Elektronenmikroskops ist das Durchstrahlungs-Elektronenmikroskop. Die Präparationstechnik ist verschieden von der bei der Lichtmikroskopie. Als Objektträger werden nicht Glasplatten, sondern Gold-Platin-Blenden von etwa 0,5 mm Dicke und 2 bis 5 mm $\varnothing$ mit einer zentralen Bohrung von 0,1 bis 0,001 mm oder auch entsprechende Gewebe verwendet. Über die Träger wird eine Kunststoffolie gespannt. Diese muß sehr dünn sein, damit sie für die Elektronenstrahlen durchlässig ist. Auf diese Folie wird die Analysenprobe in Form einer Suspension aufgetragen. Die Dispergierflüssigkeit wird anschließend ver-

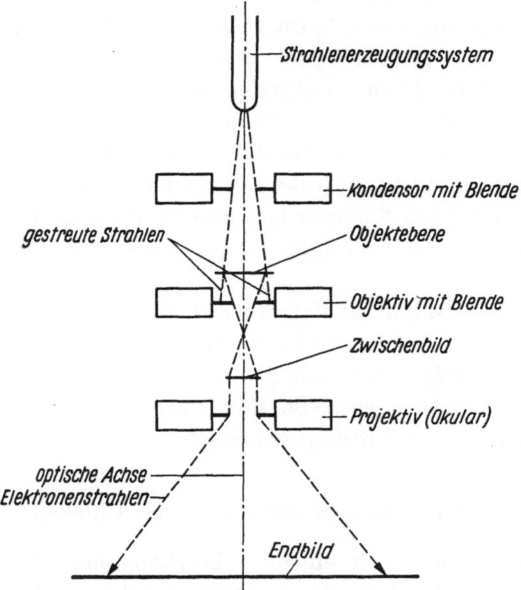

Abb. 52. Schematischer Aufbau eines Elektronenmikroskopes (nach K. MICHEL)

dampft. Bei Teilchen, die nur einen sehr geringen Kontrast liefern, macht man von dem Aufdampfverfahren Gebrauch. Dieses Aufdampfen von Metalldämpfen von Gold oder Chrom wird, wie schon erwähnt, im Hochvakuum durchgeführt. Auf diese Weise erhält man das Schattenbild der Teilchen.

Da elektronenmikroskopische Untersuchungen und auch die entsprechende Präparation der Proben nur von entsprechend geschultem Fachpersonal durchgeführt werden können, ist es nicht erforderlich, im Rahmen dieses Buches auf weitere Einzelheiten einzugehen[1].

Es sei noch erwähnt, daß die maximal erfaßbare Objektgröße im Elektronenmikroskop im Mittel bei etwa 70 μm $\varnothing$ liegt. Da die Zahl der Teilchen genügend groß sein muß, lassen sich Körnungen mit Korngrößen $d > 2$ μm elektronenmikroskopisch im allgemeinen nicht mehr

---

[1] Wer sich näher mit diesem Gebiet vertraut machen will, dem sei u. a. das Buch von BODO V. BORRIES: Die Übermikroskopie, Berlin: Saenger 1949 empfohlen.

untersuchen. Falls körnige Stoffe einen breiten Korngrößenbereich über-
spannen, so daß licht- und elektronenmikroskopische Untersuchungen
nebeneinander durchzuführen sind, ist ein Auftrennen, beispielsweise
durch Dekantieren, notwendig.

Beim Auszählen und Ausmessen treten sehr oft Schwierigkeiten auf,
weil die Teilchen im Bereich etwa $d < 1$ µm leicht agglomerieren.
Eine Zerstörung dieser Agglomerate durch die Präparation gelingt nur
selten. Die Festlegung einer Korngröße bei solchen Agglomeraten ist
recht subjektiv. Aus diesem Grund schließen die Körnungskennlinien,
die durch licht- und elektronenmikroskopische Untersuchungen gefunden
werden, nicht immer sehr gut aneinander an. Ein weiterer Grund hierfür liegt auch noch darin, daß das Ausmessen der sehr feinen Teilchen
(z. B. $d < 5$ µm) im Lichtmikroskop stark fehlerbehaftet ist, während
die anschließenden noch feineren Korngrößen im Elektronenmikroskop
wegen der besseren Vergrößerung jedoch wieder sehr gut zu erfassen
sind [83].

Ferner sei noch erwähnt, daß zur Probenahme sehr feiner Stäube, die
einer elektronenmikroskopischen Untersuchung zugeführt werden sollen,
oft spezielle Objektträger notwendig sind, beispielsweise beim Thermalpräzipitator. Auch gibt es spezielle Membranfilter, die eine Staubuntersuchung im Elektronenmikroskop ermöglichen.

3.2.4 Das Messen und Zählen der Teilchen

Die Zahl der Teilchen in einem mikroskopischen Präparat ist im
Vergleich zu der in der Grundgesamtheit sehr klein. Es ist daher zunächst zu fragen, wie groß die Zahl der Teilchen sein muß, damit die
mikroskopische Untersuchung ein repräsentatives Bild der Grundgesamtheit liefert. Aufgrund von statistischen Prüfungen soll die Zahl
der gezählten Teilchen nach G. HERDAN [47] etwa 300 bis 500 betragen.
H. NASSENSTEIN [84] hat jedoch gezeigt, daß sich die Aussagesicherheit
verbessern läßt, wenn man die Teilchenzahl auf etwa 3000 erhöht. Ein
weiteres Vergrößern der Kornzahl bringt keine nennenswerte Zunahme
der Aussagesicherheit mit sich.

Im Hinblick auf das Auswerten des mikroskopischen Bildes lassen
sich folgende Methoden unterscheiden:

3.2.4.1 Augenbeobachtung des mikroskopischen Bildes,
3.2.4.2 Messen und Zählen auf der Projektion oder Fotografie des
mikroskopischen Bildes,
3.2.4.3 Automatisches Zählen und Messen.

3.2.4.1 Augenbeobachtung des mikroskopischen Bildes. Die Längen-
messung erfolgt bei Augenbeobachtung durch Okularmikrometer, wobei
eine Strich- oder Netzskala (auch Wabenmuster usw.) in das Präparat

hineinprojiziert erscheint. Um die für jede Vergrößerung geltende Länge (Strichabstand) im Okularmikrometer zu erfahren, wird ein Objektmikrometer unter das Objektiv gelegt. Anschließend wird festgestellt, wieviel Teile des Objektmikrometers sich mit einer bestimmten Anzahl von Intervallen des Okularmikrometers decken. Der Mikrometerwert M^* beträgt dann:

$$M^* = \frac{\text{Anzahl der Objektmikrometerintervalle mal Größe eines Intervalles des Objektmikrometers}}{\text{Anzahl der Okularmikrometerintervalle, die sich mit denen des Objektmikrometers decken}} \qquad (49)$$

Wenn sich z. B. 10 Teile des Objektmikrometers von je 10 µm mit 40 Teilen des Okularmikrometers decken, beträgt der Mikrometerwert $M^* = 2,5$ µm. Mißt ein Teilchen zwei Intervalle des Okularmikrometers, ist seine Länge 5 µm.

Für sehr genaue Längenmessungen benutzt man das Schraubenmikrometerokular. Dieses Okular besitzt ebenfalls eine Teilung. Durch Drehen der Mikrometerschraube läßt sich eine Meßlinie über den gesamten Bereich der Teilung führen. Im allgemeinen bewegt sich diese Linie bei einer Umdrehung der Schraube über ein Intervall der Okularteilung. Hierdurch lassen sich sehr genaue Zwischenwerte ablesen.

Das Auszählen der Teilchen erfolgt bei Augenbeobachtung derart, daß man mit dem Objekttisch das Präparat stufenweise abfährt und auf diesem Wege jedes Teilchen mißt und registriert.

Spezielle Meßokulare bzw. Mikroskoptische erlauben es, die Ergebnisse des Meßvorganges durch Augenbeobachtung direkt in Zähl- und statistische Auswertegeräte einzuspeisen [85, 86].

3.2.4.2 Messen und Zählen auf der Projektion oder Fotografie des mikroskopischen Bildes. Bei den Projektionsmikroskopen wird das Bild des Objektes auf eine Fläche projiziert. Die Längeneichung erfolgt derart, daß man die Längeneinheit auf der Projektionsfläche mißt, die zu einem bekannten Intervall des Objektmikrometers gehört. Das Zählen und Messen auf der Projektionsfläche ist einfacher und auch sicherer als bei Augenbeobachtung, weil sich jedes gemessene Teilchen markieren läßt. Das Ausplanimetrieren der Teilchenfläche ist nur bei dieser Methode möglich.

Die manuelle Auswertung auf einer Fotografie des mikroskopischen Bildes unterscheidet sich nicht von der auf einer Projektion des mikroskopischen Bildes.

Die bisher genannten Methoden der Auswertung mikroskopischer Bilder haben den Nachteil, daß sie sehr viel Zeit erfordern, beispielsweise oft mehr als einen Tag. So ist es verständlich, daß man bemüht war, Geräte zur halb- und vollautomatischen Auswertung zu entwickeln.

Tabelle 11. *Korngrößenanalyse und spezifische Oberflächenbestimmung auf Grund lichtoptischer Messungen an Thiogutt*

Kornklasse (Fraktion)	Klassen-breite	mittlerer Durchmesser der Fraktion	Kornzahl in der Fraktion		Korn-zahl-ver-teilung	Summe der Kornz.	absolute Oberfläche der Kornklasse	Fraktionsmasse	Klassen-menge	Häufig-keit	Rück-stands-summe	Durch-gangs-summe
d_1 bis d_2	Δd	$d_a = \dfrac{d_1 + d_2}{2}$	N	ΔN	$\dfrac{\Delta N}{\Delta d}$	$\Sigma \Delta N$	$\Delta O_K = \pi d_a^2 N$	$\Delta R_g = \dfrac{\pi}{6} d_a^3 N \cdot \varrho_K$	ΔR	$\dfrac{\Delta R}{\Delta d}$	$\Sigma \Delta R$	$100 - \Sigma \Delta R$
µm	µm	µm	—	%	%/µm	%	10^{-6} cm²	10^{-9} g	%	%/µm	%	%
1	2	3	4	5	6	7	8	9	10	11	12	13
43 −52	9	47,5	1	0,2	0,02	0,2	71	93,1	2,3	0,3	2,3	97,7
37 −43	6	40	4	0,6	0,1	0,8	201	224,5	5,5	0,9	7,8	92,2
28 −37	9	32,4	6	1,0	0,1	1,8	198	178,5	4,3	0,5	12,1	87,9
24 −28	4	26	56	8,9	2,2	10,7	1189	862,0	20,8	5,2	32,9	67,1
19,6−24	4,4	21,8	202	32,0	7,3	42,7	3013	1841,0	44,4	10,1	77,3	22,7
15,2−19,6	4,4	17,4	153	24,2	5,5	66,9	1454	720,6	17,6	4,0	94,9	5,1
10,9−15,2	4,3	13	81	12,8	3,0	79,7	430	155,7	3,8	0,9	98,7	1,3
6,5−10,9	4,4	8,8	86	13,6	3,1	93,3	209	51,3	1,2	0,3	99,9	0,1
2,2− 6,5	4,3	4,4	42	6,7	1,6	100,0	26	3,3	0,1	0,02	100,0	0,0
Summe			631	100,0			6791	4130,0	100,0			

Als spez. Oberfläche ergibt sich $O_K = \dfrac{6791}{4130}\left[\dfrac{10^{-6}\ \text{cm}^2}{10^{-9}\ \text{g}}\right] = 1645\ \text{cm}^2/\text{g}$

Tabelle 12. *Korngrößenanalyse und spez. Oberflächenbestimmung auf Grund elektronenoptischer Messungen an PVC*

Kornklasse (Fraktion)	Klassenbreite	mittlerer Durchmesser der Fraktion	Kornzahl in der Fraktion		Kornzahlverteilung	Summe der Kornz.	Oberfläche der Kornklasse	Fraktionsmasse	Klassenmenge	Häufigkeit	Rückstandssumme	Durchgangssumme
d_1 bis d_2	Δd	$d_a = \dfrac{d_1 + d_2}{2}$	N	ΔN	$\dfrac{\Delta N}{\Delta d}$	$\Sigma \Delta N$	$\Delta O_K = \pi d_a^2 N$	$\Delta R_g = \dfrac{\pi}{6} d_a^3 N \cdot \varrho_K$	ΔR	$\dfrac{\Delta R}{\Delta d}$	$\Sigma \Delta R$	$100 - \Sigma \Delta R$
μm	μm	μm	—	%	%/μm	%	10^{-8} cm²	10^{-12} g	%	%/μm	%	%
1	2	3	4	5	6	7	8	9	10	11	12	13
9,0—11,4	2,4	10,2	1	0,1	0,05	0,1	327	766	8,1	3,4	8,1	91,9
6,6— 9,0	2,4	7,8	3	0,4	0,2	0,5	572	1029	10,8	4,5	18,9	81,1
5,4— 6,6	1,2	6	8	1,0	0,8	1,5	904	1246	13,2	11,0	32,1	67,9
4,5— 5,4	0,9	5	16	2,1	2,3	3,6	1255	1441	15,2	16,9	47,3	52,7
3,6— 4,5	0,9	4	36	4,7	5,2	8,3	1806	1661	17,5	19,4	64,8	35,2
2,7— 3,6	0,9	3,2	58	7,6	8,5	15,9	1863	1372	14,5	16,1	79,3	20,7
2,0— 2,7	0,7	2,4	130	17,1	24,4	33,0	2346	1295	13,7	19,5	93,0	7,0
1,3— 2,0	0,7	1,6	154	20,2	28,8	53,2	1236	454	4,8	6,9	97,8	2,2
0,8— 1,3	0,5	1	257	33,8	67,6	87,0	806	185	2,0	4,0	99,8	0,2
0,4— 0,8	0,4	0,6	99	13,0	32,5	100,0	113	15	0,2	0,5	100,0	0,0
Summe			762	100,0			11230	9464	100,0			

Als spez. Oberfläche ergibt sich $O_K = \dfrac{11\,230}{9464} \left[\dfrac{10^{-8}\ \text{cm}^2}{10^{-12}\ \text{g}} \right] = 11\,880\ \text{cm}^2/\text{g}$

Ein halbautomatisches Gerät haben ENDTER und GEBAUER entwickelt [87]. Dieser Teilchengrößenanalysator (Fa. Zeiss, Oberkochen) erfordert ein transparentes Mikrofoto. Die kleinsten Teilchen auf dem vergrößerten Bild sollen mindestens 1 mm groß sein. Über eine Irisblende wird ein Lichtfleck auf der Vergrößerung abgebildet. Dieser Fleck läßt sich durch Verstellen der Blende in seinem Durchmesser verändern. Bei jeder Messung wird die Fläche des Lichtfleckes so eingestellt, daß ihre Größe mit der des Teilchens übereinstimmt. Gleichzeitig wird das gezählte Teilchen markiert. Die jeweilige Blendenstellung, die ein Maß für die Teilchengröße ist, wird automatisch in ein Zählgerät eingegeben. Zur Analyse von 1000 Teilchen benötigt man etwa 15 Minuten. Als Ergebnis wird die Häufigkeits- oder die Summenkurve geliefert.

Zwei Auswertungen von licht- und elektronenmikroskopischen Bildern sind in den Tab. 11 und 12 angegeben. Die Beispiele sind einer Arbeit von H. LEHMANN und U. HAESE [73] entnommen.

3.2.4.3 Automatisches Auswerten mikroskopischer Bilder. Zum automatischen Auswerten von mikroskopischen Bildern oder von Mikrofotografien verwendet man fast ausschließlich das Prinzip der Linearanalyse, und zwar derart, daß das Bild, z. B. durch einen Lichtpunkt, zeilenförmig abgetastet wird. Aus Meßdaten, die entlang der abgetasteten Linien gesammelt werden, lassen sich die interessierenden räumlichen Gebilde, wie die Teilchengröße, errechnen. Von den vielen Möglichkeiten für eine solche Auswertung sei eine angedeutet, um das Grundprinzip zu zeigen. Verhältnismäßig einfach ist die Bestimmung der Teilchenflächen. Sie ergeben sich aus den registrierten Sehnenlängen und der Breite der Abtastspur. Demgegenüber ist die Bestimmung der Teilchenzahl wegen der sehr verschiedenartigen Form und Größe nur in Verbindung mit einer vertikalen Nachbarschaftsanalyse möglich. Die Teilchen lassen sich dadurch zählen, daß an jedem Schnittpunkt einer Zeile, z. B. mit der hinteren Kontur des Teilchens, ein Impuls registriert wird, und zwar nur dann, wenn kein solches Ereignis aus der vorangegangenen Zeile auftritt. Andernfalls wird der Impuls unterdrückt. Konkave Teilchen entsprechender Orientierung werden dabei zunächst mehrfach gezählt. Durch Konvergenzkriterien und entsprechende Schaltungen lassen sich jedoch solche Mehrfachzählungen verhindern. Die mittlere Teilchengröße ergibt sich einfach aus der Fläche der Teilchen und der Teilchenzahl. Führt man eine solche Auswertung für mehrere Größenklassen durch, so erhält man die Größenverteilung [95].

Die lineare Abtastung läßt sich auf sehr verschiedene Weise durchführen. Beim Lichtmikroskop beschreibt entweder ein Lichtstrahl einen zeilenförmigen Raster oder der Objekttisch wird bei einem feststehenden Lichtstrahl entsprechend bewegt. Beim Rasterelektronenmikroskop wird der Elektronenstrahl entsprechend abgelenkt. Die rasterförmige

Bewegung einer transparenten Mikrofotografie vor einem Lichtpunkt ermöglicht ebenfalls eine Linearanalyse. Die bekannteste Methode ist die lineare Abtastung durch die Fernsehkamera. Sie läßt sich sowohl am licht- bzw. elektronenmikroskopischen Bild als auch an Mikrofotografien durchführen. Aus diesen Hinweisen wird sichtbar, daß sich die wesentlichen Unterschiede bei den Geräten durch die Art der Abtastung ergeben.

3.2.4.3.1 Lineare Abtastung des Präparates in einem Lichtmikroskop. Dieses Prinzip ist z. B. im flying-spot Mikroskop [84, 88, 89] verwirklicht. Der Leuchtfleck einer BRAUNschen Röhre, der auf dem Bildschirm einen zeilenförmigen Raster beschreibt, wird durch ein optisches System verkleinert und auf das mikroskopische Präparat abgebildet. Das durchgehende Licht wird von dem Teilchen in der Helligkeit moduliert, von einem Multiplier aufgefangen und so in Stromschwankungen umgewandelt. Dieser Strom steuert die Helligkeit einer zweiten, synchronlaufenden Fernsehröhre. Auf dem Bildschirm dieser Röhre erscheint so das vergrößerte Bild des Präparates. Die bei der linearen Abtastung aufgenommenen elektrischen Daten lassen sich elektronisch so weiterverarbeiten, daß man die Größenverteilung der Teilchen erhält.

Fast alle handelsüblichen Mikroskope lassen sich mit einem Scannig-Tisch ausrüsten. Dies ist ein Kreuztisch, der sich durch Schrittmotore sowohl in der x- wie in der y-Richtung bewegen läßt. Mit einem Programm für eine rasterförmige Bewegung und einem feststehenden gebündelten Lichtstrahl (mechanische Rasterung) erhält man eine Linearabtastung. Mit einem auf das Mikroskop aufgesetzten Mikrofotometer werden die Lichtimpulse in Stromschwankungen umgewandelt, die sich (z. B. mit dem Phasenintegrator der Fa. Kontron, München) so weiterverarbeiten lassen, daß sich eine Teilchengrößenverteilung ergibt.

Es sei noch erwähnt, daß man nicht nur mit einem Lichtpunkt, sondern auch mit einer Lichtlinie abtasten kann. Nach diesem Prinzip arbeitet der Automatic Particle Counter and Sizer der Fa. Casella Electronics, York, England.

3.2.4.3.2 Linearabtastung im Elektronenmikroskop. Beim Rasterelektronenmikroskop (z. B. Bauart Stereoscan der Fa. Cambridge Instruments, Cambridge, England) wird ein Elektronenstrahl von starker Bündelung mittels Ablenkspulen in tausend Zeilen über einen quadratischen Ausschnitt geführt. Die Zahl der an jedem Punkt der Bildfläche entstehenden Sekundärelektronen ist abhängig von dem jeweiligen Zustand der Fläche [90]. Bei Präparaten von Teilchen modulieren diese den Sekundärelektronenstrom. Dieser läßt sich verstärken und zur Steuerung der Helligkeit einer Bildröhre benutzen. Da beide Elektronenstrahlen synchron laufen, erhält man ein Bild des elektronenmikroskopischen Präparates. Der verstärkte Sekundärelektronenstrahl läßt sich so weiterverarbeiten (z. B. mit dem Phasenintegrator der Fa. Kontron, München), daß man die Korngrößenverteilung erhält.

3.2.4.3.3 Linearabtastung von Mikrofotografien. Ein vollautomatisches Zählgerät zur Auswertung von Mikrofotografien hat H. NASSENSTEIN [84] entwickelt. Das Dispersometer, Abb. 53, benötigt eine Fotografie in der Größe von etwa 14×15 cm, bei der die Teilchenbilder lichtdurchlässiger sind als die Umgebung. Ein hoher Kontrast ist günstig, jedoch nicht unbedingt erforderlich. Notwendig ist jedoch ein möglichst

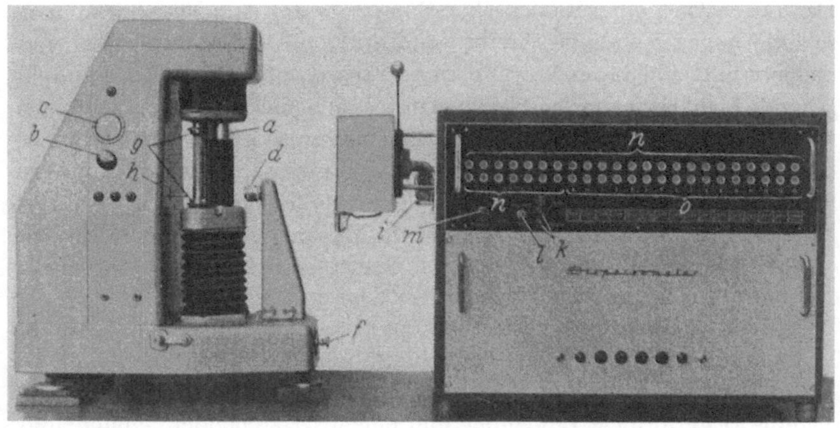

Abb. 53. Automatisches Zähl- und Meßgerät (Dispersometer) (nach H. NASSENSTEIN)
a Glaszylinder mit Fotografie; *b* Einstellung Lampenstrom; *d* Objektiv; *f* Einstellung des Zeilensprunges; *i* Schalter für Differential- bzw. Integralzählung; *n* Glimmlampen zur Kontrolle der Fotodioden

einheitlicher Kontrast jedes Teilchens zu seiner Umgebung, d. h. innerhalb der Teilchen dürfen keine Strukturen von der Schwärzung der Umgebung vorkommen: Diese Fotografie wird auf einem Glaszylinder aufgespannt. Der sich drehende Zylinder wird nach jeder Umdrehung um einen bestimmten Betrag, den sogenannten Zeilensprung, abgesenkt. In dem Zylinder befindet sich eine Lichtquelle, die über ein optisches System eine Fläche von 0,74 cm² auf der Mikrofotografie beleuchtet.

Ein Objektiv projiziert die ausgeleuchtete Fläche mit 20facher Vergrößerung auf das Raster der Fotozellen. Hier werden die Lichtschwankungen in Stromschwankungen umgewandelt, die im elektronischen Teil durch eine entsprechende Schaltung weiterverarbeitet werden. Es wird die Kornzahlverteilung angegeben. Die Dauer der Auszählung beträgt etwa 20 min; die Größenklassen lassen sich aus dem Abbildungsmaßstab der Mikrofotografie sowie den bekannten Daten des Dispersometers einfach berechnen. (Das Dispersometer wird derzeit nicht mehr hergestellt.)

Der vom Dispersometer gemessene Durchmesser der Teilchen stimmt nicht mit dem Durchmesser eines flächengleichen Kreises der Teilchenbilder überein, weil das Dispersometer einen durch den Meßvorgang definierten statistischen Durchmesser d_N liefert.

Dieser ist nach Untersuchungen von H. GEBELEIN [80] im allgemeinen kleiner als der MARTINsche Durchmesser. Diese Unterschiede ergeben

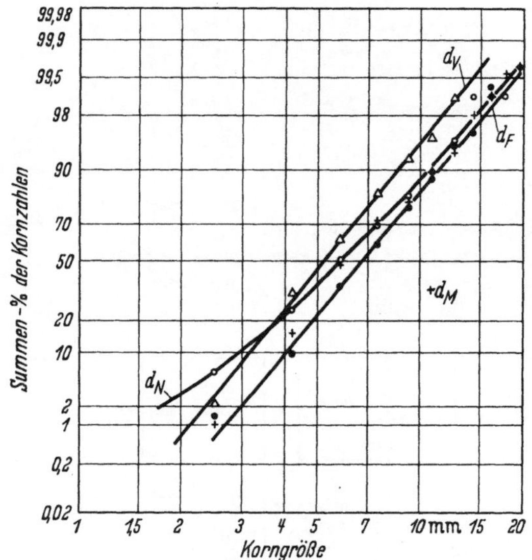

Abb. 54. Körnungskennlinien (Durchgangssumme der Kornzahlen) eines Modelldispersoids, dargestellt für die Korngrößen d_M, d_V, d_N und d_F im Wahrscheinlichkeitsnetz (nach H. GEBELEIN [80] und H. NASSENSTEIN [84])

sich auch meßtechnisch. In Abb. 54 sind die Kornzahlverteilungskurven eines Modelldispersoids für verschieden definierte Durchmesser angegeben. Der Durchmesser d_V wurde durch Auswiegen der Teilchen gefunden.

Der MULLARD-Teilchenzähler (Fa. Mullard Research Laboratories, Salfords, England) arbeitet mit einem 35 mm Film und einem elektronischen Lichtpunktabtaster [91].

3.2.4.3.4 Linearabtastung mit einer elektronischen Kamera. Als interessant für die mikroskopische Korngrößenanalyse ist die Fernsehmikroskopie zu bezeichnen. Da der Raster unabhängig von der mikroskopischen Einrichtung hergestellt wird, lassen sich mit einer Fernsehkamera nicht nur licht- und elektronenmikroskopische Bilder, sondern auch Mikrofotografien linear abtasten. Entsprechende Geräte sind vor allem in den letzten Jahren auf dem Markt erschienen. Als Beispiele seien genannt der CLASSIMAT [92], eine Entwicklung der Firmen Leitz und Fernseh-GmbH, der MIKRO-VIDEOMAT [93] von den Firmen Zeiss und

6　Batel, Korngrößenmeßtechnik, 3. Aufl.

Siemens und das QUANTIMET 720 [94] der Fa. Metals Research Ltd., Cambridge, England.

Die Abb. 55 zeigt den CLASSIMAT. Die optische Abbildung des Präparates, die durch ein Licht-, ein Elektronenmikroskop oder auch makroskopisch erfolgen kann, wird durch eine Fernsehkamera abge-

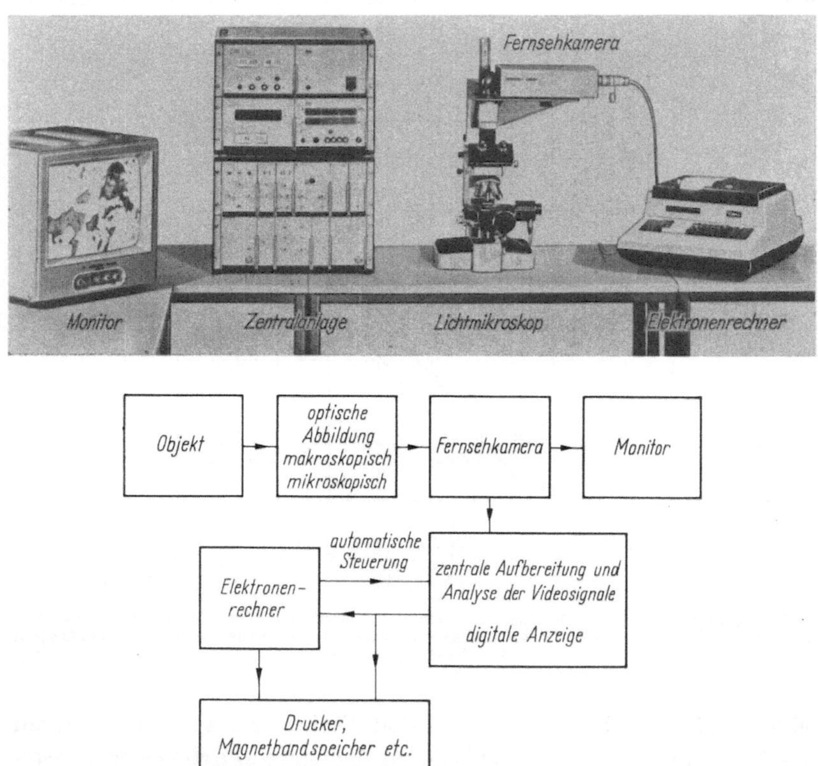

Abb. 55. Geräteanordnung und Funktionsschema einer optisch-elektronischen Einrichtung zur automatischen quantitativen Bildanalyse (CLASSIMAT Fa. Leitz, Wetzlar)

tastet. Eine zentrale Einheit verarbeitet die *Video*signale. Die Ergebnisse lassen sich — je nach Wunsch — noch umrechnen und entsprechend darstellen, beispielsweise grafisch oder auch ausgedruckt. Mit Hilfe des Elektronenrechners kann man den gesamten Meßablauf auch programmieren, so daß dieser dann vollautomatisch abläuft. Das Gerät ermöglicht die Erfassung von maximal 19 Klassen. Die Gesamtvergrößerung setzt sich aus der Vergrößerung des Mikroskopes und der elektronischen Nachvergrößerung zusammen.

Je nach Aufbau und Arbeitsweise der Geräte wird bei der automatischen Abtastung eine gerätespezifische Teilchengröße definiert, wie beispielsweise mit dem Dispersometer gezeigt wurde. Es ist somit möglich, daß man für ein gleiches Präparat, aber mit verschiedenen Geräten, unterschiedliche Ergebnisse erhält. Diese Unterschiede lassen sich aber systematisch erfassen. Auch sind sie im allgemeinen nicht sehr groß. Zu bedenken ist aber, daß die Methode der linearen und automatischen Abtastung eine sorgfältige Präparation der Proben verlangt. Bei der manuellen und auch der halbautomatischen Auswertung kann das Auge erkennen, ob eine zusammenhängende Fläche dadurch gebildet wird, daß sich mehrere Teilchen überdecken. Solche Unterscheidungsmöglichkeiten besitzt naturgemäß eine automatisch arbeitende Anlage noch nicht. Für die Präparation ist also eine gute Dispergierung der Teilchen anzustreben, damit sich die Teilchenbilder nicht überdecken. Der Abstand sollte mindestens die Größe des abtastenden Lichtpunktes überschreiten. Ferner kann man durch die Präparation dazu beitragen, daß sich ein möglichst einheitlicher Kontrast der Teilchen zur Umgebung ergibt.

3.2.5 Schlußbetrachtung zur mikroskopischen Korngrößenanalyse

Die mikroskopische Korngrößenanalyse ist eine direkte Meßmethode und praktisch für den gesamten vorkommenden Teilchengrößenbereich anwendbar. Da aber 2000 bis 3000 Teilchen zu messen und zu zählen sind, ist die Analyse mit einer Minimalausrüstung sehr mühsam und zeitraubend. In den letzten Jahren sind nun aber Geräte entwickelt worden, die eine halb- oder auch vollautomatische Messung und Auswertung ermöglichen. Als Nachteil für die vollautomatischen Geräte sind nur die hohen Kosten zu nennen. Diese sind z. B. für ein Elektronenmikroskop mit etwa DM 100 000,— und für eine elektronische Kamera, einschließlich Datenverarbeitung, mit DM 50 000,— bis 150 000,— anzusetzen. Aus diesem Grunde wird die mikroskopische Korngrößenanalyse, und insbesondere die automatische Auswertung, nur dann benutzt, wenn die Geräte hinreichend ausgelastet sind oder andere Analysenmethoden versagen. Zu erwähnen ist noch, daß sich alle Eichmethoden für Korngrößenanalysen letztlich auf mikroskopische Messungen abstützen.

3.3 Prüfsiebung

Körniges Gut mit Korngrößen über etwa 60 μm wird fast ausschließlich durch Siebverfahren in Kornklassen aufgeteilt. Das Aufteilen oder Trennen erfolgt dabei durch Siebböden. Dies sind Flächen mit jeweils gleich großen Öffnungen. Durch geeignete Relativbewegungen des körnigen Stoffes auf den Böden werden die Teilchengrößen in statistischer Folge mit den Öffnungen verglichen. Die Körner, die größer sind als die Öffnungen, verbleiben bei diesem Siebvorgang auf dem Boden, während die anderen Körner den Boden passieren. Man nennt die auf diese Weise je Siebboden anfallenden beiden Komponenten Rückstand (Siebgrobes; Grobkorn) und Durchgang (Siebfeines; Feinkorn) [96].

Die Korngröße, bei der dieser Trennschnitt (Trennkorngröße) liegt, ist durch die Größe der Öffnungen, die man bei Geweben mit Maschenweite bezeichnet, festgelegt. Nur wenn kugelige Körner vorliegen, stimmen Maschenweite und Trennkorngröße überein. Bei anderen Kornformen hängt der jeweilige Trennschnitt und damit die Trennkorngröße auch von der Gestalt der Teilchen ab. Diese Korngröße entspricht dann nicht dem Durchmesser einer volumengleichen Kugel. So besteht z. B. die Möglichkeit, daß ellipsoide Teilchen mit ihrem kleinsten Querschnitt das Sieb passieren. Dann ist die Maschenweite oder die entsprechende Korngröße kleiner als der Durchmesser einer volumengleichen Kugel. Der Begriff der Korngröße wird somit auch durch den Siebvorgang selbst definiert.

Beim Siebvorgang ist die abgesiebte Feinkornmenge stets kleiner als die gesamte, d. h. die Trenngüte bzw. der Siebgütegrad je Boden ist kleiner als 1 bzw. 100%. Der Gütegrad wird dabei definiert als das Verhältnis:

$$\eta_s = \frac{\text{abgesiebte Feinkornmenge}}{\text{gesamte Feinkornmenge}} \cdot 100\% = \frac{F_a}{F_v} \cdot 100\% \qquad (50)$$

Zweifellos bereitet eine genaue Bestimmung der gesamten Feinkornmenge F_v Schwierigkeiten, ein Problem, das später behandelt wird.

Bei der Prüfsiebung werden im allgemeinen mehrere Siebböden hintereinandergeschaltet, wie Abb. 56 zeigt. Dem obersten Boden wird das zu trennende Material, z. B. 0,1 kg, aufgegeben. Bei Siebgütegraden von 100% für jeden Boden verbleiben auf diesem nur Korngrößen, die größer sind als die entsprechende Maschenweite, aber kleiner sind als die Maschenweite des darüberliegenden Siebbodens. Auf diese Weise ergeben sich Kornklassen, deren Massen aufsummiert die Rückstands- bzw. Durchgangssummenverteilung ergeben. Die Benennungen dieser Verteilungskennlinien erhalten durch die Siebklassierung eine anschauliche Begründung.

Als Siebböden werden für die Prüfsiebung Rundlochbleche mit Lochweiten zwischen 1 und 100 mm nach DIN 1170 und Drahtgewebe mit Maschenweiten zwischen 0,06 und 6 mm nach DIN 1171 verwendet. Diese Normen sind in den Jahren 1960 bis 1962 zurückgezogen und durch DIN 4187 (Rundlochbleche) bzw. 4188 (Drahtgewebe) ersetzt worden [97]. In diesen neuen Normblättern sind Gewebe mit Maschenweiten zwischen 0,04 und 25 mm aufgeführt, wobei die Abstufung den Normzahlreihen R 10 mit Zwischenstufen nach R 20 entspricht (Normzahlen nach DIN 323). Ferner ist der Bereich der Abweichungen der Maschenweiten vom Sollmaß gegenüber DIN 1171 eingeschränkt worden.

Bei den im Ausland verwendeten Prüfsiebböden sind die Maschenweiten im Gegensatz zu DIN 1171 teilweise nach anderen Regeln abgestuft.

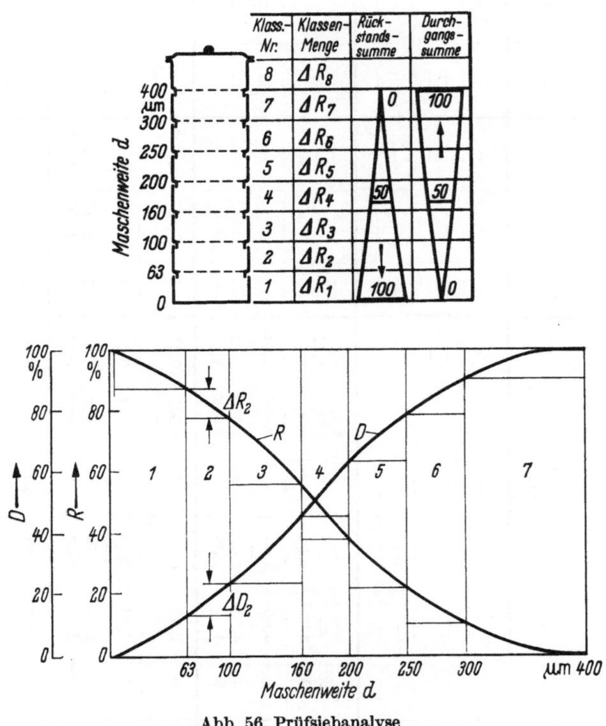

Abb. 56. Prüfsiebanalyse

In den USA sind die U. S. Standard-Siebreihe (ASTM) mit der Abstufung $1 : \sqrt[4]{2}$ bzw. die Tyler-Siebreihe mit der Abstufung $1 : \sqrt{2}$ (Zwischenstufen $1 : \sqrt[4]{2}$) im Gebrauch. In Frankreich (AFNOR) sind die Siebreihen nach der Normzahlreihe R 10 abgestuft mit Zwischenstufen nach R 20 und R 40. In den Niederlanden hat die Normenkommission HCNN eine Normung nach N 480 und N 574 vorgenommen. Die erwähnten Siebgewebe bringt die Tab. 13 in einer Übersicht.

Eine feste untere Grenze in der Größe der Öffnungen besteht auch im Hinblick auf die Herstellung nicht. So sind z. B. die auf physikalische Weise hergestellten Membranfilter, Folien mit nahezu zylindrischen Poren herab bis zu 0,01 µm, im Prinzip auch als Siebböden zu verwenden. Die für die Siebanalyse gegebene Grenze ist aber nicht durch die Böden, sondern durch den Trennvorgang gegeben. Auf die Schwierigkeit,

Tabelle 13. *Vergleichstabelle zur Umrechnung von Prüfsiebgeweben[1] (Drahtgewebe)*

Deutschland							Vereinigte Staaten von Nordamerika						England			Frankreich		Niederlande	
Maschen		DIN 1171 Ausgabe			DIN 4188 Ausgabe		ASTM 1939			Tyler			BS 410 1943			AFNOR X 11 – 501		N 480 1952	
		1926	1934		1957														
je cm	je cm²	a	a	δ	a	δ	mesh/inch	a	δ	mesh/inch	a	δ	mesh/inch	a	δ	a	δ	a	δ
—	—	—	—	—	25	5	—	—	—	—	—	—	—	—	—	—	—	—	—
—	—	—	—	—	20	5	—	—	—	—	—	—	—	—	—	—	—	—	—
—	—	—	—	—	18	4,5	—	—	—	—	—	—	—	—	—	—	—	—	—
—	—	—	—	—	16	4	—	—	—	—	—	—	—	—	—	—	—	—	—
—	—	—	—	—	12,5	4	—	—	—	—	—	—	—	—	—	—	—	—	—
—	—	—	—	—	10	4	—	—	—	—	—	—	—	—	—	—	—	—	—
—	—	—	—	—	8	3,15	—	—	—	—	—	—	—	—	—	—	—	—	—
—	—	—	—	—	—	—	—	—	—	2,5	7,925	2,235	—	—	—	—	—	—	—
—	—	—	—	—	—	—	—	—	—	3	6,68	1,778	—	—	—	—	—	—	—
—	—	—	—	—	6,3	2,5	3	6,35	2,12	—	—	—	—	—	—	—	—	—	—
—	—	—	6	2,5	—	—	3,5	5,66	1,60	3,5	5,613	1,643	—	—	—	—	—	—	—
—	—	—	—	—	5	2	—	—	—	—	—	—	—	—	—	5	1,04	—	—
—	—	—	5	2	—	—	4	4,76	1,59	4	4,699	1,65	—	—	—	—	—	—	—
—	—	—	4	1,6	4	1,6	5	4	1,08	5	3,962	1,118	—	—	—	4	1	—	—
—	—	—	—	—	—	—	6	3,36	0,87	6	3,327	0,914	5	3,353	1,727	—	—	—	—
—	—	—	—	—	3,15	1,25	—	—	—	—	—	—	—	—	—	3,15	0,93	—	—
—	—	—	3	1,2	—	—	—	—	—	—	—	—	—	—	—	—	—	—	—
—	—	—	2,5	1	2,5	1	7	2,83	0,80	7	2,794	0,833	6	2,812	1,421	2,5	0,83	—	—
—	—	—	—	—	—	—	8	2,38	0,80	8	2,362	0,813	7	2,411	1,218	—	—	—	—
—	—	—	2	1	2	1	9	2	0,82	9	1,981	0,849	8	2,057	1,118	2	0,74	—	—
—	—	—	—	—	—	—	10	1,68	0,86	10	1,671	0,869	10	1,676	0,864	—	—	—	—
—	—	—	—	—	1,6	1	—	—	—	—	—	—	—	—	—	1,6	0,64	—	—
4	16	1,5	1,5	1	—	—	—	—	—	—	—	—	—	—	—	—	—	—	—
—	—	—	—	—	—	—	12	1,41	0,707	12	1,397	0,72	12	1,405	0,711	—	—	—	—
5	25	1,2	1,2	0,8	1,25	0,8	14	1,19	0,624	—	—	—	—	—	—	1,25	0,55	—	—
—	—	—	—	—	—	—	—	—	—	14	1,168	0,653	14	1,204	0,610	—	—	—	—
6	36	1,04	1	0,65	1	0,63	16	1	0,588	16	0,991	0,597	16	1,003	0,585	1	0,47	—	—

—	—	—	—	—	—	—	20	0,84	0,43	20	0,833	0,437	18	0,853	0,558	—	—	0,85	0,45
—	—	—	—	—	0,8	0,5	—	—	—	—	—	—	—	—	—	0,8	0,4	—	—
8	64	0,75	0,75	0,5	—	—	—	—	—	—	—	—	—	—	—	—	—	0,71	0,45
—	—	—	—	—	—	—	24	0,71	0,348	24	0,701	0,358	—	—	—	0,63	0,4	—	—
—	—	—	—	—	0,63	0,4	—	—	—	—	—	—	—	—	—	—	—	0,6	0,4
10	100	0,6	0,6	0,4	—	—	28	0,59	0,317	28	0,589	0,318	25	0,599	0,417	—	—	—	—
11	121	0,54	—	—	—	—	—	—	—	—	—	—	—	—	—	—	—	—	—
12	144	0,5	0,5	0,34	0,5	0,315	32	0,5	0,294	32	0,495	0,299	30	0,5	0,347	0,5	0,28	0,5	0,31
14	196	0,43	0,43	0,28	—	—	35	0,42	0,306	35	0,417	0,310	36	0,422	0,284	—	—	0,42	0,28
—	—	—	0,4	0,24	0,4	0,25	—	—	—	—	—	—	—	—	—	0,4	0,23	—	—
16	256	0,38	—	—	—	—	—	—	—	—	—	—	—	—	—	—	—	—	—
—	—	—	—	—	—	—	42	0,35	0,255	42	0,351	0,254	44	0,353	0,224	—	—	0,35	0,23
—	—	—	—	—	0,315	0,2	—	—	—	—	—	—	—	—	—	0,315	0,2	—	—
20	400	0,3	0,3	0,2	—	—	48	0,297	0,232	48	0,295	0,234	52	0,295	0,193	—	—	0,3	0,21
24	576	0,25	0,25	0,17	0,25	0,16	60	0,25	0,19	60	0,246	0,177	60	0,251	0,172	0,25	0,156	0,25	0,17
—	—	—	—	—	—	—	65	0,21	0,18	65	0,208	0,182	72	0,211	0,142	—	—	0,21	0,16
30	900	0,2	0,2	0,13	0,2	0,125	—	—	—	—	—	—	—	—	—	0,2	0,129	—	—
—	—	—	—	—	—	—	80	0,177	0,14	80	0,175	0,143	85	0,178	0,121	—	—	0,175	0,11
—	—	—	—	—	0,16	0,1	—	—	—	—	—	—	—	—	—	—	—	—	—
40	1600	0,15	0,15	0,1	—	—	100	0,149	0,105	100	0,147	0,107	100	0,152	0,102	—	—	0,15	0,11
—	—	—	—	—	0,125	0,08	115	0,125	0,096	115	0,124	0,097	120	0,124	0,088	0,125	0,085	0,125	0,09
50	2500	0,12	0,12	0,08	—	—	—	—	—	—	—	—	—	—	—	—	—	—	—
—	—	—	—	—	—	—	150	0,105	0,064	150	0,104	0,065	150	0,104	0,065	—	—	0,105	0,08
60	3600	0,102	0,1	0,065	0,1	0,063	—	—	—	—	—	—	—	—	—	0,1	0,07	—	—
70	4900	0,088	0,09	0,055	0,09	0,056	170	0,088	0,062	170	0,088	0,061	170	0,089	0,060	—	—	0,09	0,07
—	—	—	—	—	0,08	0,05	—	—	—	—	—	—	—	—	—	0,08	0,057	—	—
80	6400	0,075	0,75	—	—	—	200	0,074	0,053	200	0,074	0,053	200	0,076	0,051	—	—	0,075	0,055
—	—	—	—	—	0,071	0,045	—	—	—	—	—	—	—	—	—	—	—	—	—
—	—	—	—	—	0,063	0,04	250	0,062	0,04	—	—	—	240	0,064	0,042	0,063	0,046	—	—
—	—	—	—	—	—	—	—	—	—	250	0,061	0,041	—	—	—	—	—	—	—
100	10000	0,06	0,06	0,04	—	—	—	—	—	—	—	—	—	—	—	—	—	0,06	0,045
—	—	—	—	—	0,056	0,036	—	—	—	—	—	—	—	—	—	—	—	—	—
—	—	—	—	—	—	—	270	0,053	0,041	270	0,053	0,041	300	0,053	0,032	—	—	—	—
—	—	—	—	—	0,05	0,032	—	—	—	—	—	—	—	—	—	0,05	0,0375	—	—
—	—	—	—	—	0,045	0,028	—	—	—	—	—	—	—	—	—	—	—	—	—
—	—	—	—	—	—	—	325	0,044	0,034	325	0,043	0,035	350	0,044	0,029	—	—	—	—
—	—	—	—	—	0,04	0,025	—	—	—	—	—	—	—	—	—	0,04	0,0305	—	—
—	—	—	—	—	—	—	400	0,037	0,026	400	0,038	0,025	—	—	—	—	—	—	—

a = lichte Maschenweite in mm, δ = Drahtstärke in mm, mesh = Maschen, inch = Zoll (25,4 mm)

[1] Die neueren Normen ASTM-E-11-61 (in Verbindung damit Tyler) und BS 410 : 1962 enthalten zahlreiche, aber nur geringfügige Abweichungen zu den älteren hier wiedergegebenen Normen. Die ASTM wurden im Bereich großer Maschenweiten erweitert.

zwischen Sieben und Filtrieren im sehr feinen Korngrößenbereich eindeutig zu unterscheiden, sei hingewiesen.

Wir müssen uns nun fragen, wie der Trennvorgang beim Sieben erfolgt, um die Einflußgrößen sowie deren Abhängigkeiten kennenzulernen, die Voraussetzung sind für eine Bewertung und Kritik der Prüfsiebergebnisse. Der Siebvorgang (betrachtet am Einzelkorn) ist offenbar nur dann möglich, wenn

    a) sich das Feinkorn über einer freien Öffnung befindet,
    b) das Feinkorn so orientiert ist, daß sein Querschnitt in der Bewegungsrichtung kleiner ist als der der Siebbodenöffnung,
    c) eine nach Zeit und Größe ausreichende Kraft vorhanden ist, die das Feinkorn aus dem Siebgut heraus und durch die Öffnung fördert.

Vorstehende Bedingungen erfordern eine geeignete Relativbewegung zwischen Siebgut und Siebboden, die im allgemeinen durch den Siebboden selbst erzeugt wird. Aus diesem Grund hängt der Sieb- bzw. Trennvorgang von der Arbeitsweise der Siebmaschine ab. Insgesamt sind auf Grund obiger Bedingungen folgende Einflüsse zu erwarten:

    a) Siebdauer,
    b) Arbeitsweise der Siebmaschinen bzw. der Handsiebung,
    c) Belastung der Siebböden, Art der Körnung und Größe der Öffnungen,
    d) Toleranzen in der Maschenweite,
    e) Fließ- und Rieseleigenschaften des Siebgutes.

3.3.1 Siebdauer

Der Vergleich von Teilchen eines polydispersen Haufwerkes mit zahlreichen gleich großen Öffnungen in einer Fläche in statistischer Folge zum Zwecke einer Klassierung ist ein zeitlicher Vorgang. Um sich hierfür eine Vorstellung zu verschaffen, darf man ansetzen, daß die je Zeiteinheit dt abgesiebte Menge dF_a proportional der jeweils auf dem Siebboden vorhandenen absiebbaren Menge $F_v - F_a$ ist. Der Wert F_v ist die gesamte Kornmenge, die kleiner ist als die durch die Öffnungen vorgegebene Korngröße.

Dann gilt:

$$dF_a = (F_v - F_a) \cdot f(S, H, G, \ldots)\, dt \tag{51}$$

Hierbei erfaßt die Funktion $f(S, H, G, \ldots)$ die Größen, die den Trennvorgang beeinflussen wie die Trennkräfte S, die Widerstände H und die geometrischen Bedingungen G.

Die Integration liefert:

$$ln\, \frac{F_v - F_a}{F_v} = -f(S, H, G, \ldots) \cdot t \tag{52}$$

und

$$F_v - F_a = F_v \exp\left(-f(S, H, G, \ldots) \cdot t\right) \tag{53}$$

Diese Gleichung beschreibt den charakteristischen Verlauf eines absatzweisen Siebvorganges im siebbaren Bereich.

Die verschiedenen noch zu erörternden Parameter bestimmen in hohem Maße den quantitativen Verlauf der Kurve. Dieser interessiert insofern, als man die Siebdauer praktisch begrenzen muß. Man könnte festlegen, daß dieser Zeitpunkt dann gegeben ist, wenn mehr als 95% des Feingutes abgesiebt sind. Aus solchen Überlegungen folgen beispielsweise Empfehlungen, die die Siebdauer für eine bestimmte Maschinengruppe für leicht siebbares Material im groben Bereich mit 10 min und im feinen Bereich mit 20 bis 30 min festsetzen.

3.3.2 Arbeitsweise der Siebmaschinen

Es gibt im wesentlichen zwei Arten von Prüfsiebmaschinen: entweder bewegen sich die Siebböden in der Siebbodenebene oder in einer Ebene senkrecht dazu. Diese beiden Prototypen werden als „Planprüfsiebmaschine" bzw. als „Wurfprüfsiebmaschine" bezeichnet. Ferner gibt es Anordnungen, bei denen der Siebboden ruht und das Gut durch Gasströmungen bewegt und gefördert wird, z. B. das Alpine-Luftstrahlsieb.

Die Abb. 57 gibt eine Übersicht über die Bewegungsarten der Siebböden auf den erwähnten Prototypen. In Abb. 57a führen die Siebböden

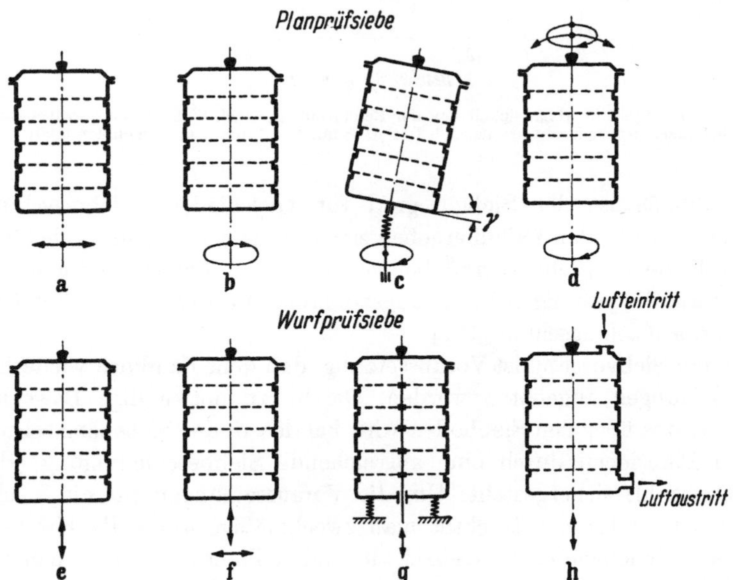

Abb. 57a—h. Bewegungen von Siebböden auf Siebmaschinen

lineare, in Abb. 57b kreisförmige Bewegungen in der Siebbodenebene aus. Bei der Anordnung 57c ist die Siebbodenebene um den Winkel γ gegen

die Drehachse geneigt, während bei Abb. 57d der kreisschwingenden eine
pendelnde Bewegung überlagert ist.

Bei den Wurfprüfsieben wird im allgemeinen der Siebbodenrahmen
durch Unwuchten oder auch elektromagnetisch angetrieben. Den senk-
rechten Bewegungen (Abb. 57e) werden oft auch noch waagerechte
Schwingungen überlagert (Abb. 57f), so daß sich spezielle Bewegungs-
bahnen ergeben. Auch gibt es Anordnungen mit direktem Antrieb der
Siebböden (Abb. 57g). Die Anordnung in Abb. 57h [98] zeigt senkrecht
schwingende Siebböden, die in Richtung abnehmender Maschenweite
von Luft durchströmt werden, um die Trennwirkung zu verbessern. Als
weitere Mittel zur Verbesserung des Trennvorganges sind mechanische
Siebhilfen, wie Klopfvorrichtungen oder auch auf die Siebböden aufgelegte Gummiwürfel, zu nennen.

Es ist sicher, daß die Trenngüte der Siebböden je nach Bewegungs-
vorgang unterschiedlich ist. Die Größenordnung wurde durch Versuche ermittelt [99].

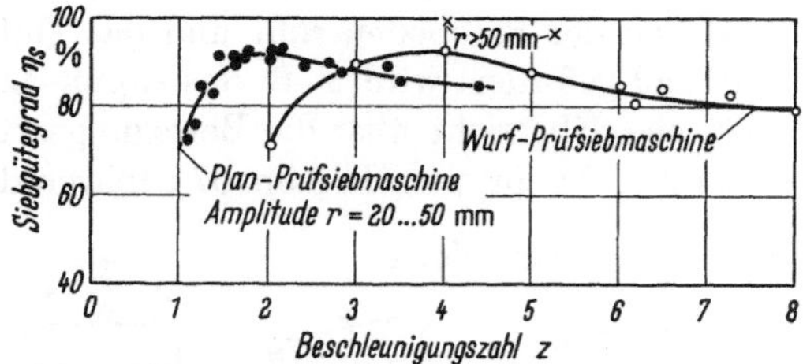

Abb. 58. Siebgütegrad in Abhängigkeit von der Beschleunigungszahl. Siebgut: Zuckerrübensamen.
Siebdauer: 5 min, Drahtmaschensieb DIN 4188 mit a = 4 mm, keine Siebhilfen [100]

In Abb. 58 ist der Siebgütegrad für verschiedene Siebmaschinen
angegeben. In beiden Fällen ergeben sich optimale Werte und erhebliche
Unterschiede im Siebgütegrad bei verschiedenen Betriebsbedingungen.
Dies ist auf die jeweiligen Bewegungsvorgänge zurückzuführen. Zunächst
zur Planprüfsiebmaschine [101]:

Für den Siebvorgang ist Voraussetzung, daß dem Feinkorn wiederholt
freie Öffnungen angeboten werden. Die hierzu notwendige Bewegung
des Siebgutes über den Siebboden wird bei den in der Siebebene schwin-
genden Plansieben durch eine ausreichende Siebbeschleunigung (Hub
und Drehzahl) sichergestellt. Um die Voraussetzungen für ein solches
Gleiten zu erfahren, betrachtet man zweckmäßigerweise die Kräfte in
der Siebbodenebene eines kreisschwingenden Plansiebes bei zunehmender Schwingungsbeschleunigung. Zunächst sind die übertragbaren
Reibungskräfte zwischen Siebgut und Siebboden größer als die auf das
Siebgut einwirkenden Trägheitskräfte. Sobald letztere die maximal
übertragbare Reibungskraft übersteigen, beginnt das Gleiten. Die

damit eingeleitete Relativgeschwindigkeit zwischen Siebboden und Siebgut steigt mit der Schwingungsbeschleunigung und als Folge auch die Zahl der angebotenen Siebbodenöffnungen.

Neben dieser notwendigen Bewegung des Siebgutes in der Siebbodenebene ist noch eine weitere erforderlich, nämlich die jedes Feinkornes durch die Siebbodenöffnungen.

Wegen dieser verschiedenen Richtungen sind beim Klassieren auf Plansieben zwei Phasen zu unterscheiden. Wird einem Feinkorn während der Bewegung über das Sieb eine freie Öffnung angeboten, dann wird es

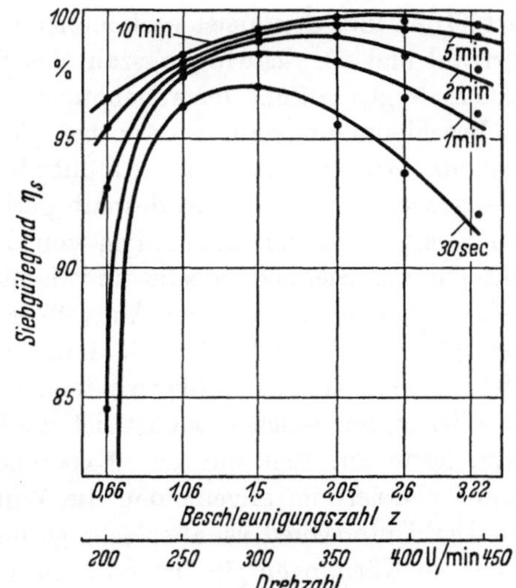

Abb. 59. Siebgütegrad eines 0,15 mm Prüfsiebes (Planprüfsieb)

mit dem Eindringen in die Öffnung vom Siebboden mitgenommen, um die *gleiche* Bewegung wie das Sieb auszuführen (je kleiner die Korngröße im Vergleich zur Maschenweite ist, um so weniger ist der Vorgang an diese Bedingung geknüpft). Anschließend, und das ist die zweite Phase, passiert das Feinkorn den Siebboden. Jeder Bewegung sind Kräfte zugeordnet; so die schon erwähnten Trägheits- und Reibungskräfte in der Siebbodenebene, Stoßkräfte in der ersten Phase sowie die im wesentlichen senkrecht zur Siebebene wirkenden Trennkräfte (Korngewicht, Stoßkräfte). Die günstigsten Siebbedingungen ergeben sich aus einer optimalen Anpassung der horizontalen an die vertikalen Kräfte. Sind beispielsweise die in der Siebebene liegenden Kräfte zu groß, dann kann das Siebgut nicht genügend in die Öffnungen eindringen, es wird nicht mitgenommen oder sogar wieder herausgeworfen. Die Siebleistung ist dann klein und kann im Grenzfall bis auf den Wert Null absinken.

Es überlagern sich somit zwei Erscheinungen. Mit der Beschleunigungszahl z wächst infolge der zunehmenden Relativgeschwindigkeit

zwischen Siebgut und Siebboden die Zahl der angebotenen Öffnungen
an. Gleichzeitig wandert die Resultierende aus allen Kräften in Richtung zur Siebbodenebene. Diese Vorgänge mit gegenläufiger Wirkung
führen zum Optimum. Wie dieses Optimum von der Zeit abhängt, zeigt
Abb. 59.

Bei der Wurfprüfsiebmaschine, bei der das Siebgut periodisch vom
Siebboden abgeworfen wird, werden die Siebbedingungen auf andere
Weise erfüllt. Die Zahl der angebotenen Öffnungen ist proportional der
Anzahl der Würfe. Diese steigt so lange mit der Beschleunigungszahl z,
bis der Siebboden während eines Wurfes mehrere Schwingungen ausführt [102]. Bei den meist vorkommenden Werten $z < 3,5$ stimmen die
Wurfzahl und die Schwingungszahl des Siebbodens überein. In diesem
Bereich steigt die Zahl der angebotenen Siebbodenöffnungen daher mit
der Beschleunigungszahl z oder bei gleicher Beschleunigung mit der
Frequenz bzw. abnehmender Amplitude. Der Einfluß der Kräfte ist
im Gegensatz zum Plansieb deshalb gering, weil die Resultierende aus
allen Kräften nahezu unabhängig von der Beschleunigungszahl z fast
senkrecht zur Siebbodenebene und damit in Trennrichtung liegt. Die
Kräfte, die sich u. a. aus der Auftreffgeschwindigkeit des Siebgutes ergeben [102, 103], spielen jedoch dann eine entscheidende Rolle, wenn
Haftkräfte im Siebgut zu überwinden sind [104].

Die Frage, mit welcher Bauart sich die besten Siebgütegrade erreichen
lassen, kann zur Zeit nur das Experiment beantworten. Bei grobem
Siebgut klassiert im allgemeinen die Wurfprüfsiebmaschine am schärf-
sten. Der Unterschied ist aber sehr gering. Ob diese Erscheinung auch
für feinere Körnungen gilt, ist noch zu erörtern.

Der Absiebvorgang verschlechtert sich — auf die Zeiteinheit bezogen —
unabhängig von der Maschinenbauart mit abnehmender Korngröße,
weil den Trennkräften größere Reibungs- und auch Haftkräfte zwischen
den Körnern entgegenwirken. Ferner sinken die Trenn- oder Siebkräfte.
In dem Fall einer einzigen Kornschicht z. B. ist die Abnahme proportional der dritten Potenz der Korngrößen. Beim Wurfsieb sinken die
Siebkräfte zusätzlich auch noch wegen der mit der Korngröße abnehmenden Fallgeschwindigkeit.

Durch Siebhilfen lassen sich die Siebkräfte verbessern. Legt man bei-
spielsweise einige Gummiwürfel von etwa 10 mm Kantenlänge oder
Messingstifte von 10 mm Länge auf die Siebböden, so unterstützen diese
Körper das Eindringen von Feinkorn in die Siebbodenöffnungen. Solche
Hilfen sind aber nicht einsetzbar, wenn dadurch die Beanspruchung
der Böden zu groß wird. Dies kann beim Wurfprüfsieb mit großen
Amplituden und bei feinen Siebgeweben der Fall sein (auch gezielte
Luft- oder Flüssigkeitsströme wirken als Siebkräfte oder Siebhilfen,
wie an anderer Stelle noch zu zeigen ist).

Oben genannte Einflüsse werden durch die Meßergebnisse nach Abb. 60 bestätigt. Bei diesem Versuch handelt es sich um eine Quarzkörnung mit einem großen Anteil von Korngrößen unter 60 μm. Der ungewöhnlich schlechte Gütegrad des 60 μm-Siebbodens beim Wurfprüfsieb ist z. T. auf die durch die Schwingungen verursachten Luftströmungen zurückzuführen, die das feine Gut aufwirbeln. Auch ist die Verteilung des Siebgutes vergleichsweise schlecht. Es sammelt sich in den Schwingungsknoten und besonders am Siebbodenrand an. Ferner

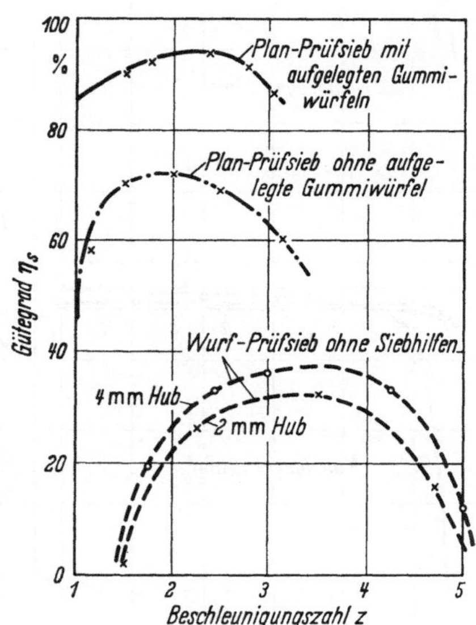

Abb. 60. Siebgütegrad eines 60 μm-Siebbodens für verschiedene Siebmaschinen in Abhängigkeit von der Beschleunigungszahl z. Aufgabe 50 g Quarzstaub, 45 Massen-% < 60 μm. Planprüfsieb; r = 15 mm; 10 min Siebdauer

wurden keinerlei Siebhilfen verwendet. Dieses Ergebnis ist nicht für alle Wurfprüfsiebmaschinen repräsentativ. So lassen sich z. B. mit dem Rhewum-Sieb (Abb. 57g) bessere Siebgütegrade erzielen. Vergleichsversuche mit dem 60 μm-Siebboden und dem für die Messungen nach Abb. 60 verwendeten Quarzstaub ergaben unter optimalen Bedingungen Siebgütegrade von etwa 90%. Dieses vergleichsweise gute Ergebnis erklärt sich durch die hohen Beschleunigungen der Siebböden bei *kleinen* Amplituden, die sich durch den speziellen elektromagnetischen Antrieb verwirklichen lassen.

Um die genannten Einflüsse für einen größeren Körnungsbereich zu zeigen, wurde der Siebgütegrad in Abhängigkeit von der Maschenweite für verschiedene Körnungen ermittelt. Die Körnung wurde dadurch verändert, daß ein Quarzsand von 0,5 bis 0,7 mm in einer Kreisschwingmühle bei z = 3,3 verschieden lange gemahlen wurde. Das nach 5, 10, 15 und 60 min Mahldauer anfallende Mahlgut wurde durch Prüfsiebung analysiert. In Abb. 61 sind die gemessenen Gütegrade angegeben. Plan- und Wurfsieb unterscheiden sich wesentlich erst bei Maschenweiten unter 100 µm, und zwar um so mehr, je feiner das Material ist. Aber gerade diese Tatsache kann für das Ergebnis von besonderem Einfluß sein, weil sich die Werte der der Prüfsiebung nachgeschalteten

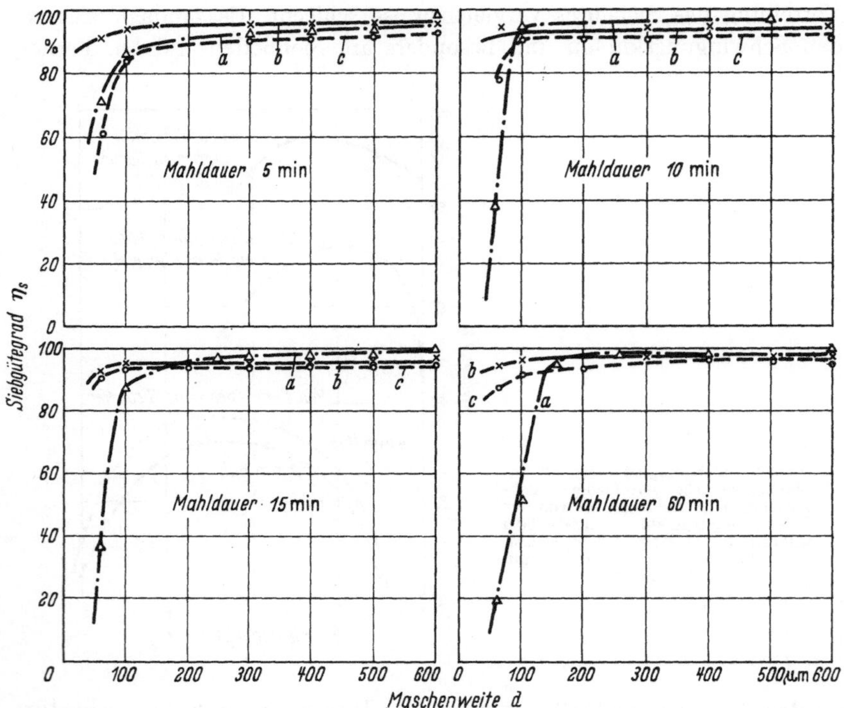

Abb. 61. Einfluß der Feinheit und der Siebmaschinenbauart auf den Siebgütegrad in Abhängigkeit von der Maschenweite d. Analysiert wurden jeweils 100 g Mahlgut, wobei die Feinheit durch die Mahldauer verändert wurde. 10 min Siebdauer. a Wurfprüfsiebmaschine, 50 Hz, $z \approx 3{,}3$; b Plansieb mit aufgelegten Gummiwürfeln, $z \approx 2$; c Plansieb ohne Siebhilfen, $z \approx 2$

Analysen auf die Menge des *Durchganges* des feinsten Siebes (allgemein 63 µm) beziehen (s. Tab. 16). Ist der Gütegrad dieses Siebes nicht ausreichend, können erhebliche Fehlurteile entstehen.

Es bleibt noch zu erwähnen, daß während des Siebvorganges an verschleißempfindlichen Stoffen ein merkbarer und je nach der Arbeitsweise der Maschine auch unterschiedlicher Abrieb entstehen kann. Nach H. TRENKLER [105] ist z. B. der Abrieb an Braunkohle auf einer Plansiebmaschine größer als auf einer Wurfsiebmaschine. Ein ähnliches Ergebnis wurde bei anderen Versuchssiebungen gefunden, Abb. 62 [100]. Diese Abhängigkeiten für den Abrieb erklären sich aus den eingangs zu diesem

Abschnitt gemachten Ausführungen über die Vorgänge auf den Siebböden.

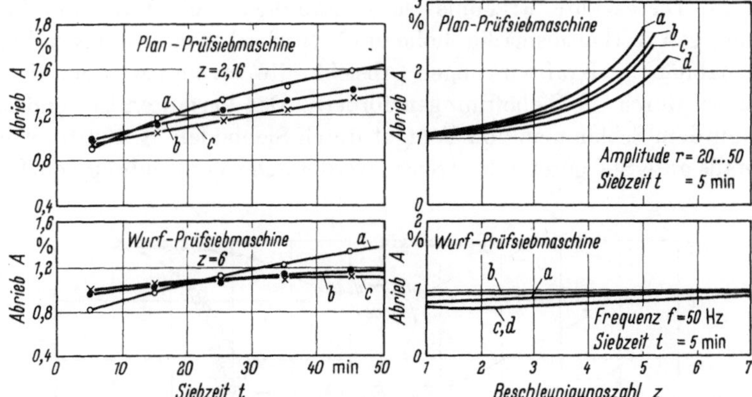

Abb. 62. Abrieb in Abhängigkeit von der Zeit und der Beschleunigungszahl. Siebgut: Zuckerrübensamen; keine Siebhilfen. a: Quadratlochsieb, $a = 4$ mm; b: Langlochsieb, $a = 4$ mm; c: Rundlochsieb, a = 4 mm; d; Drahtmaschensieb, a = 4 mm

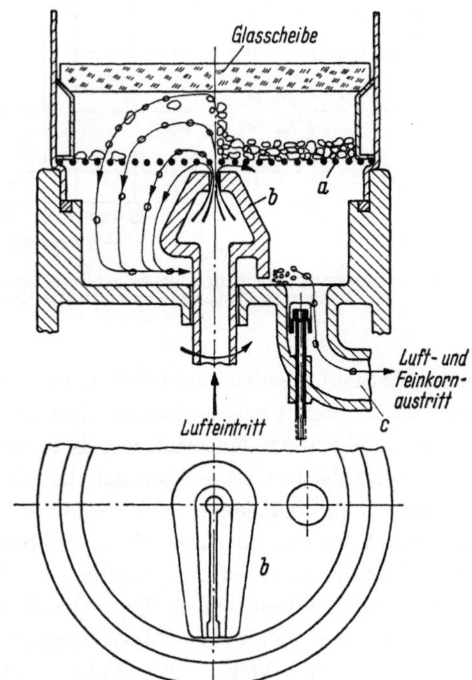

Abb. 63. Luftstrahlsieb der Firma Alpine. a Siebboden, b rotierende Schlitzdüse

Eine Prüfsiebmaschine, die aufgrund ihrer Wirkungsweise auch im feinen Korngrößenbereich einen guten Siebgütegrad erreicht, ist das Luftstrahlsieb der Fa. Alpine, Augsburg (Abb. 63).

In Abb. 64 sind einige Gütegrade in Abhängigkeit von der Maschenweite angegeben. Danach sind Siebungen unter 60 μm mit dieser Maschine möglich. Dieses gute Ergebnis ist verständlich, weil durch die Luftströmungen verhältnismäßig hohe und vergleichsweise weniger korngrößenabhängige Kraftwirkungen (Absiebkräfte) erzeugt werden, die das Feinkorn durch die Sieböffnungen fördern. Das Verfahren ist vergleichbar mit dem Schlämmen von Feingut durch Siebböden (S. 102ff.), wobei ebenfalls gute Siebgütegrade erreicht werden. Die Verwendung von Flüs-

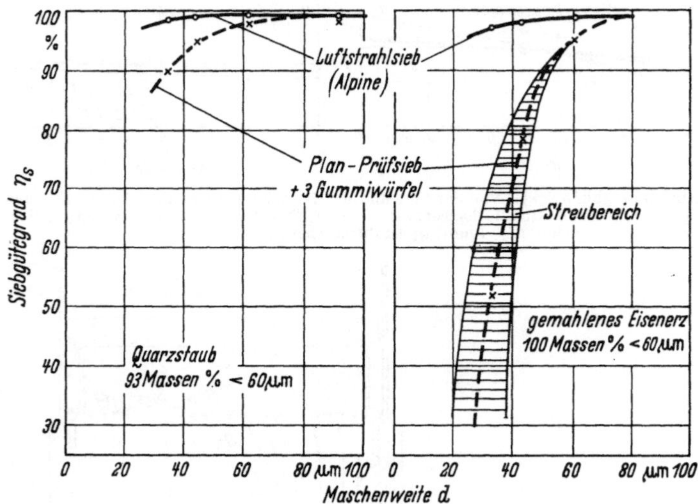

Abb. 64. Siebgütegrade des Luftstrahlsiebes und eines Planprüfsiebes für Quarzstaub und gemahlenes Eisenerz in Abhängigkeit von der Maschenweite. 10 min Siebdauer

sigkeit als Siebhilfsmittel erfordert jedoch einen größeren Zeit- und unter Umständen auch Geräteaufwand. Bei stark zu elektrostatischen Aufladungen neigendem Material, wie Kunststoffpulver, kann die Siebgüte des Luftstrahlsiebes schlechter als die eines Plansiebes mit Siebhilfen sein, wie beim Prüfsieben von Vestyron-Pulver festgestellt wurde. Es sind auch Versuche mit dem 15 μm-Microdursieb der Firma Gebr. Kufferath, Düren, durchgeführt worden. Bei ausreichender Luftgeschwindigkeit (etwa 500 mm W.S. Unterdruck am Ausgang des Luftstrahlsiebes) ist auch bei dieser Maschenweite ein Siebgütegrad $\eta_s > 95\%$ erreicht worden. Weitere Ergebnisse, und zwar Vergleichssiebungen mit Plan-, Wurf- und Luftstrahlsieb an Zement PZ 425, Kieselgur und Cadmiumstearat, findet man in einer Arbeit von O. LAUER [106].

Das Luftstrahlsieb der Fa. Alpine liefert bei einer Einwaage jeweils eine Fraktion. Dies ist für Korngrößenanalysen oft nachteilig. W. WAH-

LER hat daher ein Luftstrahlsieb für beliebig viele Fraktionen bei einer Einwaage entwickelt [107].

Als Nachteil des Luftstrahlsiebes ist zu erwähnen, daß das verlustlose Auffangen des Durchganges mit Hilfe eines Filters Schwierigkeiten bereitet. Auch besteht die Gefahr der Verunreinigung des abgeschiedenen Materials durch Restteile aus dem Filter. Der Durchgang läßt sich daher nur bedingt weiter analysieren. In Tab. 14 sind die wesentlichsten Merkmale der verschiedenen Siebmaschinenbauarten zusammengestellt.

Tabelle 14. *Beurteilung von verschiedenen Siebmaschinenarten*

Nr.		Wurf-Prüfsieb		Plan-Prüfsieb		Luftstrahlsieb	
1	Siebgütegrade bei grober Körnung	sehr gut	+	gut	+	gut	+
2	Siebgütegrade bei feiner Körnung	schlecht	−	gut	+	sehr gut	+
3	Verstopfung der Siebböden	gering	+	stärker	−	gering	+
4	Beanspruchung der Siebböden	groß	−	gering	+	gering	+
5	Verteilung des Siebgutes	oft ungleichmäßig	−	gleichmäßig	+	gut	+
6	Abrieb des Siebgutes	gering	+	stärker	−	gering	+
7	Siebhilfen	schwierig	−	leicht	+	−	
8	Zahl der Fraktionen	mehr als 6	+	mehr als 6	+	eine (zwei)	−
9	Analyse des Durchganges z. B. des 63 μm-Siebes	möglich (Genauigkeit s. Nr.2)	+ −	möglich (Genauigkeit s. Nr.2)	+	beschränkt möglich	−

3.3.3 Einfluß von Probenumfang, Art der Körnung und Maschenweite

Zu dieser Betrachtung sei wieder an die früher angegebenen statistischen Bedingungen zur Absiebung von Feinkorn angeknüpft.

Die Möglichkeiten, daß sich Feinkorn über freien Sieböffnungen befindet, hängen auch ab von dem Probenumfang, dem Körnungsaufbau und der je Flächeneinheit vorhandenen Zahl von Sieböffnungen. Mit Vergrößern des Probenumfanges nehmen die Absiebmöglichkeiten zunächst so lange zu, bis die Siebfläche vom Siebgut bedeckt ist.

Es ist leicht einzusehen, daß in der Zeiteinheit um so weniger Feinkorn abgesiebt wird, je größer der Grobgutanteil im Siebgut ist, weil durch das Grobkorn freie Sieböffnungen verdeckt werden. Dieser Grobgutanteil wird durch die Körnung und den gewählten Siebschnitt bestimmt.

Bei Übergang zu kleineren lichten Maschenweiten könnte man annehmen, daß die Siebleistung mit der Maschenzahl zunimmt. Dies trifft für die Zahl der abgesiebten Körner zu. Da aber die Masse der Körner

stärker abnimmt als die Anzahl der Öffnungen anwächst, wird die
abgesiebte Feinkornmenge sinken. Letztlich hat auch die Größe des

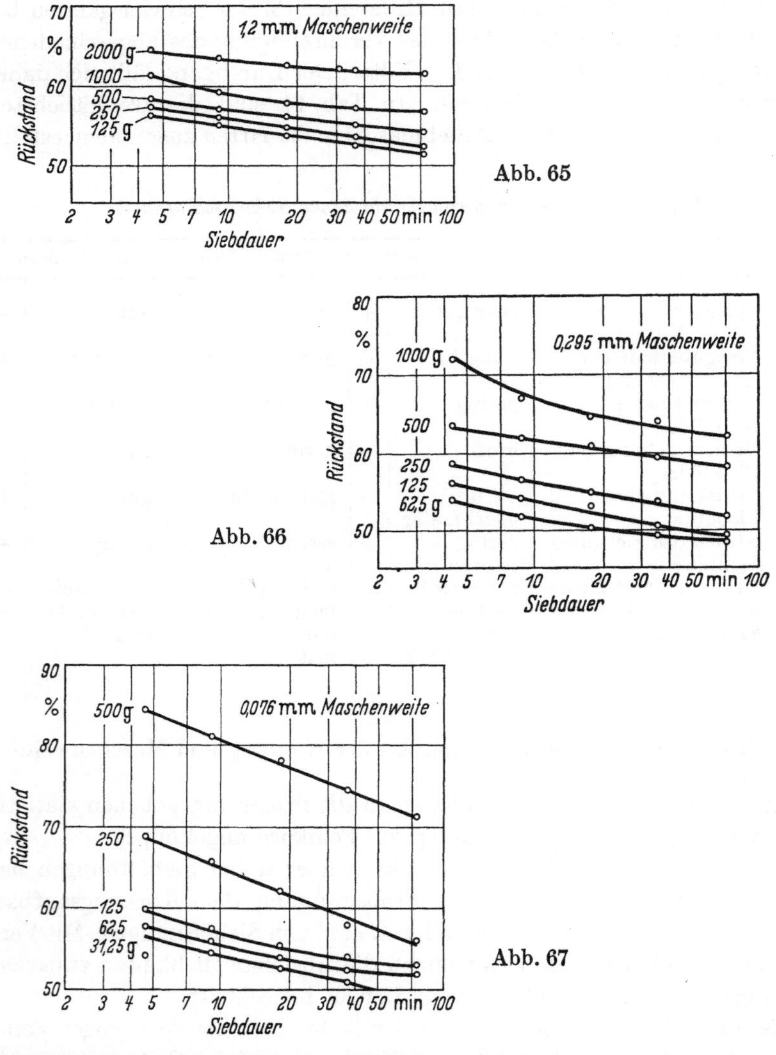

Abb. 65 bis 67. Prozentualer Rückstand auf Prüfsiebböden in Abhängigkeit von der Siebdauer bei
verschiedenen Siebbelastungen. Etwa 50% der Körnung sind größer als die jeweilige Maschenweite

Feinkornes einen Einfluß. Es läßt sich um so schwerer absieben, je mehr
sich die Korngröße der Maschenweite nähert [104].

Die auf S. 88 unter b) gestellte Bedingung der notwendigen speziellen Orientierung der Körner ist um so mehr von Einfluß, je mehr

die Kornform von der Kugelgestalt abweicht. Für kantiges und splittriges Gut sind daher längere Siebzeiten erforderlich.

Einige dieser Vorstellungen lassen sich recht gut mit den Meßergebnissen von F. A. SHERGOLD [108] begründen, Abb. 65 bis 68 (das aufgegebene Siebgut ist für alle Versuche so aufgebaut worden, daß 50% größer sind als die jeweils angegebene Trennkorngröße, hier die Maschenweite). Dies gilt besonders für die Siebkräfte. Diese werden bei gröberem Gut (1,2 mm Maschenweite) im wesentlichen durch die Kornmasse bestimmt. Der zeitliche Durchgang von Feingut ist daher nahezu unabhängig von der Siebgutmenge (Schichtdicke), Abb. 65. Bei feinerem Gut dagegen nimmt die in der Zeiteinheit abgesiebte Feinkornmenge mit der Schichtdicke zu, obwohl die den Siebkräften entgegenwirkenden Reibungskräfte anwachsen, Abb. 66 u. 67.

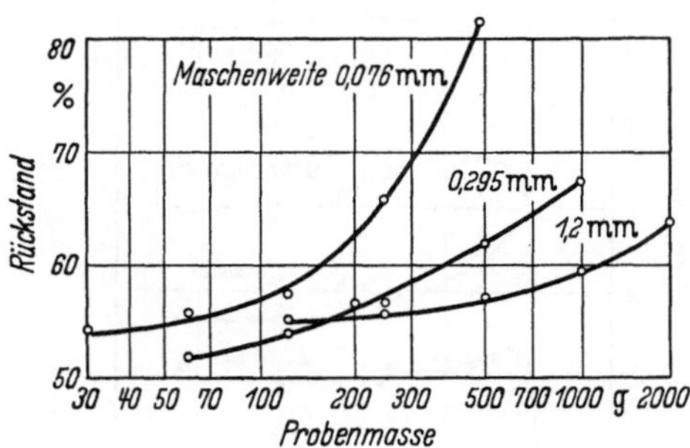

Abb. 68. Prozentualer Rückstand in Abhängigkeit von der Siebgutmenge für verschiedene Maschenweiten. Siebdauer 9 min

Die aufgegebene Probenmenge ist insofern von Bedeutung, als der für diese Versuche geltende theoretische Rückstand von 50% um so weniger erreicht wird, je größer der Probenumfang ist. Auch hieraus läßt sich als Regel ableiten, auf den feineren Prüfsieben rd. 10—60 g und auf den gröberen Sieben 60—150 g Probenumfang bei Stoffen mit der Dichtezahl von etwa 2 zu wählen (Sieb-Durchmesser etwa 200 mm). Sehr viel kleinere Proben sollte man nicht verwenden, weil für die Kennzeichnung des Körnungsaufbaues durch ein statistisches Auswerteverfahren die Anzahl der Körner genügend „groß" sein muß. Aus diesem Grund ist der Probenumfang mit der Korngröße zu vergrößern. Die Abb. 68 zeigt weiter, daß die pro Zeiteinheit abgesiebte Feinkornmenge, wie schon begründet, bei konstanter Schichtdicke mit der Maschenweite abfällt.

3.3.4 Toleranzen in der Maschenweite und Art des Siebbodens

Aus den Versuchen von F. A. SHERGOLD ergibt sich weiter, daß bei nicht zu großem Probenumfang und längerer Siebdauer der für seine Versuche geltende theoretische Rückstand von 50% auch unterschritten

7*

wird. Ursache hierfür sind die Abweichungen der lichten Sieböffnungen vom Sollmaß (Toleranzen). Beispielsweise kommen in einem Prüfsiebgewebe von 1 mm, wie es die alte Normvorschrift zuläßt, auch Sieböffnungen von 1,2 mm vor. Die durch diese Öffnungen hindurchfallenden Körner (Siebgrobes), die größer sind als die gewählte Trennkorngröße von 1 mm, täuschen eine höhere Feinheit der Körnung vor. Nach unendlich langer Siebzeit würde der Siebschnitt nicht mehr bei 1,0, sondern bei 1,2 mm liegen. Folglich ist dieser wegen der Toleranzen auch eine Funktion der Siebdauer.

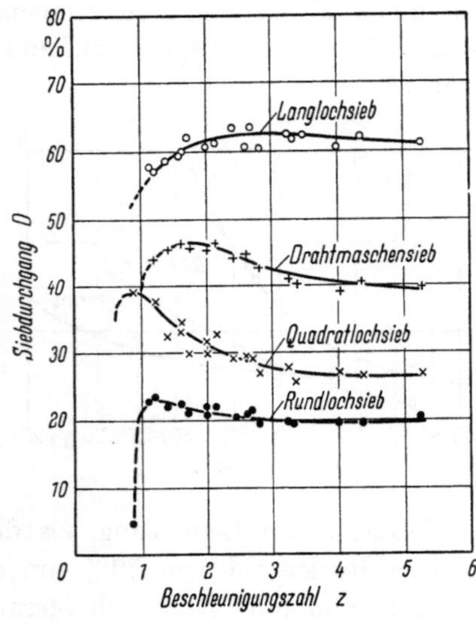

Abb. 69. Siebdurchgang in Abhängigkeit von der Beschleunigungszahl für verschiedene Siebböden, Planprüfsieb, Siebgut: Zuckerrübensamen, Maschenweite $a = 4$ mm, Siebdauer 5 min

Um diesen Einfluß zu verkleinern, hat der zuständige Normenausschuß, wie schon erwähnt, kleinere Toleranzen für die Prüfsiebgewebe festgelegt (DIN 4188).

Wegen der Toleranzen empfehlen H. Löhn und H. Bachmann [109] als richtige Siebdauer den Zeitpunkt, zu dem die Fehlkornanteile im Rückstand (Siebfeines im Rückstand) und im Durchgang (Siebgrobes im Durchgang) gleich groß sind. Dieser Empfehlung sind jedoch aus meßtechnischen Gründen Grenzen gesetzt. Bei 100 g Probenumfang und einer Maschenweite von 0,15 mm geben genannte Autoren auf Grund einer mikroskopischen Bestimmung der Fehlkornanteile folgende günstigste Siebzeiten an:

Quarz	4 min
Pb-Zn-Erz	7 min
Brauneisenerz	9 min
Flußspat	8 min

Einen entscheidenden Einfluß auf den Verlauf des Siebvorganges hat ferner die Art des Siebbodens (Abb. 69).

3.3.5 Einfluß des Riesel- und Fließverhaltens

Die Untersuchungen von H. LÖHN und H. BACHMANN zeigen, daß die Siebdauer z. B. bei Brauneisenerz mehr als doppelt so groß sein muß wie bei Quarz, um eine gleiche Trenngüte zu erhalten. Diese Erscheinung ist im wesentlichen auf die stofflichen Einflüsse wie Kornform und Oberflächenrauhigkeit der Körner zurückzuführen, also auf Einflußgrößen, die auch das Riesel- und Fließverhalten eines körnigen Stoffes bestimmen. Eine direkte Meßgröße für diese zuletzt genannten stofflichen Eigenschaften gibt es noch nicht. Geringes Fließvermögen verhindert grundsätzlich nicht die Möglichkeit einer nahezu vollständigen Trennung. Bei Stoffen mit solcher Eigenschaft ist es jedoch erforderlich, die Siebdauer zu verlängern. Schwierigkeiten beim Siebklassieren von körnigen Stoffen entstehen, sobald Haftkräfte zwischen den Teilchen auftreten, die den Trenn- oder Absiebkräften entgegenwirken. Das Verhältnis zwischen diesen Kraftwirkungen bestimmt die Siebgüte [104, 110]. Der Trennvorgang wird vollkommen unterbunden, wenn die Haftkräfte größer sind als die Siebkräfte. Haftwirkungen entstehen vor allem durch Kapillarflüssigkeit, Adsorptionsschichten und elektrostatische Aufladungen.

In feuchten Haufwerken bilden sich an den Berührungsstellen zwischen den Körnern Flüssigkeitsringe aus. Die hierdurch verursachten kapillaren Haftkräfte wachsen mit zunehmender Feuchtigkeit an, um nach einem Höchstwert wieder abzunehmen. In nassen Haufwerken, also bei voll mit Flüssigkeit ausgefüllten Zwischenräumen, treten keine Kapillarkräfte auf.

Bereits bei geringen Oberflächenfeuchtigkeiten von 1—2% sind Haftkräfte möglich, die bei Korngrößen kleiner als etwa 1 mm das Korngewicht übersteigen, und zwar zunehmend mit abnehmender Korngröße. Das Auftrennen von feuchten feinkörnigen Stoffen durch Siebklassieren ist daher oft nicht nur erschwert, sondern sogar unmöglich. Diese Schwierigkeiten infolge Kapillarflüssigkeit lassen sich jedoch recht einfach durch Trocknen des körnigen Gutes vor der Prüfsiebung beseitigen.

Feststoffoberflächen sind infolge VAN DER WAALS scher Kräfte immer mit Adsorptionsschichten aus Molekülen der Gas- oder Dampfumgebung belegt; in Luft im allgemeinen mit Schichten aus Wassermolekülen. Zwischen den sich berührenden Körnern treten infolge dieser Adsorptionsflüssigkeit Haftwirkungen auf, die sich z. B. für Quarz in Luft etwa für Korngrößen unter 100 μm auswirken. Der Einfluß dieser Haftkräfte steigt mit abnehmender Korngröße. Da sich diese Adsorptionsschichten nur unter Vakuum bei höheren Temperaturen beseitigen lassen, sind sie bei den üblichen Prüfsiebverfahren immer vorhanden. Die Auswirkungen dieser Art von Adsorptionsschichten verschwinden jedoch, falls die Siebung unter geeigneten Flüssigkeiten erfolgt.

Elektrostatische Aufladungen treten bei elektrisch schlecht leitenden Stoffen, wie z. B. Kunststoffpulvern, auf. Derartige Aufladungen lassen sich nur berührungsfrei, z. B. durch ionisierte Luft, beseitigen.

Die Erzeugung von Gasionen durch Koronaentladung, Röntgen- und radioaktive Strahlen ist jedoch für die Prüfsiebung zu aufwendig. Zwar läßt sich die Oberflächenleitfähigkeit der Partikeln und damit die Ableitung von Ladungen durch Anfeuchten beseitigen, jedoch treten dann die erwähnten Haftwirkungen in Erscheinung. Eine Abhilfe ist auch hier möglich, indem diese Stoffe unter leitender Flüssigkeit abgesiebt werden.

Auf Grund der oben ausgeführten Erscheinungen lassen sich praktisch alle infolge von Haftwirkungen auftretenden Trennschwierigkeiten beim Sieben dadurch beseitigen, daß der Vorgang unter Flüssigkeit durchgeführt wird.

3.3.6 Das Naß- und Schlämmsieben

Eine mögliche Anordnung zum Naßsieben ist in Abb. 70 dargestellt. Die Siebsätze bewegen sich senkrecht in einer chemisch nicht oder fast

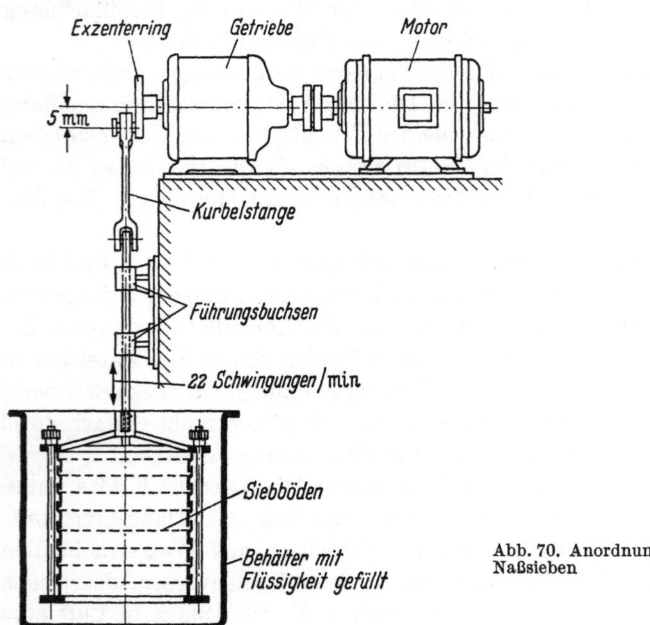

Abb. 70. Anordnung zum Naßsieben

nicht mit den Teilchen reagierenden Flüssigkeit. In Versuchen [111] wurde gefunden, daß man bei grobkörnigen Stoffen mit einer Schwin-

gungszahl von 22/min und einer Amplitude von 5 mm gute Siebergeb-
nisse erreicht. Unter diesen Bedingungen waren Polyharze nach 30 Minuten Siebdauer auf Sieben zwischen 2 und 0,25 mm nahezu vollständig
in Kornklassen aufgeteilt.

Verbreiteter als dieses Verfahren ist die sog. Schlämmsiebung, weil
sie im Gegensatz zur obigen Methode auch bei feinen körnigen Stoffen
anwendbar ist. Dies ist insofern ein spezielles Verfahren, als das Feinkorn mit Hilfe eines Flüssigkeitsstrahles (Brause) durch die Sieböffnungen gespült wird. Nur innerhalb dieses Flüssigkeitsstrahles liegt ein
nasses Haufwerk vor, außerhalb dagegen ein feuchtes, das nicht klas-
sierfähig ist.

Die Durchführung dieses Verfahrens erfolgt oft von Hand, und zwar
stufenweise von den kleinsten Maschenweiten ausgehend. Die Güte einer
derartigen Trennung hängt in hohem Maße von der jeweiligen Methodik
sowie von der Handfertigkeit und Kritik des Laboranten ab. Eine von
J. KOBLISKA und H. J. RODENBERGER [112] beschriebene mechanische
Einrichtung zur Durchführung von Schlämmsiebungen ist in Abb. 71

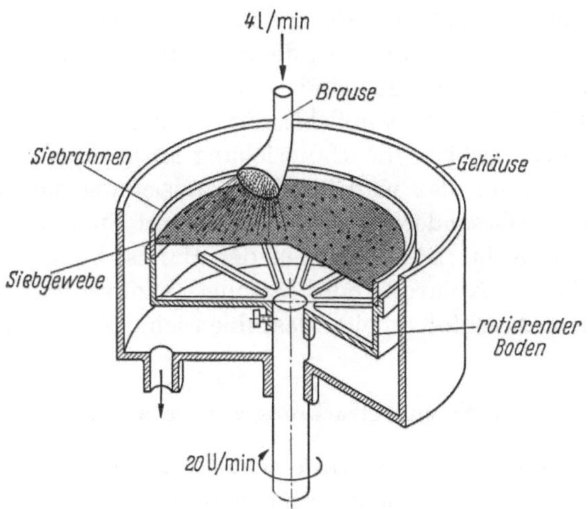

Abb. 71. Schema einer Schlämm-Siebmaschine

dargestellt. Der jeweilige Siebrahmen wird auf eine mit etwa 20 U/min
rotierende spezielle Scheibe gesetzt. Der Siebboden und das darauf befindliche Siebgut werden mit Hilfe einer Brause unter einem bestimmten
Winkel von einem Sprühstrahl beaufschlagt. Das Siebgut wird dadurch
laufend umgewälzt, wodurch sich die Siebdauer verkürzt. Die notwendige
Flüssigkeitsmenge beträgt etwa 4 l/min. Bei einer Ausführung der Fa.
Wedag, Bochum, läßt sich die Drehzahl den jeweiligen Bedingungen an-
passen.

Nach Angaben der Autoren genügt eine Siebzeit von 15 Minuten für fast alle Stoffe, während zum Abtrennen einer Fraktion durch Handschlämmung etwa 30 Minuten nötig sind, bei weniger guter Reproduzierbarkeit der Werte. Die Siebschlämmung läßt sich auch auf feinere Maschenweiten als 60 μm ausdehnen, so daß Siebklassierungen unter Zuhilfenahme von Flüssigkeiten bis etwa 15 μm möglich sind, wie N. F. FUHRMANN und M. KORN [113] in Untersuchungen gezeigt haben. Für die Wahl der Schlämmflüssigkeit gelten Bedingungen, die später noch für die Sedimentationsflüssigkeit im einzelnen angegeben werden. Die Flüssigkeit muß benetzend sein, eine gewisse elektrische Leitfähigkeit besitzen, und sie darf vor allem nicht mit den Teilchen chemisch reagieren.

3.3.7 Die Handsiebung

Bei der Handsiebung wird jeweils ein Siebboden (mit Siebrahmen und Deckel) unter einer Neigung von etwa 10° bis 20° mit etwa 1 bis 2 Hertz gegen die freie Hand geschlagen. Nach etwa 30 Schlägen wird das Sieb um 90° gedreht. In Abständen von einigen Minuten ist der Boden auf Verstopfungen zu prüfen, die gegebenenfalls mit einer weichen Bürste von unten zu beseitigen sind.

Die VDI-Richtlinie 2031 empfiehlt, für wichtige Prüfsiebungen und Siebanalysen ausschließlich die Handsiebung anzuwenden. Diese Empfehlung beruht darauf, daß man bei der Handsiebung mit entsprechenden Siebhilfen, insbesondere durch Pinseln und Spülen, ausreichende Siebgütegrade erreicht. Die Methoden der Handsiebung sind vorzugsweise als solche zur Kontrolle oder Prüfung aufzufassen, die sich auch während oder im Anschluß an eine Maschinensiebung durchführen lassen.

3.3.8 Schlußbetrachtung zur Siebanalyse

Im groben Korngrößenbereich, also etwa für $d > 100$ μm, erreicht man mit den verschiedenen Prüfsiebmaschinen bei nicht haftendem Material ohne Schwierigkeiten ausreichende Siebgütegrade. Mit abnehmender Korngröße verringern sich die Möglichkeiten hierzu in zunehmendem Maße. Für feineres Analysenmaterial empfiehlt es sich daher, den Siebgütegrad oder ein entsprechendes Kriterium bei jeder Änderung der Betriebsbedingungen, auch des Siebgutes, zu ermitteln.

Zur Bestimmung des Siebgütegrades muß, wie schon erwähnt, der insgesamt vorhandene Feingutanteil im Siebgut ermittelt werden. Dies ist ein recht schwierig zu lösendes Problem, weil die Trennkorngröße, die den Schnitt zwischen Grobkorn und Feinkorn angibt, durch die Art der Sieböffnungen und durch den Siebvorgang selbst festgelegt wird. Damit besteht grundsätzlich die Forderung, den Feinkornanteil durch ein geeignetes Siebverfahren zu ermitteln. Andere Trennverfahren lassen sich für diesen Zweck nicht heranziehen, weil sie nach anderen physikalischen Gesetzen klassieren. Hierüber wird später berichtet. Es wurde weiter erwähnt, daß eine vollkommene Trennung durch Sieben nicht möglich ist. Jedoch kann man sich dem Grenzwert recht gut nähern, und zwar mit der Handsiebung oder noch besser mit dem Siebschlämmverfahren. Für eine derartige Prüfmessung wird man eine mit Sicherheit ausreichende Siebdauer wählen und die Durchführung einem erfahrenen Laboranten übertragen. In sehr vielen Fällen kann auch das Luftstrahlsieb zur Bestimmung des Feinkornanteils herangezogen werden [114].

Eine Unsicherheit im Wert der Feinkornmenge, die einen Siebboden passieren müßte, wird durch die Toleranzen in den Sieböffnungen verursacht. Eine eindeutige Definition einer Korngröße durch ein Siebverfahren ist nur mit Siebböden möglich, die nur Sieböffnungen gleicher Größe enthalten. Auch der Siebgütegrad dürfte streng genommen nur auf solche Siebböden bezogen werden.

Die Entwicklung zielt vor allem dahin, den Anwendungsbereich der Siebanalyse in Richtung abnehmender Korngröße durch neue und auch Verbesserung der bekannten Methoden auszudehnen [115, 313].

Die Hersteller von Siebböden streben an, den Bereich der Öffnungen nach unten zu erweitern (z. B. micro-mesh-Siebe [314]), die Toleranzen zu verkleinern und die Festigkeit der Böden zu vergrößern.

3.4 Korngrößenanalyse über die Fallgeschwindigkeit der Teilchen

3.4.1 Allgemeine Gesetzmäßigkeiten

Die Fallgeschwindigkeit von Teilchen in Gasen oder Flüssigkeiten ist von der Korngröße abhängig. Diese Abhängigkeit läßt sich auch für Korngrößenanalysen ausnutzen.

Der Fallvorgang von Teilchen in ruhenden Medien wird mit Sedimentation bezeichnet. Ruhend bedeutet, daß das Medium in dem die Körner fallen, in Fallrichtung keine Relativbewegung zu dem Bezugssystem ausführt, auf das man die Fallhöhe bezieht. Beim Sichten strömt das Medium den fallenden Teilchen entgegen, und zwar mit einer Geschwindigkeit, die der Fallgeschwindigkeit der Trennkorngröße entspricht (Ausnahme: Querstromsichter).

Die Trennvorgänge zum Zwecke der Korngrößenanalyse auf Grund der Fallgeschwindigkeit können in Gasen oder in Flüssigkeiten im Schwere- und auch im Zentrifugalfeld ablaufen. Eine entsprechende

Tabelle 15. *Benennungen für Korngrößenanalysen, bei denen die Klassierung nach der Fallgeschwindigkeit erfolgt*

	Sedimentieren				Sichten			
Bewegung des Verteilungsmittels	ruhend				strömend			
Art des Kraftfeldes	Schwerefeld		Zentrifugalfeld		Schwerefeld		Zentrifugalfeld	
Aggregatzustand des Verteilungsmittels	gasförmig	flüssig	gasförmig	flüssig	gasförmig	flüssig	gasförmig	flüssig
Benennung	Sedimen-tations-analyse	Sedimen-tations-analyse	–	Zentrifugal-Sedimen-tation	Schwerkraft-gassichter	Schwerkraft-Flüssigkeits-Sichter	Zentrifugal-sichter	–
Gerätebeispiel	Micromero-graph	ANDREASEN-Pipette	GOETZ-Aerosol-spektrometer	Ultra-zentrifuge	GONELL-Sichter	SCHÖNE-Apparat	BAHCO-Sichter	–

Übersicht über die dadurch gegebenen Benennungen ist in Tab. 15 dargestellt[1].

Die Fallgeschwindigkeit eines kugeligen Teilchens in einem Medium ergibt sich aus den angreifenden Kräften gemäß Abb. 72. Das Gewicht K beträgt unter Berücksichtigung des Auftriebes

$$K = \frac{\pi\, d^3}{6} \cdot g\,(\varrho_K - \varrho_{Fl}) \tag{54}$$

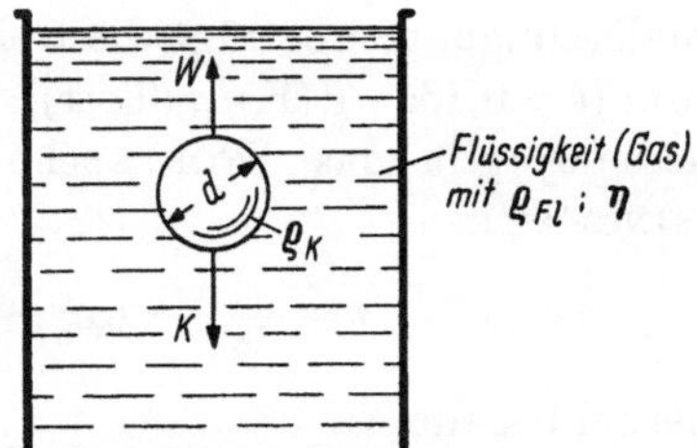

Abb. 72. Schematische Darstellung der an einer fallenden Kugel angreifenden Kräfte

Für den Widerstand W gilt bei laminarer und stationärer Umströmung der kugeligen Teilchen nach STOKES:

$$W = 3\pi\, d\, \eta\, v \tag{55}$$

Im Gleichgewicht $K = W$ beträgt die Fallgeschwindigkeit

$$v = \frac{1}{18\eta} \cdot g\,(\varrho_K - \varrho_{Fl})\, d^2 \tag{56}$$

Bei einem Sedimentationsvorgang über einen Bereich mit der Höhe h sind Korngröße d und Falldauer t unter Vernachlässigung der Anlaufvorgänge wegen $h = v\,t$ durch die STOKESsche Gleichung verknüpft:

$$d = \sqrt{\frac{18\eta}{(\varrho_K - \varrho_{Fl})\,g} \cdot \frac{h}{t}} \tag{57}$$

Diese Gleichung gilt, wie schon erwähnt, nur bei laminarer Umströmung, eine Bedingung, die für Re $< 0{,}2$ erfüllt ist [116]. Bei turbulenter Umströmung und auch im Übergangsbereich lautet das Widerstandsgesetz mit dem Beiwert $c_w = f(\mathrm{Re})$:

$$W = c_w \cdot \frac{\pi}{4} \cdot d^2\, \frac{\varrho_{Fl}}{2}\, v^2 \tag{58}$$

und somit

$$v = \left(\frac{4}{3} \cdot \frac{g}{c_w} \cdot \frac{\varrho_K - \varrho_{Fl}}{\varrho_{Fl}} \cdot d \right)^{1/2} \tag{59}$$

---

[1] Im allgemeinen versteht man unter einem Fallvorgang eine (beschleunigte) Bewegung eines Körpers durch das Schwerefeld. Diese Benennung wird in bestimmten Fällen auch für einen solchen Vorgang im Zentrifugalfeld benutzt.

Diese Gleichung ist für Korngrößenanalysen und damit für die Berechnung der Korngröße aus der Fallgeschwindigkeit nur geeignet, falls der Widerstandsbeiwert c_w bekannt ist, eine Voraussetzung, die mit ausreichender Genauigkeit nicht immer erfüllt ist.

Obige Gleichungen für die Fallgeschwindigkeit gelten ferner nur dann, wenn die freie Weglänge der Moleküle der Flüssigkeit oder des Gases wesentlich kleiner ist als die Korngröße. Diese Forderung ist in Flüssigkeiten immer, in Gasen jedoch nur bei gröberen Teilchen erfüllt. Bei Normalbedingungen beträgt die freie Weglänge von Luftmolekülen etwa 0,06 µm ($l = 0,165 \cdot T$ (K)$/p$ (Torr)). Für Korngrößen im Bereich dieser Abmessung gilt das STOKESsche Gesetz mit der Korrektur nach CUNNINGHAM:

$$v = \frac{1}{18\eta} \cdot g \left(\varrho_K - \varrho_{Fl}\right) d^2 \left(1 + \frac{2\,A\,l}{d}\right) \tag{60}$$

Hierbei bedeuten:

l freie Weglänge der Gasmoleküle, A Konstante (für Gas etwa 0,86).

Erfolgt die Fallbewegung in einem Zentrifugalfeld mit der Beschleunigung $b = z \cdot g$, also nach einer Beziehung, in der z die Beschleunigung als ein Vielfaches der Schwerebeschleunigung ausdrückt, dann gilt für das Gewicht der Teilchen die Gl. (54), mit z als Faktor erweitert. Die Fallgeschwindigkeit wächst bei laminarer Umströmung proportional mit z, bei Turbulenz mit $\sqrt{z}$ an.

Bei Teilchengrößen unter 1 µm überlagern sich der Fallbewegung BROWNsche Molekularbewegungen, die unter Umständen bei der Auswertung zu berücksichtigen sind.

Das STOKESsche Fallgesetz, Gl. (56), setzt kugelförmige Teilchen voraus. Die Kornform der in der Verbrauchsgütertechnik anfallenden körnigen Stoffe weicht jedoch von der Kugelform fast immer und teilweise sogar erheblich ab. Die Berechnung von Korngrößen nach der STOKESschen Gleichung ist damit gleichbedeutend mit einer Definition der Korngröße. *Bei dieser Berechnung ist der Durchmesser eines Teilchens definiert als der Durchmesser einer Kugel, die die gleiche Fallgeschwindigkeit wie das Teilchen hat.*

In einigen Arbeiten sind auch Fallgesetze für nicht kugelförmige Teilchen angegeben [117]. Nach dem jetzigen Stand des Wissens liegen aber noch keine ausreichenden Unterlagen vor, die es ratsam erscheinen lassen, die oben angegebene, recht einfache Definition der Korngröße aufzugeben oder zu ergänzen. Nachteilig ist zweifelsohne, daß die Festlegung einer Korngröße durch das Analysenverfahren bei vergleichenden Betrachtungen zu gewissen Schwierigkeiten führen kann.

Aus den bisherigen Ausführungen ist weiter zu erkennen, daß die Korngröße beim Sieben physikalisch anders definiert wird als beim Fallvorgang. Die Behandlung dieses Problems soll jedoch einem späteren Zeitpunkt vorbehalten bleiben.

Des weiteren ist die Berechnung der Korngröße aus der Fallgeschwindigkeit nach Gl. (56) an die Bedingung geknüpft, daß die Teilchen ohne gegenseitige Beeinflussung fallen. Diese Forderung ist bei sehr geringen Teilchenkonzentrationen in Aerodispersionen oder in Suspensionen nahezu erfüllt. Häufig liegen jedoch Konzentrationen vor, wie z. B. bei der Sedimentation in Flüssigkeit, bei denen eine gegenseitige Beeinflussung der Teilchen während des Sedimentationsvorganges nicht ausgeschlossen ist. In diesen Fällen hängt die Fallgeschwindigkeit auch von der Konzentration ab [118 bis 121].

Aus den Gleichungen für die Fallgeschwindigkeit folgt weiter, daß sich die Korngrößen nur dann über diese Abhängigkeit ermitteln lassen, wenn die Dichte der Körner einheitlich ist.

Das STOKESsche Gesetz zeigt den Zusammenhang zwischen Falldauer und Korngröße. Für eine Korngrößenanalyse sind nun noch Angaben darüber zu machen, wie man die jeweiligen Mengen ermittelt.

3.4.1.1 Sedimentationsanalyse. Fallzeitmessungen am Einzelkorn scheiden allein schon aus Zeitgründen aus. Man muß daher den Vorgang im Kollektiv messen. Dies ist möglich, wenn die Konzentration in der Aerodispersion oder Suspension so gewählt wird, daß sich die Teilchen beim Fallen nicht oder nur wenig stören. Zur Bestimmung der zeit- und damit korngrößenbezogenen Massen bei einem solchen Fallvorgang gibt es zwei Möglichkeiten:

a) Alle Teilchen durchfallen die gleiche Fallhöhe h. Die jeweiligen Teilchenmassen lassen sich an der Stelle h, z. B. durch Wiegen, in Abhängigkeit von der Zeit registrieren. In Verbindung mit dem STOKESschen Gesetz ist damit der Anteil der jeweiligen Korngrößen bekannt. Diese Methode wird als die Schichtmethode bezeichnet, weil die Analysenprobe vor Beginn der Messung dem Fallraum überschichtet werden muß. Dieses Prinzip findet vor allem bei der Sedimentation in Gas Anwendung.

b) Die zweite Möglichkeit besteht darin, daß die Teilchen vor Beginn der Sedimentation über dem gesamten Fallraum gleichmäßig verteilt werden. Dieses Dispersionsprinzip bietet sich vor allem bei der Sedimentation in Flüssigkeit an. Die Teilchen durchfallen hierbei nicht die gleiche Höhe. Eine zeitbezogene Massenbestimmung ist in diesem Fall durch die Differential- und Integralmethode möglich.

Diese beiden zuletzt genannten Methoden lassen sich leicht erklären, wenn man sich vorstellt, daß die Kornfraktionen in einzelnen Säulen vorlägen (Abb. 73). Zu Beginn ($t = t_0$) ist in jeder Höhe eine gleiche Feststoffkonzentration c_0 vorhanden. Zum Zeitpunkt $t = t_1$ fehlen in der Ebene 1 sämtliche Korngrößen, die in der Zeitspanne t_0 bis t_1 nach dem STOKESschen Gesetz die Höhe h durchfallen; zum Zeitpunkt t_2 die Korngrößen, die in der Zeitspanne t_0 bis t_2 die Höhe h durchfallen usw. Mit der Zeitdauer des Vorganges t_0, t_1, t_2 ... t_n entstehen somit die Konzentrationen c_0, c_1, c_2 ... c_n in der Ebene 1. Aus dieser zeitlichen Veränderung der Konzentration ergeben sich, bezogen auf die Ausgangskonzentration c_0, die

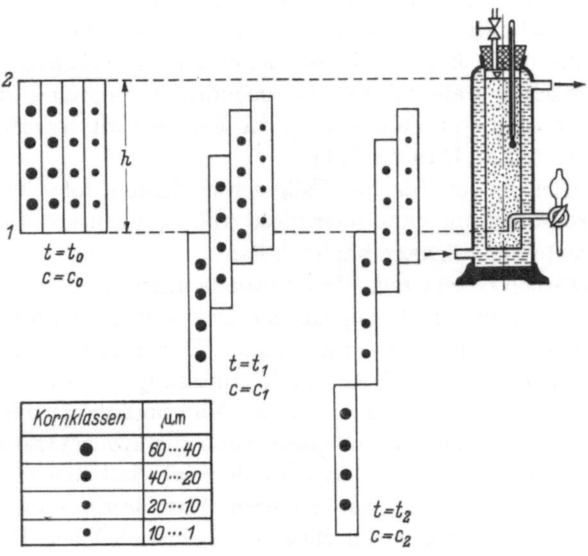

Abb. 73. Schematische Darstellung der Sedimentation in einer Suspension, c gibt die Konzentration in der Ebene 1 an

Massenanteile der jeder Zeitdauer für die Fallhöhe h durch das STOKES-sche Gesetz zugeordneten Korngrößen und somit der Körnungsaufbau. So sind z. B. $100\,(c_0 - c_1)/c_0$ Massen-% der Körnung größer als die zur Zeitdauer t_0 bis t_1 nach Gl. (57) gehörende Korngröße d_1, bzw. $100\,(c_0 - c_2)/c_0$ Massen-% größer als die zur Falldauer $t_0 - t_2$ usw. Es gilt somit:

$$R\,(d) = \frac{c_0 - c(t)}{c_0} \cdot 100\,\% \tag{61}$$

Diese Methode bezeichnet man als *Differentialmethode*.

Eine andere Möglichkeit, den Sedimentationsvorgang auszuwerten, besteht darin, die Masse der Teilchen aufzunehmen, die die Ebene 1 durchschritten haben (*Integralmethode*). Diese Masse läßt sich auf folgende Weise ermitteln. In der Zeitdauer t_0 bis t durchfallen die sich aus Gl. (57) ergebenden Korngrößen d_t sowie alle gröberen Teilchen den Abstand h zwischen den Ebenen 1 und 2. Ferner passieren nach Abb. 73 auch Teilchen des Korngrößenbereiches d_t bis d_{min} die Ebene 1, und zwar von jeder Kornfraktion $\mathrm{d}d$ jeweils $y_H \cdot v \cdot t/h$. Die aussedimentierte Masse G setzt sich somit in jedem Augenblick aus zwei Anteilen zusammen. Bezeichnet man die in unendlich langer Zeit aussedimentierende Masse mit G_a, so gilt nach S. Odén [122]:

$$\frac{G}{G_a} \cdot 100 = \int\limits_{d_t}^{d_{max}} y_H \cdot \mathrm{d}d + \int\limits_{d_{min}}^{d_t} \frac{v \cdot t}{h} \, y_H \cdot \mathrm{d}d \tag{62}$$

Es ist

$$\frac{\mathrm{d}G}{\mathrm{d}t} = \frac{G_a}{100} \int\limits_{d_{min}}^{d_t} \frac{v}{h} \cdot y_H \cdot \mathrm{d}d \tag{63}$$

oder

$$t\,\frac{\mathrm{d}G}{\mathrm{d}t} = \frac{G_a}{100} \int\limits_{d_{min}}^{d_t} \frac{v \cdot t}{h} \cdot y_H \cdot \mathrm{d}d \tag{64}$$

Damit ist

$$G = \frac{G_a}{100} \cdot R + t \cdot \frac{\mathrm{d}G}{\mathrm{d}t} \tag{65}$$

Der gesuchte Wert R läßt sich leicht ermitteln, falls die Funktion $G = f(t)$ aufgenommen wird.

Die Vor- und Nachteile der genannten Methoden sind recht vielschichtig. Sie werden mit der Beschreibung der einzelnen Geräte und Methoden sichtbar.

3.4.1.2 Sichtanalyse. Beim Sichtvorgang ist die Massenbestimmung recht einfach, weil im Sichtraum ein Trennvorgang, etwa wie beim Sieben, stattfindet. Die Teilchen mit $d < d_t$ verlassen den Sichtraum mit dem Strömungsmedium, während die Teilchen $d > d_t$ den Sichtraum nicht erreichen oder der Strömung entgegen verlassen. Es fallen somit auch örtlich getrennte Kornfraktionen an. Man wiegt die am einfachsten zu erfassende Fraktion, weil sich die Masse der anderen Fraktion über die bekannte Analysenmenge ergibt.

3.4.2 Die Sedimentation in Gas im Schwerefeld

Ein Gerät, das die Korngrößen nach der Fallgeschwindigkeit durch Sedimentation in Luft trennt, ist der Micromerograph [123]. Die etwa 0,1 g betragende Analysenprobe wird am Kopf eines 2 m langen, senkrecht stehenden Rohres in einer kurzen Zeitspanne aufgegeben. Am Boden der Säule werden die Teilchen von einer Schale aufgefangen, die mit einer empfindlichen, registrierenden Torsionswaage verbunden ist. Die Auswertung ist recht einfach. Aus Falldauer und Fallhöhe ergeben sich nach Gl. (57) die Korngrößen und durch die Waage die zugeordneten Mengen g^*. Werden diese Mengen in Prozent des Aufgabegutes G ausgedrückt, dann ergibt sich eine Kurve nach Abb. 74, aus der die Rückstandssummenprozente direkt abzulesen sind. Ungenauigkeiten treten bei dieser Analyse besonders dann auf, wenn durch Haftkräfte Kornagglomerate entstehen, die während der Aufgabe der Probe im Desagglomerator des Gerätes nicht zerstört werden.

Eine mikroskopische Kontrolle ist daher in manchen Fällen zu empfehlen.

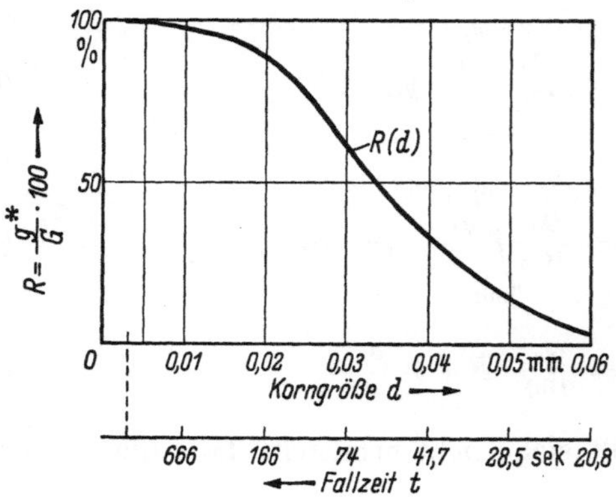

Abb. 74. Bestimmung der Rückstandssummenkurve aus der Fallzeit. Alle Körner durchfallen die gleiche Höhe h. Die Zuordnung der Zahlenwerte von Korngröße und Falldauer gelten für $h = 2$ m, $\varrho_K = 1 \cdot 10^3$ kg/m³; Sedimentation in Luft bei 20 °C

3.4.3 Die Sedimentation in Flüssigkeit im Schwerefeld

Eine Sedimentationsanalyse, wie oben beschrieben, läßt sich auch in Flüssigkeit durchführen. Dazu wird die Analysenprobe in einer geringen Flüssigkeitsmenge suspendiert. Diese Suspension überschichtet man einer dichteren Flüssigkeit. Ermittelt wird dann, wie oben, die in der Zeiteinheit auf den Boden auftreffende Menge an Körnern. Dieses Analysenverfahren ist nicht verbreitet, weil es schwierig ist, zwei nicht mischbare Flüssigkeiten unterschiedlicher Dichte zu finden, die chemisch nicht mit den Körnern reagieren und die eine stabile Suspension liefern. Man arbeitet daher fast ausschließlich mit einer Suspension, die die Analysenprobe in der gesamten Höhe als Aufschlämmung enthält. Die Massenbestimmung erfolgt dabei nach der Differential- und der Integralmethode.

3.4.3.1 Sedimentationsanalysen nach der Differentialmethode. Die zeitliche Konzentrationsänderung der Suspension in einer Ebene auf Grund des Modells nach Abb. 73 läßt sich auf verschiedene Weise verfolgen. In dem Gefäß nach ANDREASEN wird in dieser Ebene in bestimmten Zeitabständen ein Volumen von 10 oder 20 cm³ entnommen und der Feststoffgehalt nach Verdunsten der Flüssigkeit durch Wägen festgestellt. Die zeitliche Konzentrations- und damit auch Dichteänderung in einer Ebene läßt sich ferner durch Aräometer, Tauchkörper, Differenzdruckmessung, Dekantieren und lichtelektrische Methoden verfolgen.

Ein sehr verbreitetes Verfahren ist die oben erwähnte *Pipettenmethode* [124, 125, 126, 127]. Von den zahlreichen benutzten Pipettenausführungen sind in Abb. 75 die nach ANDREASEN und ANDREASEN-ESENWEIN dargestellt. Zur Analyse wird eine *stabile* Suspension mit einer Konzentration c_0 von etwa 10 g/l in das Gefäß eingefüllt oder auch dort her-

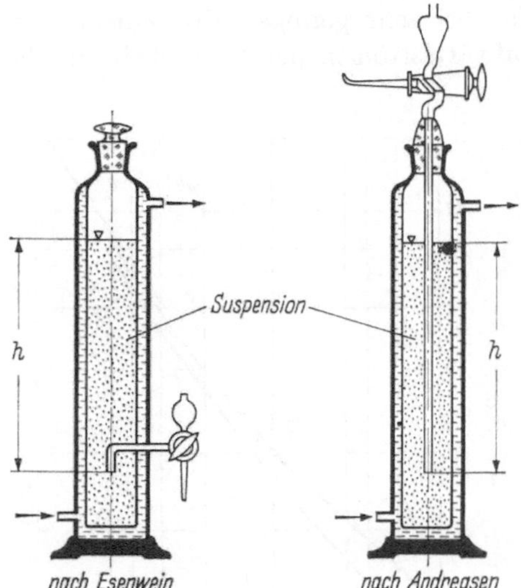

Abb. 75. Sedimentationspipetten nach ANDREASEN (rechts) und ANDREASEN-ESENWEIN (links)

gestellt. Es wird soviel Flüssigkeit einschließlich Feststoff gewählt, daß die gewünschte Fallhöhe h vorliegt. Das Homogenisieren der Aufschlämmung erfolgt durch mehrmaliges Umkehren des Gefäßes. Danach wird das Gerät für den Sedimentationsvorgang aufgestellt und eine Nullprobe gezogen, um die Anfangskonzentration c_0 zu ermitteln. Diese Anfangskonzentration ist bei bekannter Feststoffmasse und bekanntem Flüssigkeitsvolumen direkt gegeben. Aus dem zeitlichen Abstand der Proben, die man durch die Pipette entnimmt, dem STOKESschen Gesetz (Gl. 57) sowie der jeweiligen Feststoffkonzentration in den abpipettierten Proben läßt sich der Körnungsaufbau (Summenverteilung) mit Gl. (61) ermitteln.

Bei der Auswertung ist noch zu berücksichtigen, daß sich mit der Entnahme der Proben jeweils die Fallhöhe h verändert. Ein Beispiel hierzu findet man in Tab. 16.

Die Genauigkeit der Sedimentationsanalyse hängt im wesentlichen von der Herstellung der Suspension ab [128] (s. S. 128). In dieser Hinsicht ist jede Sedimentationsanalyse kritisch zu bewerten. Ferner beeinflußt die Feststoffkonzentration die Ergebnisse, weil die Stabilität der Suspension und die Fallgeschwindigkeit auch hiervon abhängen, und zwar erscheint eine Körnung um so gröber, je größer die Konzentration der Teilchen ist (Abb. 76). Von der Konzentration hängen nicht nur die gegenseitige Beeinflussung der Teilchen während des Fallvorganges ab, sondern auch Flüssigkeitsströmungen. Durch die Sedimentation wird, besonders im unteren Bereich der Gefäße, Flüssigkeit verdrängt, die entgegen der Fallrichtung der Teilchen strömt. Nur bei sehr geringen Konzentrationen ist das hierdurch verursachte Aufwärtsströmen der Flüssigkeit für das Ergebnis zu vernachlässigen.

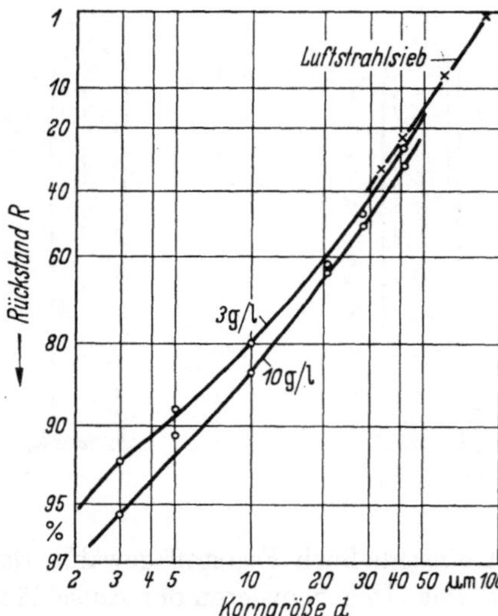

Abb. 76. Abhängigkeit der Körnungskennlinien von der Konzentration der Teilchen in der ANDREASEN-Pipette

Dieser Einfluß der Aufwärtsströmung wirkt sich besonders zu Beginn der Sedimentation aus. Grundsätzlich ist eine möglichst geringe Konzentration zu wählen, jedoch kann man diese mit Rücksicht auf die Konzentrationsmessung über eine Wägung nicht beliebig klein wählen. Im allgemeinen liefern bei der Pipettenmethode Volumenkonzentrationen von etwa 0,5% gute Ergebnisse. Als weitere Forderungen sind zu stellen: konstante Temperatur ($\pm$0,1 K), Teilchen gleicher Dichte, Beseitigung von Gasblasen an den Teilchen durch Evakuieren, erschütterungsfreier Stand des Gefäßes. Beim Auswiegen der Feststoffmenge der eingedampften abpipettierten Proben ist die Masse eventuell auskristallisierter Peptisationsmittel abzuziehen. Dabei ist zu berücksichtigen, daß das Kristallwasser in den Peptisationsmitteln durch das Trocknen je nach Temperatur häufig bis zu einem gewissen Grade ausgetrieben wird. Für diese Fälle ist ein Blindversuch zu empfehlen. Eine reine Sedimentationsflüssigkeit wird mit dem Peptisationsmittel versetzt,

Tabelle 16. *Korngrößenanalyse auf Grund der Pipettenmethode nach* ANDREASEN-ESENWEIN

Probe: gemahlener Quarz; Dichte $\varrho_K = 2{,}64$ g/cm³. Siebanalyse: Rückstand auf dem 60 µm-Sieb $R_{60} = 4{,}1\%$
Sedimentationsflüssigkeit: 0,002-molare Lösung Natriumpyrophosphat in destilliertem Wasser
Anfangskonzentration: $c_0 = 10$ g/l (Eingesetzt wurde der Durchgang durch das 60 µm-Sieb)

Bestimmung der Korngröße					Bestimmung des Rückstandes					
1 t sec	2 h' cm	3 h cm	4 °C	5 d mm	6 V cm³	7 M_{tr} g	8 c_R g/l	9 $c(t)$ g/l	10 R_S %	11 R %
70	21,3	20,8	24,8	0,055	20	0,1796	8,99	8,38	16,2	19,6
140	20,3	19,8	24,8	0,039	20	0,1517	7,58	6,97	30,3	33,3
250	19,3	18,8	24,8	0,028	20	0,1140	5,70	5,09	49,1	51,1
490	18,3	17,8	24,8	0,019	20	0,0951	4,76	4,15	58,5	60,1
1940	17,3	16,8	24,8	0,0093	20	0,0524	2,62	2,01	79,9	80,6
7200	16,3	15,8	24,8	0,0047	20	0,0312	1,57	0,96	90,4	90,7
19800	15,3	14,8	24,8	0,0027	20	0,0233	1,17	0,56	94,4	94,6

Spalte 1: Sedimentationszeit t
Spalte 2: Höhe vor der Probenahme
Spalte 3: Fallhöhe $h = \frac{1}{2}$ (Höhe vor der Probenahme
         + Höhe nach der Probenahme)
Spalte 4: Temperatur
Spalte 5: Korngröße d nach Gl. (57)
Spalte 6: Entnommenes Suspensionsvolumen V
Spalte 7: Trockenmasse M_{tr} im entnommenen Suspen-
         sionsvolumen
Spalte 8: Rohkonzentration $c_R = \dfrac{M_{tr}}{V}$

Spalte 9:   Korrigierte Konzentration = Rohkonzentration,
          vermindert um die Konzentration des Peptisa-
          tionsmittels $c(t) = c_R - c_P$
          Konzentration des Peptisationsmittels auf Grund eines
          Blindversuches: $c_P = 0{,}61$ g/l
Spalte 10: Rückstand, bezogen auf den Einsatz zur Sedimentations-
          analyse $\dfrac{R_S}{100} = 1 - \dfrac{c(t)}{c_0}$
Spalte 11: Rückstand, bezogen auf die Ausgangsprobe
$$R = \frac{R_S}{100}(100 - R_{60}) + R_{60}$$

8*

dann verdunstet oder verdampft und die auskristallisierte Feststoffmenge des Peptisationsmittels ausgewogen.

Von den in Abb. 75 dargestellten Sedimentationspipetten hat die nach ANDREASEN-ESENWEIN den Vorteil, daß die Probenentnahme durch Ausnutzen des hydrostatischen Druckes recht einfach ist. Unter Umständen auftretende Undichtigkeiten am Dreiwegehahn erfordern jedoch ein Wiederholen des Versuches. Diesen Nachteil weist die ANDREASEN-Pipette nicht auf. Dagegen erfordert das Absaugen eines bestimmten Volumens eine gewisse Übung. Durch Verwenden einer Wasserstrahlpumpe mit zwischengeschaltetem Ventil läßt sich das Absaugen wesentlich vereinfachen. — In diesem Zusammenhang sei auf Pipettenbauarten hingewiesen, bei denen die Pipetteneinflußöffnung in Fallrichtung der Teilchen verschiebbar ist [129, 130]. Hierdurch läßt sich die Versuchsdauer wesentlich abkürzen.

Die zeitliche Änderung der Dichte läßt sich auch durch *Tauchkörper* ermitteln. Diese sinken solange in der Suspension ab, bis die Dichte der Suspension und die der Tauchkörper übereinstimmen. S. BERG [131] verwendet Tauchkörper aus Glas in Form von Ellipsoiden mit einem Durchmesser von 7 mm in der Ebene senkrecht zur Sedimentationsrichtung. Jeder Tauchkörper liefert einen Meßwert, so daß zur Bestimmung einer Korngrößenverteilung eine Serie von Körpern mit verschiedenen Dichten, wie z.B. bei Wassersuspensionen zwischen 1,05 und 1,001, notwendig ist. Die Konzentration der Suspension errechnet sich nach der Gleichung

$$c(t) = \frac{\varrho_K}{\varrho_K - \varrho_{Fl}} \, (\varrho(t) - \varrho_{Fl}) \qquad (66)$$

wobei $\varrho(t)$ die Dichte des jeweiligen Tauchkörpers angibt. Aus dieser und der Gl. (61) ergibt sich die Rückstandssumme als Funktion der Zeit und mit Hilfe der Gl. (57) die jeweils zugeordnete Korngröße.

Die Tauchkörpermethode ist geeignet für Körnungen mit $d < 30$ μm. Die Genauigkeit der Dichtemessung liegt bei $\pm 1\%$. Da die Tauchkörper in der Suspension nicht oder nur schlecht sichtbar sind, befinden sich in diesen Körpern oft Eisenbleche. Dadurch lassen sich die Tauchkörper mit Hilfe eines Magneten zum Ablesen der Fallhöhe an die Wand des Fallzylinders ziehen. Die Höhe h läßt sich auch durch eine Spule finden, die über den Fallzylinder geschoben wird. Diese Spule dient als induktiver Widerstand eines Schwingungskreises. In Höhe des Tauchkörpers ändert sich die Induktivität, wodurch ein Indikator für die jeweilige Lage des Tauchkörpers gegeben ist.

Bei der *Aräometermethode* wird die zeitliche Änderung der Dichte durch spezielle Senkspindeln ermittelt. Eine recht einfache, in Abb. 77 dargestellte Anordnung wird in den USA und bei Bodenuntersuchungen viel verwendet. Zum Messen der Dichte wird die gut gereinigte und auf

Suspensionstemperatur vorgewärmte Senkspindel in bestimmten Zeitabständen vorsichtig in die Suspension eingetaucht. Aus der nach der Sedimentationsdauer t abgelesenen Dichte $\varrho(t)$ errechnet sich die Konzentration $c(t)$ recht einfach nach der Gl. (66).

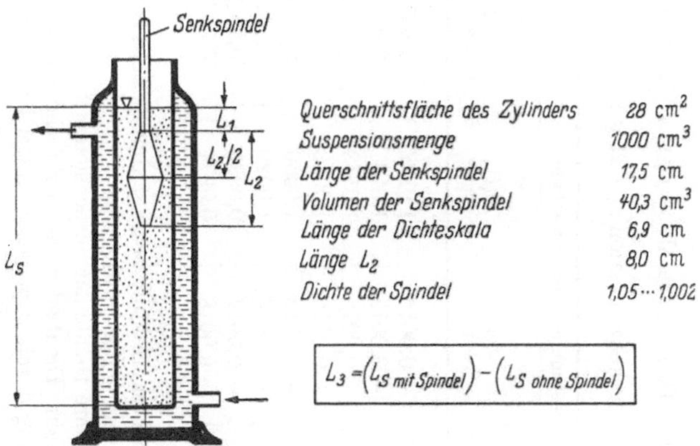

Abb. 77. Schema einer Aräometeranordnung

Die so erhaltenen Meßwerte $c(t)$ gelten für eine bestimmte Fallhöhe h. Wie ergibt sich nun diese? J.M. DALLA VALLE [132] vertritt die Ansicht, daß die von der Senkspindel angezeigte Dichte für eine Ebene in der Suspension gilt, in der der Schwerpunkt des eingetauchten Volumens liegt. Mit dieser Annahme ist die Fallhöhe h der Teilchen durch den Abstand zwischen dem Schwerpunkt des eingetauchten Volumens und der Suspensionsoberfläche gegeben, bei Abb. 77 durch $(L_1 + L_2/2)$, falls die Suspensionsmenge unendlich groß ist. Bei einer endlichen Menge steigt die Oberfläche der Suspension durch das Eintauchen der Spindel um den Wert L_3; die Ebene, für die die Ablesung gilt, um $L_3/2$. Somit gilt für h unter obigen Annahmen

$$h = L_1 + \frac{1}{2}\,(L_2 - L_3) \tag{67}$$

L_1 und L_2 siehe Abb. 77; $L_3 = $ Höhenänderung der Suspension durch Eintauchen der Spindel.

Mit dieser Gl. (67), der Gleichung von STOKES (57) und den Gln. (61) und (66) läßt sich die Rückstandssummenverteilung wie bei der Tauchkörpermethode ermitteln. Ein Beispiel ist in Tab. 17 aufgeführt.

Die Aräometermethode ist nur für Korngrößen $d < 35\ \mu\mathrm{m}$ (diese Grenze hängt von der Dichtedifferenz $\varrho_K - \varrho_{Fl}$ ab) brauchbar, weil für die gröberen Körnungen die Ablesung nicht genügend schnell erfolgen kann. Die Genauigkeit dieser Meßmethode ist wegen der Unsicherheiten beim Bestimmen der Fallhöhe und wegen der Strömungen durch

Tabelle 17. *Korngrößenanalyse auf Grund der Aräometermethode* (*nach* C. ORR JR. *und* J. M. DALLA VALLE [132])

Probe: Glasperlen   Dichte $\varrho_K = 2{,}86$ g/cm³   Anfangskonzentration $c_0 = 25$ g/l

Bestimmung der Korngröße				Bestimmung des Rückstandes					
1	2	3	4	5	6	7	8	9	10
t	h	d		ϱ	$\Delta\varrho_1$	$\Delta\varrho_2$	$\varrho(t)$	ϱ_{Fl}	R
sec	cm	mm	°C	g/cm³	g/cm³	g/cm³	g/cm³	g/cm³	%
30	17,65	0,0728	23,9	1,0152	− 0,0005	− 0,0015	1,0132	0,9975	3,6
60	17,79	0,0517	23,9	1,0146	− 0,0004	− 0,0015	1,0127	0,9975	6,7
120	18,11	0,0379	23,9	1,0132	− 0,0004	− 0,0015	1,0113	0,9975	15,
240	18,58	0,0264	24,0	1,0111	− 0,0003	− 0,0015	1,0093	0,9974	26,
480	19,62	0,0192	24,0	1,0066	− 0,0001	− 0,0015	1,0050	0,9974	53,
900	20,24	0,0142	24,4	1,0038	− 0,0000	− 0,0016	1,0022	0,9973	69,
1800	20,88	0,0191	24,8	1,0009	+ 0,0001	− 0,0017	0,9993	0,9972	77,
3600	21,36	0,0072	25,2	0,9990	+ 0,0002	− 0,0018	0,9974	0,9971	98,

Spalte 1: Sedimentationszeit t
Spalte 2: Fallhöhe nach Gl. (67)
Spalte 3: Korngröße d nach Gl. (57)
Spalte 4: Temperatur
Spalte 5: Dichte (Aräometerablesung)
Spalte 6: Dichtekorrektur, bedingt durch die Eichung und den Einfluß des Meniskus

Spalte 7: Dichtekorrektur, bedingt durch thermische Ausdehnung der Senkspindel
Spalte 8: Wahre Dichte der Suspension $\varrho(t) = \varrho + \Delta\varrho_1 + \Delta\varrho_2$
Spalte 9: Wahre Dichte der reinen Flüssigkeit (Dichteänderung durch Peptisationsmittel berücksichtigt)
Spalte 10: Rückstand $\dfrac{R}{100} = 1 - \dfrac{\varrho_K}{c_0(\varrho_K - \varrho_{Fl})}\,(\varrho(t) - \varrho_{Fl})$

das Eintauchen der Spindel vergleichsweise gering [133]. Sie beträgt nach B. A. Jarret und H. Heywood [134] für $d < 25$ µm $\approx 1{,}5\%$ und für 25 µm $< d < 35$ µm $\approx 2{,}5\%$ gegenüber $0{,}5\%$ für den gesamten Korngrößenbereich bei der Methode nach Andreasen. Als Feststoffkonzentration wird bei der Aräometermethode etwa 1 Vol.-% gewählt. Bei der Dichtemessung sind unter Umständen die Einflüsse der Oberflächenspannung im Hinblick auf die Eintauchtiefe der Senkspindel zu berücksichtigen.

Obige Methode ist von Casagrande umfassend beschrieben worden [135].

Das Auswerten vereinfacht sich, sofern eine konstante Eintauchtiefe eingehalten wird. Dies ist z. B. beim Kettenaräometer dadurch möglich, daß man die „Dichte" des Aräometers über den Kettendurchhang zeitlich entsprechend erniedrigt [136].

Bei der *Differenzdruckmethode* wird die Dichteänderung in einer Ebene durch Druckmessungen verfolgt. Das Auswerten der Ergebnisse ist recht einfach. Dagegen ist es schwierig, die sehr geringen Druckdifferenzen zu messen. Die Ergebnisse sind daher im allgemeinen nicht sehr genau [134]. Ferner läßt es sich nicht vermeiden, daß Körner aus dem Sedimentationszylinder in die Manometeranschlüsse diffundieren, wodurch ebenfalls Fehler auftreten können.

Die zeitliche Konzentrationsänderung in einer Suspension infolge Sedimentation läßt sich auch *lichtelektrisch* verfolgen. Aus den gemessenen Werten der Lichtabsorption als Maß für die Konzentration wird der Körnungsaufbau in ähnlicher Weise ermittelt, wie bei den bisher genannten Differentialmethoden.

Nach Lambert-Beer gilt für die Extinktion also für die Gesamtschwächung bei Durchgang eines Lichtstrahles durch eine Suspension [137] (s. Fußnote S. 165):

$$\ln \frac{I_0}{I} = b\,c\,l \sum_{d\,=\,d_{\min}}^{d\,=\,d_{\max}} E_i\,N_i\,d_{ai}^2 \tag{68}$$

I_0 Intensität des durch die reine Suspensionsflüssigkeit hindurchfallenden Lichtes
I Intensität des durch die Suspension hindurchfallenden Lichtes
c Massenkonzentration des Feststoffes
l Länge des Lichtweges
N_i Zahl der Körner einer Kornklasse mit dem Durchmesser d_{ai} pro Masseneinheit
d_{ai} Korngröße der i-ten Kornklasse
E_i Extinktionskoeffizient für die Korngröße d_{ai}
b Konstante, die auch von der Form und Orientierung der Teilchen abhängt
$\dfrac{I}{I_0}$ Lichttransmission; $1 - \dfrac{I}{I_0}$ Lichtabsorption.

Der Extinktionskoeffizient E gibt an, um wieviel größer die Lichtschwächung durch ein Teilchen ist im Vergleich zu der Schwächung, die sich aus der geometrischen Optik ergibt. Nach der geometrischen Optik ist die absorbierte Lichtenergie proportional der projizierten Fläche der Teilchen. Der Faktor E ist von vielen Einflußgrößen, wie Kornform, Korngröße, Wellenlänge des Lichtes, Beobachtungswinkel usw. abhängig. H. E. ROSE hat Werte von E in Abhängigkeit von der Korngröße angegeben (Abb. 78). Von großem Einfluß ist der Beobachtungswinkel, der je nach Bauart der verwendeten Apparatur verschieden sein

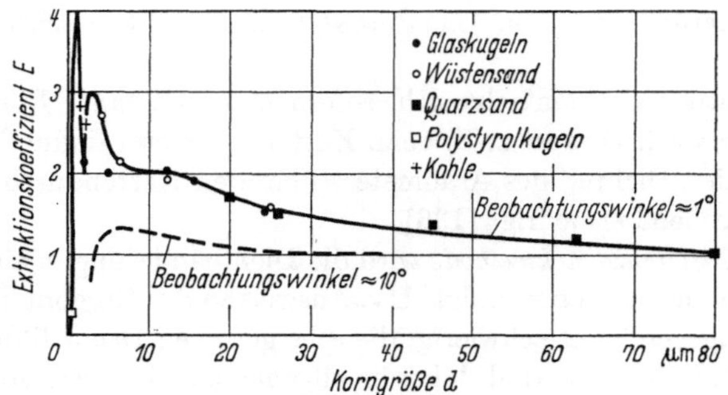

Abb. 78. Extinktionsfaktor E in Abhängigkeit von der Korngröße für verschiedene Stoffe (nach H. E. ROSE)

kann. Unter Berücksichtigung vorstehender Tatsachen ist die Extinktion nach Gl. (68) proportional der Länge des Lichtweges und der projizierten Fläche der Teilchen. Mit Hilfe von Lichtabsorptionsmessungen läßt sich somit die projizierte Fläche der Teilchen in einer Ebene der Sus-

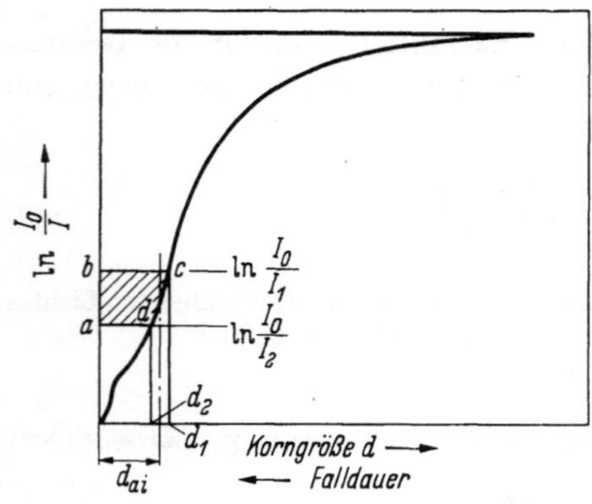

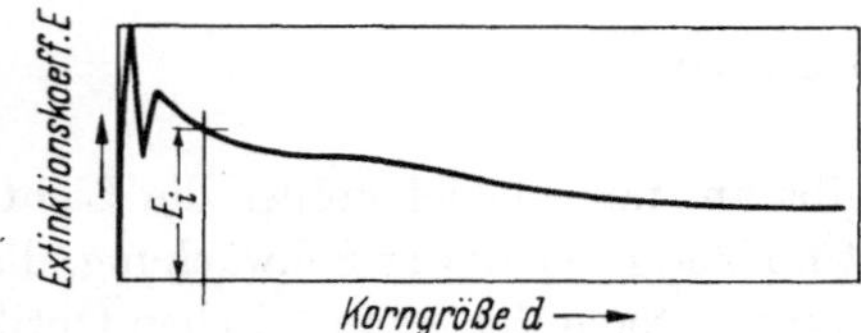

Abb. 79. Auswertung einer Absorptionsmessung

pension als Funktion der Zeit angeben. Da die projizierte Fläche, multipliziert mit dem Durchmesser der Teilchen (aus dem STOKESschen Fallgesetz), unter Berücksichtigung eines Faktors das Teilchenvolumen ergibt, sind Werte vorhanden, mit denen sich die Rückstandssummenverteilung errechnen läßt [315].

Wird die Extinktion als Funktion der Zeit (Abb. 79 obere Kurve) ermittelt, dann gilt für eine Kornklasse zwischen den Korngrößen d_1 und d_2:

$$\frac{1}{b\,c\,l}\left(\ln\frac{I_0}{I_1} - \ln\frac{I_0}{I_2}\right) = E_i\,N_i\,d_{a\,i}^2 \tag{69}$$

Die projizierte Fläche der Teilchen $N_i \cdot d_{a\,i}^2 \cdot \frac{\pi}{4}$ der Kornklasse i ist mit b, c und $l = $ const. dem Abstand auf der Ordinate $ab \cdot \frac{1}{E_i}$ und das Volumen der Klasse i dem Abstand $ab \cdot d_{ai} \cdot \frac{1}{E_i} = $ Fläche $(abcd) \cdot \frac{1}{E_i}$ proportional. Der Wert E_i ist aus der unteren Kurve in Abb. 79 zu entnehmen. Für gröbere Körnungen und einen Öffnungswinkel, der größer als etwa $10°$ ist, gilt $E \approx 1$. Der prozentuale Volumenanteil und damit auch der Massenanteil der Kornklasse $d_1 d_2$ an der gesamten Körnung beträgt:

$$\Delta R_i = \frac{\dfrac{1}{E_i}\,\text{Fläche } abcd}{\displaystyle\sum_{i=1}^{i=k} \frac{1}{E_i}\,(\text{Fläche } abcd)_i} \cdot 100\% \tag{70}$$

k gibt die Zahl der insgesamt gewählten Kornklassen an.

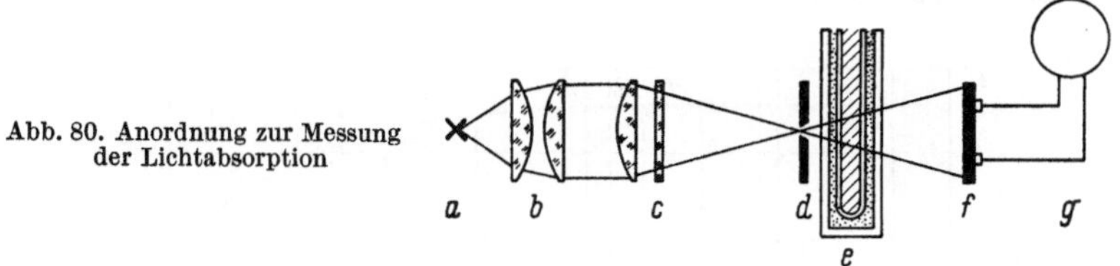

Abb. 80. Anordnung zur Messung der Lichtabsorption

Bei dieser Meßmethode ist es nicht erforderlich, daß die Größen c und l in der Gl. (68) bekannt sind. Diese Möglichkeit, eine Analyse an einer Suspension mit unbekannter Konzentration auszuführen, ist von großem Vorteil. Auch sind Form und Orientierung der Teilchen ohne Einfluß, falls diese Einflußgrößen sich nicht mit der Korngröße verändern.

Die Apparate zur Messung der Lichtabsorption sind vergleichsweise einfach. Eine Ausführung der Firma Leitz ist schematisch in Abb. 80 dargestellt. Die Anordnung besteht aus einer Lichtquelle a, einem Kollektorsystem b, einem Wärmeabsorptionsfilter c, einer Blende d, einer Meßküvette e, einer Fotozelle f und einem Galvanometer g.

Die Durchführung einer Korngrößenanalyse mit einer lichtelektrischen Anordnung sei an einem Beispiel gezeigt. Die Auswertung wird nach einem von O. TELLE angegebenen Verfahren durchgeführt, das im Prinzip dem oben angegebenen entspricht [138]. O. TELLE rechnet zur Vereinfachung jedoch nicht mit der Extinktion, wie Gl. (68) es fordert, sondern mit der Absorption. Der dadurch verursachte Fehler soll nach Angaben von O. TELLE auf Grund der Anordnung des Meßsystems (Abb. 80) und wegen der Art der Durchführung der Messung zu vernachlässigen sein (Fehler s. [139]).

Die Meßküvette wird zunächst mit reiner Dispergierflüssigkeit gefüllt und die Lichtintensität so eingestellt, daß das Galvanometer auf Null bzw. auf 100 steht, je nach der Art der Anzeigeskala. Anschließend wird die Suspension eingefüllt und die Feststoffkonzentration so gewählt, daß die auf dem Galvanometer abzulesende Absorption etwa 70% beträgt, das entspricht Konzentrationen, die etwa zwischen 25 und 500 mg/l liegen. In einer bestimmten Höhe der Küvette wird nun der zeitliche Verlauf der Lichtabsorption gemessen.

Bei der in Abb. 80 dargestellten Anordnung läßt sich auch die Fallhöhe verändern. Dazu wird das optische System einschließlich Blende d in der Höhe verschoben. Dadurch besteht die Möglichkeit, die Korngröße nach dem Fallgesetz sowohl in Abhängigkeit der Falldauer als auch der Fallhöhe zu ermitteln. Die Versuchsdauer läßt sich hierdurch wesentlich verkürzen. Bei einer auf diese Weise durchgeführten Messung (Abb. 81) wurde zunächst bei h = const die Falldauer und danach bei t = const die Fallhöhe verändert.

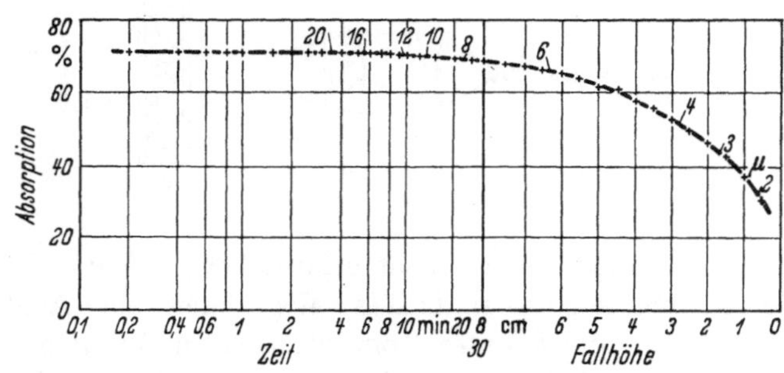

Abb. 81. Zusammenhang zwischen gemessener Lichtabsorption und Falldauer (Korngröße)

Die weitere Aufgabe besteht nun darin, aus der gemessenen Lichtabsorption die Massenanteile der jeweiligen Korngrößen zu ermitteln. Dies geschieht im Prinzip wie oben gezeigt. Die Lichtabsorption, die jede Kornklasse bewirkt, ist durch die Änderung der Lichtadsorption ΔA während

der entsprechenden Falldauer gegeben, z. B. $\Delta A = 12\%$ für die Kornklasse 2—3 µm (Abb. 81, Tab. 18). Aus einer grafischen Darstellung
(Abb. 82) entnimmt man nun den Umrechnungsfaktor f^* (relative Masse
für gleiche Lichtabsorption), um von der Lichtabsorption auf die relative
Masse $\Delta A \cdot f^*$ schließen zu können (dieser Schritt entspricht der Bildung
des Produktes Fläche $a\,b\,c\,d \cdot \dfrac{1}{E_i}$, wie mit Abb. 79 gezeigt).

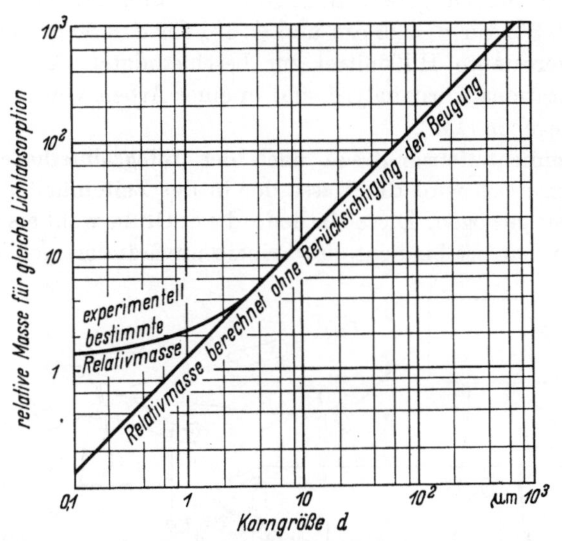

Abb. 82. Zusammenhang zwischen Lichtabsorption und Korngröße (Eichkurve; nach O. TELLE)
Relativmasse für gleiche Lichtabsorption bedeutet z. B., daß x_i Gramm der i-ten Kornklasse die
gleiche Lichtschwächung bewirken wie 1 Gramm Teilchen einer Normalgröße

Tabelle 18. *Auswertung einer lichtelektrischen Messung (nach O. TELLE)*

Korn-größe µm	A %	Kornklasse µm	ΔA	Um-rechnungs-faktor f^*	Relative Masse	Masse %	Korn-größe µm	Rück-stand %
2	31	<2	31	2,1	65,1	21,1	2	78,9
3	43	2—3	12	3,33	40,0	13,0	3	65,87
4	50	3—4	7	4,67	32,6	10,6	4	55,27
6	64	4—6	14	6,67	93,3	30,2	6	25,07
8	68	6—8	4	9,3	37,2	12,0	8	13,07
10	69,2	8—10	1,2	12,0	14,4	4,67	10	8,40
12	70,0	10—12	0,8	14,7	11,75	3,82	12	4,58
16	70,5	12—16	0,5	18,7	9,35	3,03	16	1,55
20	70,7	16—20	0,2	23,8	4,76	1,55	20	
					308,46	99,97		

Aus dem prozentualen Anteil der Relativmassen $\Delta A \cdot f^*$ jeder Kornklasse, bezogen auf die gesamte Relativmasse, ergibt sich dann der
Körnungsaufbau, wie mit Tab. 18 gezeigt wird.

Die Eichkurve nach Abb. 82 gilt für alle Stäube, falls der Öffnungswinkel des Lichtstrahles zwischen etwa 15 und 30° liegt. Nach Untersuchungen von O. TELLE soll die Übereinstimmung zwischen den Sedimentationsergebnissen des eben genannten Auswertungsverfahrens und der Pipettenanalyse nach ANDREASEN recht gut sein. Nach unseren Erfahrungen ergeben sich Unterschiede im feinen Korngrößenbereich.

Bezüglich der Genauigkeit der Korngrößenanalyse mit Hilfe von Licht-Absorptionsmessungen geben B. A. JARRETT und H. HEYWOOD [134] Werte von $\pm 3\%$ für $d < 25$ µm und $\pm 6\%$ für $d < 50$ µm an.

Einige interessante Hilfsmittel zur beschleunigten Auswertung der Fotosedimentations-Kornanalyse sind in einer Arbeit von R. JOHNE und R. DOLL angegeben [140].

3.4.3.2 Sedimentationsanalysen nach der Integralmethode. Mit der *Sedimentationswaage* wird die Masse der in der Zeiteinheit aussedimentierten Körner gewogen. Diese Methode, die S. ODÉN wohl als erster 1915 vorgeschlagen hat, ist bis heute im Prinzip unverändert geblieben [122].

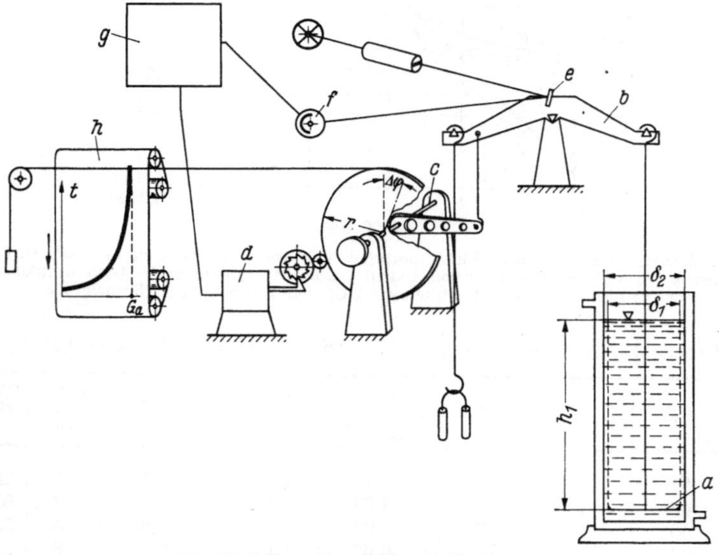

Abb. 83. Schema einer Sedimentationswaage

Zu verzeichnen sind jedoch sehr viele Änderungen und Verbesserungen, worüber u. a. C. W. CORRENS und W. SCHOTT [141], S. ODÉN, A. M. GAUDIN, R. SCHUMANN und A. W. SCHLECHTEN [142], W. BOSTOCK [143], D. BACHMANN [144] und E. MUSCHELKNAUTZ [145] berichtet haben. Das Schema einer Sedimentationswaage (Bauart BACHMANN/SARTORIUS) ist in Abb. 83 angegeben. Die Waagschale a hängt an einem Waagebalken b, der über einen Hebel mit dem Torsionsdraht c verbunden ist. Dieser Torsionsdraht wird durch einen Antrieb d so verdreht, daß der Waagebalken waagerecht bleibt. Dieser Zustand wird lichtelektrisch überwacht und mit Hilfe des Spiegels e, der Fotozelle f, des Verstärkers g und des Motors d eingehalten. Der Verstärker liefert den Strom für den Stellmotor d.

Der Verdrehungswinkel $\Delta\varphi$ gibt die Masse der auf der Waagschale aussedimentierten Teilchen an. Mit Hilfe einer Schreibanordnung h wird die Masse registriert. Es entsteht eine Kurve, wie sie in Abb. 84 oben dargestellt ist.

Die Auswertung erfolgt auf Grund der Gl. (65). Der Ausdruck $G_a \cdot R/100$, der mit g^* bezeichnet sei, ergibt sich aus der Kurve durch

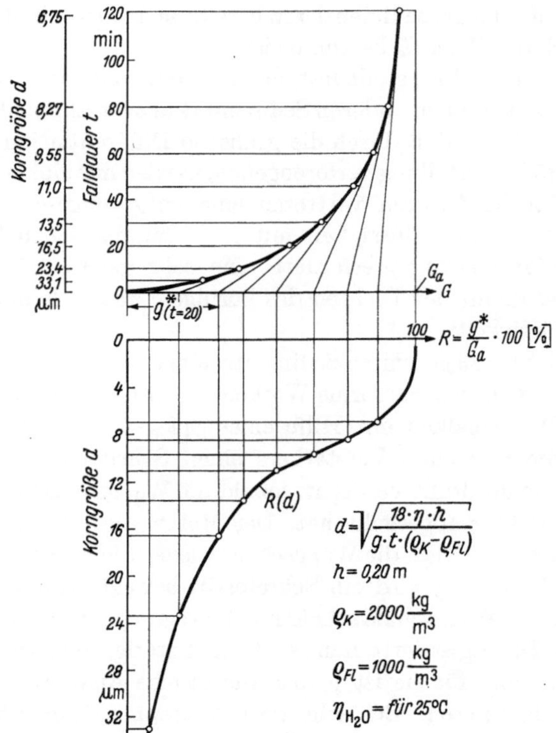

Abb. 84. Auswertung der Ergebnisse einer Sedimentationswaage bei einer konstanten Fallhöhe. Die Zahlenwerte gelten für die im Diagramm angegebenen Bedingungen

eine Tangentenkonstruktion, wie in Abb. 84 gezeigt ist. Somit gilt

$$R = \frac{g^*}{G_a} \cdot 100 \tag{71}$$

wobei G_a die Gesamtmasse der Teilchen angibt, die sich in dem markierten Zylinder $\left(\frac{\pi}{4} \cdot \delta_1^2 \cdot h_1\right)$ über der Waagschale a befindet (Abb. 83). Die Bestimmung dieser Masse G_a ist mit gewissen Schwierigkeiten verbunden. Bezeichnet man das Volumen der Suspension im Fallgefäß mit V_b, das über der Fallplatte mit V_a, dann beträgt G_a bei einer gesamten Feststoffmasse G_{ges}:

$$G_a = G_{ges}\,\frac{V_a}{V_b} \tag{72}$$

Da jedoch eine genaue Bestimmung von V_a je nach Konstruktion der Waagschale unter Umständen schwierig ist, empfiehlt sich zusätzlich eine Bestimmung mit Hilfe von Versuchen. Diese kann beispielsweise derart geschehen, daß aus einer Körnung mit $d < 60$ µm z. B. alle Teilchen $d < 33$ µm durch sorgfältiges Schlämmsieben beseitigt werden. Die Teilchen 33 µm $< d < 60$ µm sedimentieren bereits nach kurzer Zeit vollständig aus, wodurch der Wert G_a bestimmt ist.

J. K. DONOGHUE [146] stellt fest, daß die Sedimentationswaage bezüglich der Genauigkeit allen anderen Sedimentationsverfahren überlegen ist. Auch die Einwände, daß durch die grafische Differentiation Feinheiten in der Korngrößenverteilung verlorengehen, werden mit einigen Beispielen widerlegt. Manche Autoren vertreten eine entgegengesetzte Meinung.

Eine Wägung unter Flüssigkeit mit einer empfindlichen Waage, wie der Sedimentationswaage, erfordert eine sehr genaue Erfassung des Auftriebs und damit der Dichten des körnigen Materials und der Sedimentationsflüssigkeit.

Bei der mit Abb. 83 gezeigten Sedimentationswaage nach D. BACHMANN [144, 147], die von den Sartorius-Werken in Göttingen hergestellt wird, steuert der Waagebalken mit Hilfe eines Spiegels, eines Lichtstrahles, einer Fotozelle und eines Verstärkers einen Schrittmotor derart, daß dieser den Torsionsdraht verdreht, sobald die Waagschale sich um einen bestimmten Betrag abgesenkt hat. Der Motor verdreht den Torsionsdraht jeweils so weit, daß die Waagschale wieder die ursprüngliche Lage einnimmt. Gleichzeitig wird ein Schreibstift bewegt. Infolge dieser Anordnung führt die Waagschale sehr kleine Bewegungen in Sedimentationsrichtung aus. Die registrierte Kurve ist nicht stetig, sondern besteht aus einem Treppenzug, für sie ist jedoch die gleiche Auswertung wie nach Abb. 84 durchzuführen. Bei sehr großen Treppenzügen ist eine Konstruktion der Tangente mit gewissen Schwierigkeiten verbunden. In diesen Fällen ist die Auswertung nach dem Differenzenverfahren durchzuführen.

In manchen Fällen wird bei dieser Waage, insbesondere für $d < 5$ µm, keine befriedigende Übereinstimmung mit den Ergebnissen nach der ANDREASEN-Sedimentationsanalyse beobachtet.

Die Fehler sind auf recht verschiedenartige Einflüsse zurückzuführen [126]. So tritt bei der Anordnung nach Abb. 83 in Höhe der Waagschale im Verlauf der Sedimentation ein Dichtesprung auf, der den Auftrieb verändert und eine Konvektionsströmung auslöst. Durch die Konvektion wird Suspension unterschiedlicher Dichte ausgetauscht, wodurch sich der Wert G_a verändert. Um diesen Fehler zu verhindern, hat LESCHONSKI für die Sartoriuswaage ein Gefäß empfohlen, bei dem der Waageteller wie bei der Gallenkamp-Waage [143] unterhalb des Sedimentationszylinders hängt. Ein weiterer Fehler ist durch die Bewegung der Waagschale gegeben. Die hierdurch verursachten Umströmungen bewirken ebenfalls einen Suspensionsaustausch. Fehler können sich ferner dadurch ergeben, daß sich vor oder während der Messung mit dem bloßen Auge oft nicht erkennbare *Gasblasen* am Fallteller bilden. Auch ist es schwierig, die Gesamtmasse der Teilchen G_a über der Fallplatte genau zu erfassen. Weitere Fehler sind durch eine ungenaue Einwaage möglich, die von ungenauen Werten der Teilchendichte herrühren.

Ferner ist noch zu bemerken, daß die Konzentration der Suspension bei der Waage im allgemeinen wesentlich niedriger liegt als bei der Pipettenmethode, so daß aus diesem Grunde auch Unterschiede auftreten. Auch beeinflussen die Temperatur und die Feuchtigkeit der Raumluft die Zuverlässigkeit der Waage. Ferner kann sich die Grenzflächenspannung an der die Fallplatte tragenden Stange nach dem Tarieren durch Zugabe des körnigen Materials ändern, wodurch ebenfalls eine Fehlerquelle möglich ist [147].

J. G. RABATIN und R. H. GALE [148] beschreiben eine registrierende Sedimentationswaage, bei der die Waagschale an Spiralfedern hängt. Mit dem Absinken der Fallplatte bewegt sich eine Blende vor einer Fotozelle. Der dadurch veränderte und durch ein Galvanometer gemessene Fotostrom soll proportional der Masse der aussedimentierten Teilchen sein. Diese Bewegung läßt sich auch mit einem Mikroskop verfolgen [149].

Interessant ist eine von E. MUSCHELKNAUTZ vorgeschlagene Sedimentationswaage, bei der an jeder Seite des Waagebalkens eine Schale hängt mit dem Unterschied, daß sie verschieden tief in die beiden Sedimentationsgefäße eintauchen [145]. Die gewogene Differenzmasse beschreibt die Massenänderung infolge Sedimentation für den Höhenbereich zwischen den beiden Waagschalen. Es handelt sich somit um eine Differentialmethode, die jedoch wegen der engen apparativen Beziehung an dieser Stelle genannt wird. Ein weiterer Vorteil ist, daß sich die Fehler durch Dichtekonvektion nahezu kompensieren.

Beim Mikroschlämmapparat nach BÜHLER [150] werden Waageschalen in geeigneten Zeitabständen unter ein Sedimentationsrohr gebracht und nach dem Auswechseln ausgewogen.

Zu den Integralmethoden gehört ferner das Messen des Sedimentationsvorganges mit der *Schwimmwaage* (Abb. 85). Ein mit der Höhe h in eine Suspension eintauchendes Aräometer gibt die mittlere Dichte der Aufschlämmung über dieser Höhe an [151, 152]. Damit ist auch die Masse der Teilchen bekannt, die sich ober- bzw. unterhalb der Ebene im Abstand h von der Oberfläche der Suspension befinden.

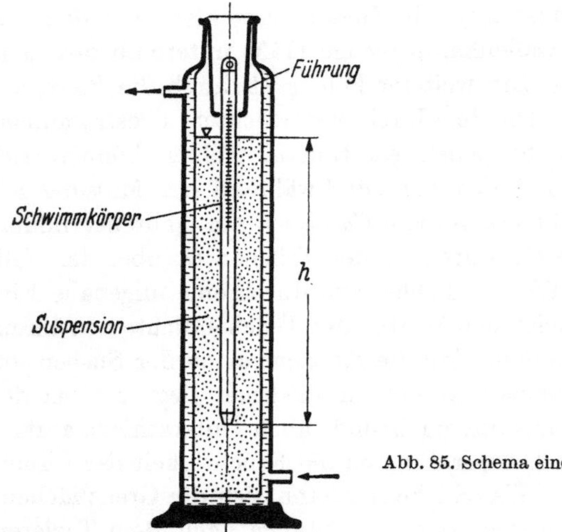

Abb. 85. Schema einer Schwimmwaage

Für die Auswertung sind zwei Meßanordnungen zu unterscheiden. Mit konstanter Eintauchtiefe arbeiten z. B. das Kettenaräometer und das Aräometer am Waagebalken einer Sedimentationswaage (H. BECKER und H. RECHMANN [153]). In diesem Fall erfolgt die Auswertung wie mit Abb. 84 gezeigt.

Bei zeitlicher Änderung der Eintauchtiefe gilt folgende Beziehung:

$$\frac{R}{100} = 1 - \frac{H_0}{H_\infty - H_0} \cdot \frac{H_\infty - h + t\dfrac{\mathrm{d}h}{\mathrm{d}t}}{h - t\dfrac{\mathrm{d}h}{\mathrm{d}t}} \tag{73}$$

$H_0 = $ Eintauchtiefe zur Zeit t_0,

$H_\infty = $ Eintauchtiefe zur Zeit t_∞. Dies ist die gleiche Eintauchtiefe wie bei reiner Sedimentationsflüssigkeit.

3.4.3.3. Die Sedimentationsflüssigkeit. Die Genauigkeit einer Sedimentationsanalyse hängt entscheidend von der Wahl der Sedimentationsflüssigkeit ab. Diese darf mit den Teilchen nicht bzw. nur sehr wenig chemisch reagieren, eine Forderung, die sich z. B. durch Leitfähigkeits- oder p_H-Messungen überprüfen läßt. Die weitere Notwendigkeit, daß die Sedimentationsflüssigkeit, unter Umständen in Verbindung mit Peptisatoren, eine stabile Suspension bildet, ist nicht immer einfach zu erfüllen, besonders deswegen, weil es kein eindeutiges Kriterium für die Stabilität einer Suspension gibt. Eine Beobachtung unter dem Mikroskop gibt gute Auskunft über die Güte der Dispergierung. Aber auch Reagenzglasversuche liefern gewisse Ergebnisse, besonders im Hinblick auf die Wirkung von Peptisationsmitteln [124, 129].

In der nachstehenden Tab. 19 sind einige für bestimmte Stoffe geeignete Sedimentationsflüssigkeiten einschließlich Peptisationsmitteln zusammengestellt. Fast alle Angaben sind einer Arbeit von A. H. M. ANDREASEN entnommen [128] (vgl. auch VDI-Richtlinie 2031).

3.4.3.4 Das Dekantieren. Ein anderes, sehr einfaches, jedoch zeitraubendes Verfahren zum Bestimmen von Korngrößenverteilungen ist das Dekantieren nach ATTERBERG. Hierzu wird eine Suspension wie bei der Sedimentationsanalyse nach ANDREASEN hergestellt. Die Sedimentations- bzw. Falldauer wird so gewählt, daß alle Teilchen größer als eine

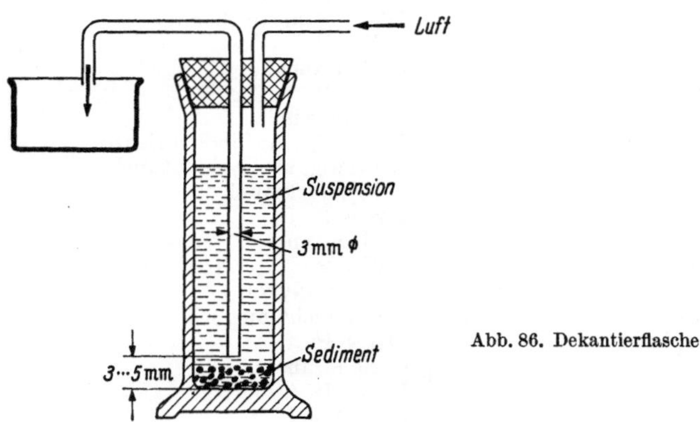

Abb. 86. Dekantierflasche

gewählte Trennkorngröße aussedimentieren. Die verbleibende Suspension wird abgetrennt und abgestellt. Nach Abb. 73 befinden sich im Sediment neben den Korngrößen, die größer als die Trennkorngröße sind, auch noch solche, die kleiner sind. Diese feinen Teilchen werden aus dem Sediment dadurch abgetrennt, daß dieses nochmals in reiner Flüssigkeit suspendiert und einer erneuten Sedimentation unterworfen wird. Dieser Vorgang wird so oft wiederholt, bis alle feinen Teilchen abgetrennt sind. Nach einer ausreichenden Zahl von Wiederholungen, die in einigen Fällen bis zu 30 betragen kann, enthält das Sediment fast nur noch Teilchen, die größer sind als die Trennkorngröße. Damit ist ein Punkt der Rückstandssummenkurve gefunden. Das Sediment wird nun bei weiteren Trennkorngrößen auf gleiche Weise getrennt.

Als Gerät ist jedes zylindrische Gefäß von etwa 0,2 bis 1 l geeignet z. B. in einer Anordnung wie in Abb. 86 dargestellt. Die Anordnung entspricht im Prinzip einer Spritzflasche. Die Suspension wird durch Einblasen von Luft hinausgedrückt.

Tabelle 19. *Für verschiedene körnige Stoffe geeignete Sedimentationsflüssigkeiten*
Es bedeuten: DW = destilliertes Wasser, nwl = nicht oder sehr wenig wasserlöslich,
DW + P = 0,001 − 0,003 molare Lösung von Natriumpyrophosphat in DW ≙
0,45 − 1,35 $Na_4P_2O_7 \cdot 10\ H_2O$ g/l

Stoff	Sedimentationsflüssigkeit
1. Ackerböden	DW + P
2. Aktivkohle	Isopropylalkohol
3. Aluminium	Cyclohexanol
4. Aluminiumoxid	DW + P
5. Alkalisalze	oft Cyclohexanol
6. Antimonoxide	DW + P
7. Arsenige Säure	Oktylalkohol oder Cyclohexanol
8. Arsenate nwl	DW + P
9. Bariumsalze nwl	DW + P
10. Bariumcarbonat	Cyclohexanol
11. Bariumsulfat	DW + P u. $^1/n$ HCl
12. Berlinerblau	DW + P (ausreichend)
13. Bleicherde	DW + P
14. Bleistaub	Cyclohexanol
15. Bleicyanamid	DW + P
16. Bleimennige	Cyclohexanol
17. Bleioxide	DW + P, Paraffinöl + Benzol
18. Braunkohlenstaub	schwierig, oft Cyclohexanol + 10% Methanol
19. Braunstein	DW + P
20. Bronzepulver	Cyclohexanol
21. Cadmiumfarben	DW + P
22. Calciumoxid	Aethylenglykol
23. Calciumhydroxid	bisher nicht möglich
24. Calciumphosphat	DW + P
25. Calomel	Cyclohexanol
26. Chamotte	DW + P
27. Chromfarben	oft DW + P
28. Chromgelb	Cyclohexanol
29. Chromoxid	DW + P
30. Cellulose	Benzin
31. Dolomit	DW + P
32. Eisenoxide	oft DW + P; Paraffinöl + Benzol
33. Eisenoxidrot	Xylenol
34. Emailschlicker	DW + P
35. Feldspat	DW + P
36. Flint	DW + P
37. Flußspat	DW + P
38. Formsand	DW + P
39. Formschwärze	DW + P
40. Frittenpulver	DW + P
41. Getreidemehle	Isobutylalkohol
42. Gips	Methylalkohol, Aethylenglykol + abs. Alkohol
43. Glaspulver	DW + P
44. Glasuren	DW + P
45. Graphit	DW + 0,5% Na-Linoleat
46. Hochofenschlacke	oft DW + P
47. Holzkohle	DW + 0,1% Na-Linoleat
48. Kakaopulver	Cyclohexanol
49. Kaliumchlorat	Cyclohexanol
50. Kalk, gebrannt	Cyclohexanol

Tabelle 19 (Fortsetzung)

Stoff	Sedimentationsflüssigkeit
51. Kalkstein	DW + P
52. Kaolin	DW + P
53. Kartoffelmehl	Isobutylalkohol
54. keramische Massen	DW + P
55. keramische Farben	oft DW + P
56. Kieselgur	DW
57. Kohlenstaub	Cyclohexanol oder Methanol + Cyclohexanol
58. Koksstaub	DW + 1% Na-Linoleat
59. Korund	DW + P
60. Kreide	DW + P
61. Kryolit	Äthylenglykol
62. Kupfer	Cyclohexanol
63. Kunststoffpulver	DW + P
64. Lithopone	DW + P
65. Magnesit	DW + P
66. Magnesit, gebrannt	Äthylenglykol
67. Manganoxide	DW + P
68. Molybdän	DW + Äthylenglykol
69. Milchpulver	Octylalkohol
70. Nickel	Cyclohexanol
71. Penicillin	Isooktan
72. Pigmente	DW + P, Cyclohexanol
73. Portlandzement	Äthylenglykol oder abs. Alkohol + 0,0005–0,002 $CaCl_2$ bzw. $SrCl_2$
74. Puzzolane	DW + P
75. Quarz	DW + P
76. Quecksilberverb. nwl	oft DW + P
77. Rohphosphate	DW + P
78. Rohrzucker	Isobutyl- oder Isoamylalkohol
79. Ruß	Methylalkohol, DW + 1% Na-Linoleat
80. Sandstein	DW + P
81. Schwefel	bisher nicht möglich
82. Schwefelkies	Äthylenglykol
83. Schwermetallverbindungen nwl	DW + P
84. Selen	Äthylenglykol oder Cyclohexanol
85. Silikate nwl	DW + P
86. Siliziumcarbid	DW + P
87. Stärke	Isobutylalkohol
88. Steinkohlenstaub	Cyclohexanol; Cyclohexanol + Methanol
89. Strontiumsalze nwl	DW + P
90. Talkum	DW + P
91. Titanweiß	DW + P; Xylenol
92. Tone	DW + P
93. Tonerde	DW + P
94. Tonerdezement	Äthylenglykol + 0,005 $CoCl_2$
95. Tricalziumphosphat	DW + P
96. Trockenmilch	Octylalkohol
97. Ultramarin	Äthylenglykol
98. Wolframcarbid	Äthylenglykol
99. Wolframoxid	Cyclohexanol
100. Zemente	siehe 73
101. Zinkstaub	Cyclohexanol
102. Zinkweiß	DW + P
103. Zirkonoxid	DW + P

9*

Der Dekantierzylinder nach ATTERBERG mit 500 bzw. 1000 cm³ Inhalt hat wenige Zentimeter über dem Boden eine Ausflußöffnung. Die Zentimetereinteilung am Zylinder beginnt an dieser Öffnung. Die abgelassene Höhe beträgt meist 200 mm.

Dieses Verfahren ist besonders zum Herstellen von Fraktionen geeignet. Für Zwecke der Korngrößenanalyse ist diese Methode zu langwierig, weil für jeden Punkt der Rückstandssummenkurve mindestens 8 Dekantationen notwendig sind, so daß die Analyse sich häufig über mehrere Wochen erstreckt. Die Genauigkeit ist recht gut, sie liegt etwa bei $\pm 1\%$.

3.4.4 Die Sedimentation in Flüssigkeit im Zentrifugalfeld

Die Sedimentationsanalyse im Schwerefeld erfordert bei sehr kleinen Korngrößen, z. B. $d < 1$ μm, sehr lange Fallzeiten. Zusätzlich wirken sich Diffusions- und auch Konvektionserscheinungen wegen der geringen Fallgeschwindigkeit aus. Die Einflüsse von Diffusion und Konvektion lassen sich zwar nicht ausschalten; sie beeinflussen jedoch das Analysenergebnis nicht, falls die Fallgeschwindigkeit genügend groß ist. Eine ausreichende Fallgeschwindigkeit auch sehr feiner Teilchen läßt sich dadurch erreichen, daß man den Sedimentationsvorgang im Zentrifugalfeld ausreichender Beschleunigung durchführt. Mit der Ultrazentrifuge z. B. hat T. SVEDBERG Beschleunigungen erreicht, die das millionenfache der Schwerebeschleunigung betragen [154]. Mit dieser Anordnung lassen sich Partikel von der Größenordnung der Makromoleküle abscheiden. Die für die Zwecke der Korngrößenanalyse hergestellten und bekannten Standardausführungen von Zentrifugen sind im allgemeinen jedoch nur für Korngrößen herab bis zu 0,05 μm geeignet. Ferner ist noch zu erwähnen, daß Zentrifugen zur Korngrößenbestimmung einen vergleichsweise großen apparativen Aufwand erfordern. Des weiteren ist die Genauigkeit nicht so gut wie bei der Sedimentation im Schwerefeld, weil u. a. der Sedimentationsvorgang beim Anlauf der Zentrifuge in einer nicht einfach zu erfassenden Weise beeinflußt wird.

Für die Bestimmung der Korngröße aus der Fallgeschwindigkeit bei der Sedimentation im Zentrifugalfeld hat T. SVEDBERG die Gleichung von STOKES auf Zentrifugenbedingungen umgestaltet. Danach gilt:

$$d = \frac{6}{\omega} \sqrt{\frac{\eta \ln \frac{h_2}{h_1}}{2(\varrho_K - \varrho_{Fl})t}} \tag{74}$$

In dieser Gleichung bedeuten:

h_2 Abstand der Meßfläche in der Trübe (z. B. Absaugefläche bei der Pipette) von der Drehachse

h_1 Abstand der Suspensionsoberfläche von der Drehachse

Die Messung des Sedimentationsvorganges im Zentrifugalfeld unterscheidet sich im Prinzip nicht von der im Schwerefeld, ebenso die Auswertung.

H. J. KAMACK [155] hat eine Zentrifuge entwickelt, die nach dem Prinzip der ANDREASEN-Pipette arbeitet. Das Entnehmen der Proben aus dem Sedimentationszylinder geschieht bei laufender Zentrifuge. Das Gerät ist geeignet für Korngrößen zwischen 0,1 und 2 μm. Die für die Auswertung notwendigen Beziehungen sind in der zitierten Arbeit angegeben.

Als sehr brauchbar ist die Tauchkörpermethode für die Auswertung der Zentrifugensedimentation anzusehen. Die jeweilige Eintauchtiefe läßt sich optisch recht gut verfolgen.

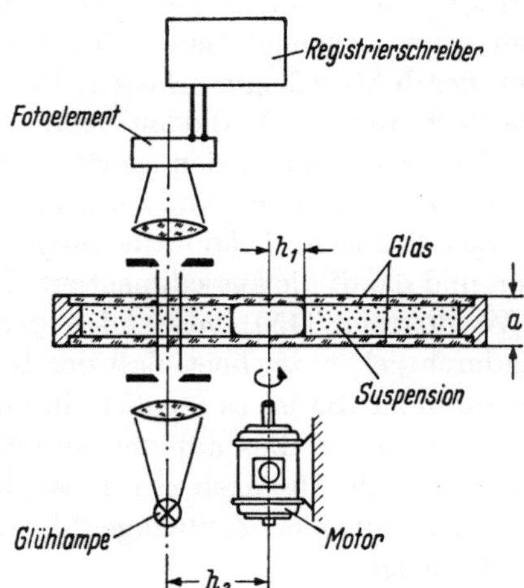

Abb. 87. Schema einer Sedimentationszentrifuge (nach MOSER und SCHMIDT)

Ein recht einfaches Verfahren hat R. H. LESTER [156] beschrieben. Zunächst wird im Schwerefeld so lange sedimentiert, bis alle Teilchen von etwa $d > 2$ μm aussedimentiert sind. Anschließend wird der Sedimentationszylinder in eine Zentrifuge gehängt und die Suspension bei verschiedenen Zeiten und Beschleunigungen zentrifugiert. — Die zeitliche Veränderung der Dichte wird mit Senkspindeln verfolgt, auch bei der Sedimentation im Zentrifugalfeld. Dazu wird die Zentrifuge für jede Messung stillgesetzt. Die Genauigkeit dieser einfachen Methode ist nicht bekannt. Sie ist nach unseren bisherigen Erfahrungen vermutlich nicht sehr hoch.

Der Sedimentationsvorgang läßt sich auch mit optischen Verfahren verfolgen. Im Prinzip kann jede Sedimentationszentrifuge mit einer lichtelektrischen Vorrichtung gemäß Abb. 80 ausgerüstet werden.

Eine derartige Anordnung (Abb. 87) hat u. a. H. MOSER [157] für geringe Zentrifugalbeschleunigungen und damit für Korngrößen etwa zwischen 0,1 und 10 μm beschrieben.

Die Auswertung der Sedimentation erfolgt im Prinzip wie mit Abb. 79 gezeigt. Die Auswertung ist jedoch bei diesem Sedimentationsraum schwierig, weil die Querschnitte mit dem Radius zunehmen. Des weiteren ist die Zuordnung von Lichtextinktion und Korngröße für $d < 1$ μm wegen der starken Abhängigkeit des Extinktionskoeffizienten vom Durchmesser schwierig.

Ähnlich wie nach Abb. 87, aber mit einer Überschichtung der Probe, arbeitet das Fotosedimentometer der Fa. Martin Sweets Comp., Louisville, USA [158].

Die positiven Erfahrungen mit der schon erwähnten Differenz-Sedimentationswaage waren Anlaß, das Gerät auch für den Einsatz im Zentrifugalfeld weiter zu entwickeln [145]. Bei Beschleunigungen von derzeit etwa 4200 m/s² lassen sich für etwa 30 min Meßdauer Korngrößen herab bis 0,25 μm erfassen. Die Meßergebnisse stimmen gut mit denen nach anderen Methoden überein.

Zu den Integralmethoden gehört eine Methode, bei der man nach einer bestimmten Sedimentationsdauer die Zentrifuge abschaltet, die über dem Sediment befindliche Suspension abzieht und die Konzentration und damit die aussedimentierte Masse ermittelt. J. K. Donoghue und W. Bostock [159] verwenden dazu eine Stufenzentrifuge. Diese ist dadurch gekennzeichnet, daß der Durchmesser der Trommel stufenweise zunimmt. So ist es möglich, in einem Arbeitsgang mehrere Fraktionen zu erhalten. Das auf den jeweiligen Stufen abgeschiedene Sediment wird nach Absaugen der Flüssigkeit ausgewogen. Das Absaugen erfolgt bei laufender Zentrifuge, die Auswertung sinngemäß wie in Abb. 84 gezeigt.

3.4.5 Die Sedimentation in Gas im Zentrifugalfeld

Geräte, die die Sedimentation in Gas und im Zentrifugalfeld für Zwecke der Korngrößenanalyse ausnutzen und nach der Schichtmethode arbeiten, sind die Konifugen [160, 161] und das Aerosolspektrometer nach Goetz [162 bis 164]. Aufgrund ihrer Arbeitsweise werden die Proben direkt der Aerodispersion entnommen.

In der Konifuge, Abb. 88, strömt die staubhaltige Luft über einen Spalt in die konische Zentrifugentrommel mit dem Abscheideraum, und zwar so, daß die Staubluft einer Stützluft (Sekundärluft) überschichtet wird. Während der Durchströmung dieses Raumes ergibt sich eine Abscheidung derart, daß man mit den Daten der Zentrifuge (z. B. Sedimentationshöhe und Strömungsgeschwindigkeit im Abscheideraum), der Fallgeschwindigkeit im Zentrifugalfeld und der örtlich abgeschiedenen Menge auf die Korngrößenverteilung, und zwar über eine Eichkurve, schließen kann. Um die jeweilige Flächenkonzentration, z. B. durch

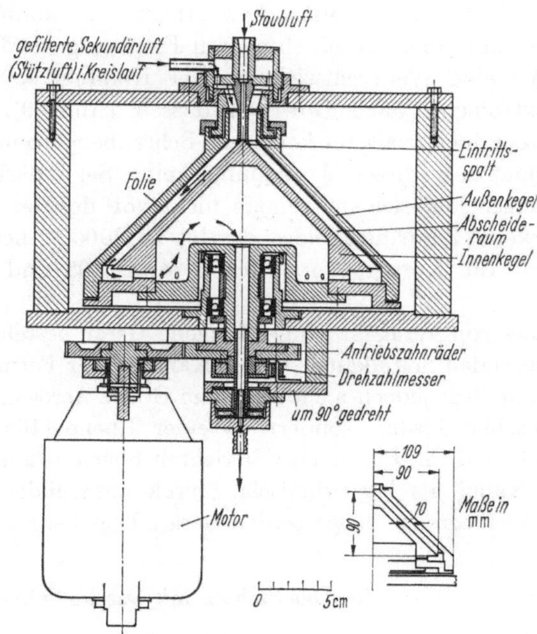

Abb. 88. Schnitt durch eine Konifuge [161]

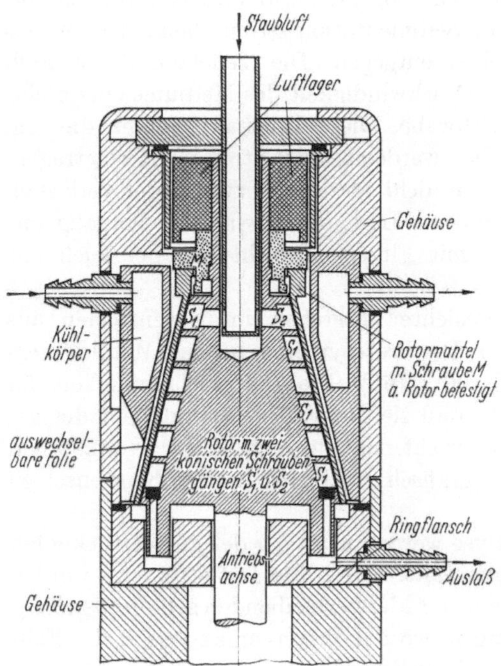

Abb. 89. Schnitt durch das Aerosolspektrometer nach GOETZ [162]. (Bauart Fa. Zimney Corp., Monrovia, Cal. USA)

Auszählen mit dem Mikroskop, ermitteln zu können, ist der Abscheideraum mit einer herausnehmbaren Folie ausgekleidet.

Als eine Weiterentwicklung der Konifuge kann man das Aerosolspektrometer nach GOETZ auffassen (Abb. 89). Der Abscheideraum besteht hier aus zwei konischen Schraubengängen S_1 und S_2. Man verwendet bei dieser Anordnung keine Sekundärluft. Die Auswertung unterscheidet sich im Prinzip nicht von der der Konifuge. Wegen des stärkeren Zentrifugalfeldes, das bis zu 30000 g betragen kann, ist dieses Gerät für Korngrößen zwischen etwa 0,05 und 5 μm geeignet [164, 165].

Das von W. KAST vorgeschlagene Gerät besteht ebenfalls aus einem rotierenden Spiralkanal. Dieser Kanal in der Form einer archimedischen Spirale liegt jedoch nicht wie beim GOETZ-Aerosolspektrometer auf einer konischen Fläche, sondern in einer Ebene [166]. G. RÜGER, E. MAIWALD und CH. FEDDERSEN berichten über ein ähnliches Gerät, bei dem der Kanal als logarithmische Spirale ausgebildet ist [167]. Die untere Abscheidegrenze dieser beiden Geräte liegt bei etwa 0,1 μm.

3.4.6 Das Sichten mit Gas im Schwerefeld

Die Sichtung im Schwerefeld betrifft im allgemeinen Korngrößen, für die das STOKESsche Fallgesetz, Gl. (56), gilt. Auf andere Fälle sei nur hingewiesen. Im Gegensatz zur Sedimentation strömt beim Sichten das Medium den fallenden Teilchen entgegen. Die Teilchen, deren Fallgeschwindigkeit der jeweiligen Geschwindigkeit des Mediums entspricht, bleiben in der Sichtzone in Schwebe. Diese Teilchen besitzen die sog. Trennkorngröße. Feinere Teilchen werden mit der Strömung fortgetragen, während die gröberen diese Zone nicht erreichen bzw. wieder verlassen. Besteht das strömende Medium aus Luft, dann wird der Vorgang mit Windsichtung, bei Flüssigkeit mit Flüssigkeitssichtung oder auch mit Sichtschlämmen bezeichnet.

Die Schwerkraft-Gegenstromsichter bestehen im wesentlichen aus senkrecht aufgestellten Rohren. Der Prototyp eines solchen Windsichters ist der GONELL-Sichter (Abb. 90) [168]. Die Luftgeschwindigkeit im Sichterrohr wird so eingestellt, daß sie der Fallgeschwindigkeit der gewünschten Trennkorngröße entspricht. Die Auswertung der STOKESschen Gleichung (Gl. 56) für Luft ist grafisch in Abb. 91 (untere Kurvenschar) dargestellt.

Zur Durchführung der Analyse werden etwa 5 g des gut getrockneten Staubes in den Glasansatz eingefüllt. Durch die Luftströmung werden die Staubteilchen, mit Ausnahme der hier verbleibenden sehr groben Teilchen, in das Sichterrohr getragen, wo der Trennvorgang nach der Fallgeschwindigkeit stattfindet. Ist dieser Prozeß beendet, wird die Luftzufuhr

abgestellt und alle Teilchen, die größer oder gleich der Trennkorngröße
sind, fallen in den Glasansatz. Aus Einwaage und Rückstand in diesem
Glasansatz und aus der gewählten Luftgeschwindigkeit erhält man einen
Punkt der Rückstandssummenkurve. Dieser Prozeß wird nun mit gleicher
Einwaage bei verschiedenen Geschwindigkeiten so oft wiederholt, bis
genügend Meßpunkte für die Darstellung der Rückstandssummenkurve
vorhanden sind. Die Frage, ob für jede Messung eine neue Menge aus der
Analysenprobe zu nehmen oder ob der erhaltene Rückstand weiter
aufzuteilen ist, läßt sich nicht allgemein beantworten. Die Entscheidung

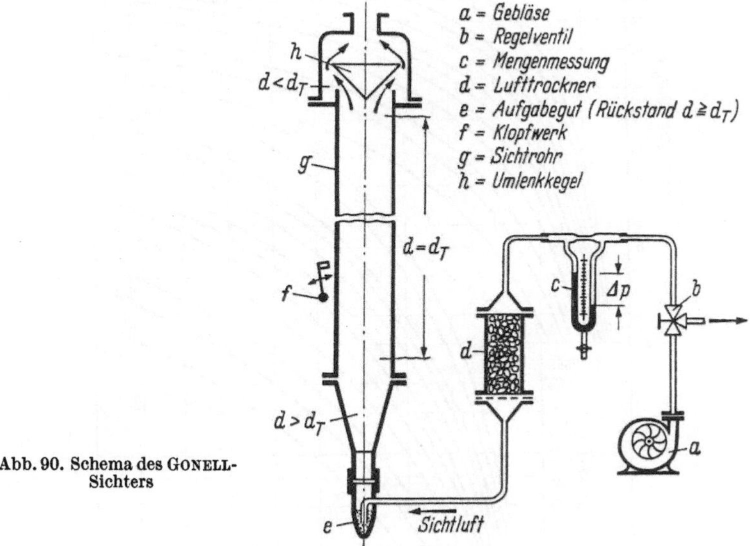

Abb. 90. Schema des Gonell-Sichters

hängt im wesentlichen vom Umfang der zur Verfügung stehenden Analysenprobe ab, weil die Genauigkeit nur wenig von der in den Glasansatz
eingegebenen Menge beeinflußt wird, sofern diese etwa zwischen 2 und
8 g liegt.

Die Menge der zugeführten Luft wird durch geeignete Blenden gemessen. Das Gebläse ist so zu wählen, daß die Sichtluft mit konstanter
Temperatur und mit konstantem Druck geliefert wird.

Im allgemeinen besteht ein Schwerkraftsichter aus mehreren Rohren
verschiedener Durchmesser, z. B. 225, 115, 55 und 30 mm, um bei etwa
gleicher Gebläseleistung die Luftgeschwindigkeit im Rahmen der zulässigen Re-Zahl (Re < 1600) in weiten Bereichen verändern zu können.

Ähnliche Bauarten mit gleicher Arbeitsweise wie der Gonell-Sichter
sind z. B. der Roller-Particle-Size-Analyser [169] und der Alpine-
Schwerkraftsichter, über den E. Spohn [170] besonders im Hinblick auf
die Sichtung von Zement berichtet hat. Der Arbeitsbereich aller Wind-

sichter mit laminarer Umströmung der Teilchen liegt etwa zwischen 5 und 60 μm. Diese Grenzen verändern sich, falls die Teilchendichte sehr hoch oder sehr niedrig ist. Die Fallgeschwindigkeit gröberer Teilchen wird

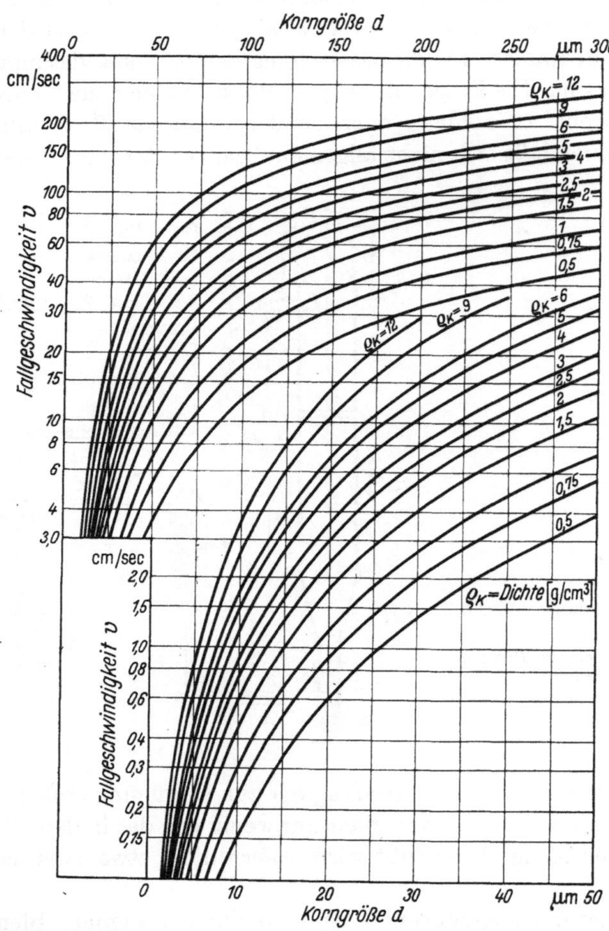

Abb. 91. Fallgeschwindigkeit von Teilchen in Luft ($T = 293$ K, $p = 760$ Torr). Die unteren Kurven gelten für laminare Umströmung der Teilchen (STOKESsches Gesetz) die oberen für laminar-turbulente Umströmungsbereiche (Formeln von STOKES [Gl. (56)] und von OSEEN

$$\left[\text{Gl. (59) mit } c_w = \frac{24}{\text{Re}} \left(1 + \frac{3}{16}\,\text{Re}\right)\right])$$

nicht mehr durch das STOKESsche Gesetz, sondern durch andere Beziehungen, wie Gl. (59), beschrieben. In Abb. 91 sind mit den oberen Kurven die Fallgeschwindigkeiten gröberer kugeliger Teilchen in Luft angegeben.

Die Luftsichtung hat den Vorteil, daß die Schwierigkeiten bei der Herstellung einer Suspension entfallen, wie sie bei der Sedimentationsanalyse auftreten können. Des weiteren ist von Vorteil, daß sich auch

Teilchen sichten lassen, die bei einer Sedimentation durch Flüssigkeits-
aufnahme ihre Dichte verändern würden, wie es z. B. bei porösen Körpern
der Fall sein kann. Andererseits wird die in den Proben auftretende
Agglomeration, beispielsweise durch die Luftfeuchtigkeit, im allgemeinen
nicht in dem Maße beseitigt wie bei der Sedimentationsanalyse.

Beim Windsichter wird die mittlere Luftgeschwindigkeit im Rohr, wie
schon erwähnt, so eingestellt, daß sie der nach dem STOKESschen Gesetz
errechneten Fallgeschwindigkeit der Trennkorngröße entspricht.

Diese Zuordnung ist problematisch, da in den Sichterrohren ein
parabelförmiges Geschwindigkeitsprofil vorhanden ist, von dem der zeitliche Verlauf des Sichtvorganges abhängt [99]. Es ist zu erwarten, daß
sich dieses Geschwindigkeitsprofil auf das Analysenergebnis in ähnlicher
Weise auswirkt wie die Toleranzen in der Maschenweite bei der Siebanalyse. Daß die Trennkorngröße beim Sichten tatsächlich von der
Sichtdauer abhängt, zeigen die Meßwerte nach Abb. 92. Aus einigen
dort angegebenen Werten sind die Körnungskennlinien als Funktion
der Sichtdauer aufgestellt worden (Abb. 93). Die Kennlinien zeigen, daß
der Auswertung falsche Geschwindigkeitswerte zugrunde liegen. Bei
richtiger Wahl der Geschwindigkeitswerte müssen sich die Körnungskennlinien unabhängig von der Sichtdauer decken, falls diese so gewählt
ist, daß Anlauf- und Trennvorgänge im Glasansatz und im konischen
Übergangsstück nicht mehr von Einfluß sind. Es erhebt sich somit die
Frage, welche Geschwindigkeitswerte jeder Sichtdauer zuzuordnen sind.
Eine Antwort ist nur für einen Grenzfall möglich. Durch eine genügend
lange Sichtdauer läßt sich sicherstellen, daß jedes Korn wiederholt in den
Bereich der maximalen Luftgeschwindigkeit gelangt. Für diesen Fall ist bei
der Berechnung der Trennkorngröße die maximale Geschwindigkeit anzusetzen, die in der Rohrmitte herrscht. Die genannte Zeitbedingung ist erfüllt, falls der Rückstand im Glasansatz durch Vergrößern der Sichtdauer
nicht mehr abnimmt. Dieser Grenzwert läßt sich in Abb. 92 abschätzen.

Nach den Meßwerten nähert sich der Rückstand dem Grenzwert
zeitlich um so schneller, je länger das Sichterrohr und je größer sein
Durchmesser ist. Die Ursachen dafür sind vermutlich die damit zusammenhängende längere Verweilzeit der Körner in der Sichtzone und
vor allem das flachere Geschwindigkeitsprofil in den Rohren.

Nach der STOKESschen Formel ist die Trennkorngröße d — bei gleicher
Sichtluftmenge — auf die mittlere Geschwindigkeit w_m bezogen kleiner,
als wenn w_{max} zugrunde gelegt wird. Es gilt die einfach nachzurechnende
Beziehung

$$d_{w\,max} = \sqrt{2}\, d_{wm} \tag{75}$$

Aus den Meßergebnissen ist zu schließen, daß d_{wm} für eine Sichtdauer
von etwa 1,5 Std. gilt, während für 5,5 Std. $d_{w\,max}$ zutrifft. Legt man

diese Werte für die mit Abb. 93 gezeigten Kennlinien zugrunde, dann fallen diese fast zusammen [171].

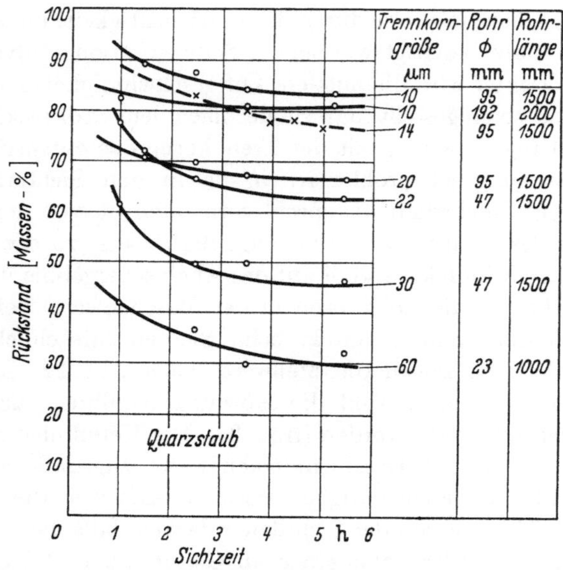

Abb. 92. Einfluß der Sichtdauer auf den Rückstand im Glasansatz beim GONELL-Sichter für verschiedene Rohre und Luftmengen (Gleiches Ausgangsmaterial für alle Versuche)

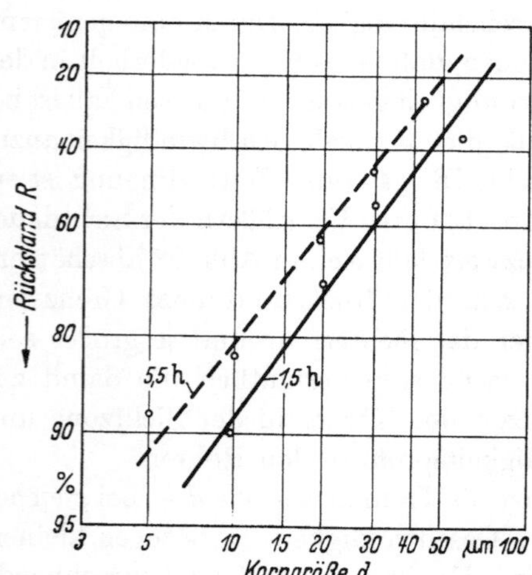

Abb. 93. Abhängigkeit der Körnungskennlinien eines Quarzstaubes von der Sichtdauer nach einigen Werten aus Abb. 92

Man könnte gegen obige Vorstellung Einwände erheben und die zeitliche Änderung des Rückstandes im Glasansatz nur auf den Zeit erfordernden Trennvorgang zurückführen. Dabei kann man annehmen, daß die Trenngeschwindigkeit mit der Luftgeschwindigkeit im Glasansatz zunimmt. Wäre diese Vorstellung richtig, müßten sich die Werte für den Rückstand nach Abb. 92 bei weiten Rohren und kleinen Luftgeschwindigkeiten dem erwähnten Grenzwert langsamer nähern. Die Meßwerte zeigen aber gerade das entgegengesetzte Verhalten.

Insgesamt gesehen wird der Trennvorgang im GONELL-Sichter durch die geometrische Form der Strömungskanäle (Glasansatz, konisches Übergangsstück, Sichterrohr) und durch das Geschwindigkeitsprofil und damit von vielen Größen beeinflußt [172]. Nur unter Berücksichtigung aller Einflußgrößen lassen sich die Kurven nach Abb. 92 deuten.

Es ist noch zu erwähnen, daß sich reproduzierbare Ergebnisse im GONELL-Sichter nur erreichen lassen, wenn man den Ansatz von Sichtgut an den Rohrwänden durch geeignete Klopfvorrichtungen verhindert. Das Anhaften von Teilchen an den Wandungen ist oft auf elektrische Haftkräfte (elektrostatische Aufladung) zurückzuführen. Die Luftfeuchtigkeit kann während der Sichtung, insbesondere bei hygroskopischen Stoffen, einen Einfluß haben [173].

Die Möglichkeiten, elektrostatische Aufladungen mit Hilfe der Hochspannungssprühentladung zu beseitigen, sind im allgemeinen gering, da die Lebensdauer der erzeugten Ionen recht kurz ist. Zu denken ist daher an die Anwendung von Röntgen- und radioaktiven Strahlen zur berührungsfreien Beseitigung von Aufladungen. Aus Sicherheitsgründen bereiten diese Verfahren jedoch gewisse Schwierigkeiten. Ferner wurde beobachtet, daß in den für die kleinen Trennkorngrößen bestimmten weiten Rohren durch Temperaturschwankungen im Raum, besonders aber bei wechselnder Sonneneinstrahlung, freie Konvektionsströmungen entstehen, die das Strömungsprofil verändern. Unter derartigen Bedingungen läßt sich unter Umständen kein reproduzierbares Ergebnis erreichen. Es ist daher für diese Fälle vorzuschlagen, die Rohre mit einer Wärmeisolation zu versehen.

Wegen der Schwierigkeiten in der Zuordnung von Luftgeschwindigkeit und Trennkorngröße haben H. RUMPF und M. WEILBACHER einen Schwerkraftsichter entwickelt, in dem kein parabolisches Geschwindigkeitsprofil vorliegt [174, 175]. Die sehr kurze zylindrische Trennzone von z. B. 10 mm Länge liegt zwischen einem sich nach oben verjüngenden Rohr und einem Membranfilter, auf das die Analysenprobe vor Versuchsbeginn aufgegeben wird. Durch Vibratoren wird die Probe dort gleichmäßig verteilt.

Meßergebnisse zeigen, daß die Trennschärfe zwar nur wenig höher liegt als beim GONELL-Sichter, die notwendige Sichtdauer ist aber wesentlich kürzer.

3.4.7 Das Flüssigkeitsichten im Schwerefeld

Das Flüssigkeitssichten unterscheidet sich vom Gassichten nur dadurch, daß als strömendes Medium Flüssigkeit benutzt wird.

Als Geräte sind u. a. die von SCHÖNE [176], KOPECKY-KRAUSS [177], ANDREASEN, PADEREWSKI, GOLLAN [178], SCHULTZE und SCHULTZE-HARKORT [179] bekannt. In den Rohren wird die der gewünschten Trennkorngröße entsprechende Flüssigkeitsgeschwindigkeit eingestellt. Ein Prototyp der Flüssigkeitssichter ist in Abb. 94 dargestellt. Das feine

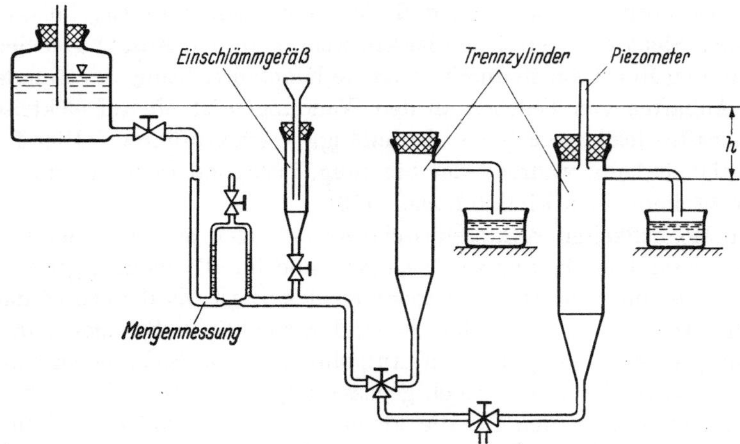

Abb. 94. Schema eines Flüssigkeitssichters. Die Trennzylinder werden sehr oft auch in Reihe geschaltet (nicht dargestellt)

Material $d < d_T$ wird mit der Flüssigkeit ausgetragen und nach Eindampfen ausgewogen. Der Trennvorgang ist beendet, sobald die aus dem Trennzylinder abfließende Flüssigkeit klar ist.

Die Trenngüte der Flüssigkeitssichter ist im allgemeinen nicht so gut wie die der Gassichter, weil es schwerer ist, die recht kleinen Flüssigkeitsgeschwindigkeiten zwischen etwa 0,1 und 5 mm/sec genau einzustellen. Ferner sind auch Konvektions- und andere störende Strömungseinflüsse bei so geringen Flüssigkeitsgeschwindigkeiten im Verhältnis gesehen nicht immer genügend auszuschalten. Der Arbeitsbereich der Flüssigkeitssichter oder Schlämmsichter liegt daher etwa im Bereich zwischen 10 und 60 µm (100 µm).

3.4.8 Das Sichten mit Gas im Zentrifugalfeld

Das Bestreben, die Sichtdauer abzukürzen, hat zur Entwicklung von Zentrifugalsichtern geführt, weil sich die Fallgeschwindigkeit der Teilchen durch Zentrifugalfelder vergrößern läßt. Ein nach diesem Prinzip arbeitendes Gerät ist der in Abb. 95 dargestellte BAHCO-Sichter.

Für die Durchführung einer Korngrößenanalyse sind etwa 10 g notwendig, die über die Schüttelrinne durch entsprechende Einstellung des Schiebers mit etwa 1 bis 2 g/min Mengenstrom dem Sichtraum zugeführt werden. In der Sichtzone strömt die Luft zur Drehachse der Zentrifuge und führt alle Körner mit, die kleiner sind als die gewählte Trennkorngröße. Die Trennkorngröße läßt sich auch hier durch die Luftgeschwindigkeit verändern. Die Zuordnung der Luftgeschwindigkeit, die über ein Distanzstück eingestellt wird, zur Trennkorngröße ist für Zwecke der

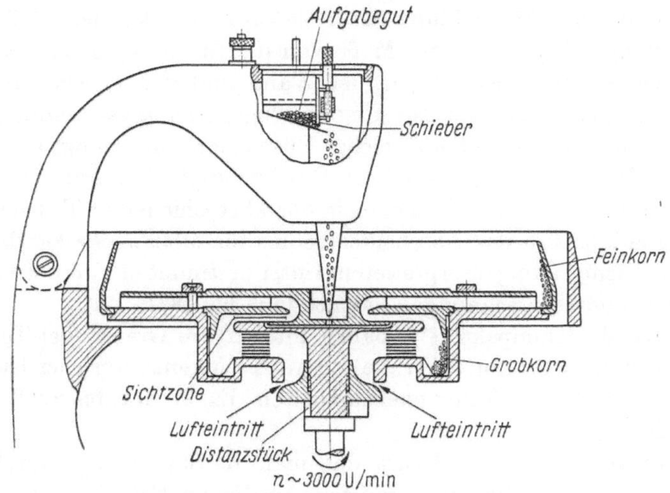

Abb. 95. Schema eines BAHCO-Sichters

Korngrößenbestimmung rechnerisch nicht genügend genau zu erfassen, weil der Widerstand der Teilchen bei turbulenter Umströmung, wie sie in diesem Sichter vorliegt, schwer zu ermitteln ist. Zudem ändert sich sowohl die Geschwindigkeit als auch die Zentrifugalkraft, die auf die Teilchen wirkt, mit dem Abstand vom Drehzentrum. Aus diesem Grunde wird der Zusammenhang zwischen Luftgeschwindigkeit und Trennkorngröße mit Hilfe kugeliger Stoffe (z. B. Sporen usw.) durch Eichen ermittelt. Eine für Grenzfälle geltende Theorie der Abscheidung in Zentrifugalfeldern haben T. WIDELL und L. GUSTAFSSON angegeben [180]. Aus vorstehenden Gründen ist jedem Gerät eine Eichkurve von der Lieferfirma mitgegeben, die für Stoffe mit einer Dichtezahl $\varrho_z = 1$ gilt. Die Umrechnung auf Stoffe mit anderen Dichten ist recht einfach und geschieht nach der Formel

$$d = \frac{d_{\varrho_z = 1}}{\sqrt{\varrho_z}} \tag{76}$$

Über Erfahrungen mit diesem Windsichter berichten u. a. H. VAN DER KOLK [181], W. BATEL [99] und A. WOLF [182].

M. WEILBACHER und H. RUMPF [174, 175] haben einen Spiralwindsichter derart weiterentwickelt, daß die Trenngrenze durch die im Sichtraum rotierende Grobgutmenge bestimmt wird. Die Trennschärfe ist insbesondere im feinen Bereich besser als beim BAHCO-Sichter.

3.4.9 Sichten durch Strömungsumlenkung

Wenn eine Aerodispersion über eine Düse gegen eine Wand strömt, so treten infolge der Strömungsumlenkung Trägheits- bzw. Fliehkräfte auf, die zu einer Abscheidung der Teilchen führen können (S. 24). Die Abscheidung hängt in hohem Maße von der Strömungsgeschwindigkeit in der Düse, dem Abstand von der Wand und der Teilchengröße ab. Dieser Vorgang läßt sich für eine Korngrößenanalyse dadurch ausnutzen, indem man eine Serie solcher Düsenanordnungen hintereinander schaltet (Abb. 19, S. 26), wobei die Geschwindigkeit in jeder Stufe zunimmt und damit auch die Feinheit der abgeschiedenen Teilchen. Für reale Fälle läßt sich das Abscheideergebnis für Meßzwecke letztlich nur über eine Eichmessung interpretieren. Unter bestimmten Voraussetzungen sind auch Vorausberechnungen möglich [183 bis 187].

Diese Kaskadenimpaktoren[1] haben ihre untere Grenze bei Teilchengrößen von etwa 0,5 μm. Weil die untere Korngrenze unsicher ist, empfiehlt es sich oft, ein Filter nachzuschalten. Es werden bis zu 8 Stufen verwendet.

Die Auswertung erfolgt derart, daß man die Staubmenge durch Auszählen unter dem Mikroskop ermittelt. In diesem Fall sind Glasplatten als Fangflächen üblich. Will man die Staubmenge wiegen, empfehlen sich auch Fangflächen aus Filterpapier oder geeigneten Folien.

3.4.10 Schlußbetrachtung zur Korngrößenanalyse über die Fallgeschwindigkeit

Die Zahl der Analysenmethoden über die Fallgeschwindigkeit ist außerordentlich groß. Die Frage, welche Methode zu wählen ist, läßt sich nur in Verbindung mit der jeweiligen Aufgabenstellung entscheiden.

Für den Korngrößenbereich etwa 1 μm $< d <$ 60 μm ist die Sedimentationsanalyse im Schwerefeld vorherrschend (Pipette, Lichtabsorption, Senkspindel, Waage). Der apparative Aufwand ist gering, die Auswertung ist einfach und die Ergebnisse sind gut reproduzierbar. Sichtmethoden finden vorwiegend dann Anwendung, wenn eine Sedimentationsanalyse Schwierigkeiten bereitet und wenn man die Versuchsdauer abkürzen möchte.

---

[1] Hersteller: z. B. Fa. C. F. Casella & Co. Ltd. Regent-House, Fitzroy Square, London.

Für $d < 1$ µm reicht das Schwerefeld nicht mehr aus. Es bietet sich das Fliehkraftfeld an. Hierdurch steigt aber der apparative Aufwand erheblich. Auch wird die Auswertung des Fallvorgangs schwieriger.

Die Entwicklung geht vor allem dahin, die Fehlermöglichkeiten zu verringern, die Messung zu automatisieren und den Anwendungsbereich nach unten zu erweitern.

3.5 Korngrößenanalyse durch Messungen am Einzelkorn (Teilchenzählgeräte)

Bei den bisher behandelten Methoden erfolgt eine Korngrößenmessung im Kollektiv, d. h. man beschränkt sich auf direkte oder indirekte Größen, deren Messung durch die Nachbarschaft von Teilchen unter entsprechenden Bedingungen nicht oder nur wenig beeinflußt wird. Der Schritt zur Messung am Einzelkorn, d. h. ohne Nachbarschaft von Teilchen, erweitert die Verwendbarkeit größenabhängiger Eigenschaften. Dieses Prinzip konnte aber erst in den letzten Jahren Eingang finden, nachdem die Entwicklung der Elektronik entsprechende Voraussetzungen geschaffen hatte.

Einzelmessungen erfordern eine partielle Streckung des Kollektivs. Diese geschieht meist dadurch, daß die Aerodispersion oder die Suspension durch eine enge Kapillare geschickt wird. An dieser Stelle erfolgt die Messung der Größe und die Registrierung der einzelnen Teilchen. Datenverarbeitungsgeräte liefern aus diesen Werten direkt die Summen- oder Häufigkeitsverteilung. Fehler in den Ergebnissen sind dadurch möglich, daß mehrere Teilchen gleichzeitig erfaßt werden. Über die Wahrscheinlichkeit für solche Koinzidenzen lassen sich Aussagen machen und damit auch gegebenenfalls für eine Korrektur der Ergebnisse oder für die Konstruktion und Arbeitsweise der Geräte [188, 189].

Grundlage der nach diesem Prinzip arbeitenden und im Handel befindlichen Teilchen-Zählgeräte sind derzeit die Lichtstreuung, die Leitfähigkeit und die Lichtemission.

3.5.1 Zählgeräte auf Grundlage der Lichtstreuung

Die Lichtstreuung an einem Teilchen hängt auch von der Korngröße ab. Dieser Effekt wird in den Geräten von Royco[1] [190] sowie Bausch & Lomb[2] ausgenutzt [191, 192, 193]. Ein optisches System, das aus einer Meß- und einer Beleuchtungsoptik besteht, zeigt beispielsweise Abb. 96. Die Teilchen werden einzeln im Luftstrom durch das belichtete Meßvolumen geleitet. Das korngrößenabhängige Streulicht wird über den

---

[1] Royco, 141 Jefferson Drive, Menlo Park, Calif. (Fa. Kratel, Gerlingen bei Stuttgart).

[2] Bausch & Lomb, Rochester, N. Y. USA.

Fotomultiplier in Stromimpulse umgewandelt und in einem elektronischen System weiter verarbeitet. In Verbindung mit einer Grundeichung ergibt sich das Meßergebnis.

Ein weiteres Eichsystem dient dazu, um z. B. die Helligkeit der Lichtquelle und die Empfindlichkeit des Fotomultipliers zu prüfen, da hiervon die Meßgenauigkeit abhängt.

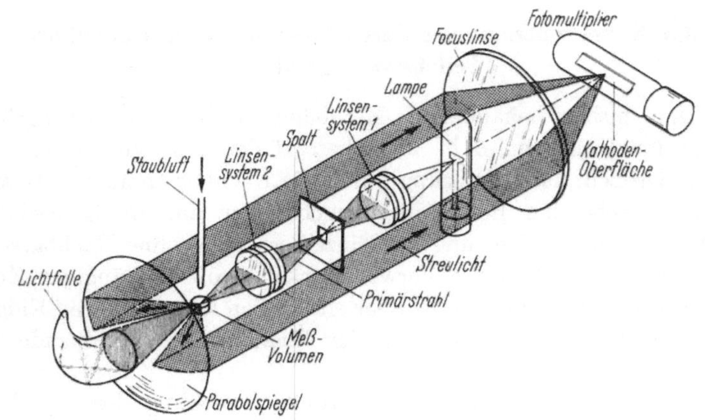

Abb. 96. Strahlengang bei einem optischen Teilchenzähler

Da das Streulicht (Raleigh-, Mie- und Großpartikel-Bereich) z. B. von der Beugung, der Reflexion und der Brechung abhängt, gehen in die Messung nicht nur die Teilchengröße, sondern auch die Form und einige Stoffeigenschaften ein. Es ist daher eine stoffabhängige Eichung erforderlich. Hierdurch können gewisse Unsicherheiten im Hinblick auf die jeweilige Gültigkeit der Eichung entstehen.

Die geräteabhängigen Einflüsse wie Wellenlänge, Intensität und Streurichtung des Lichtes lassen sich gut erfassen. Sie bedürfen aber der laufenden und kritischen Kontrolle.

Durch Verwendung einer Laser-Lichtquelle läßt sich der Aufbau der Geräte vereinfachen [194].

Der Arbeitsbereich der Geräte liegt etwa zwischen 0,1 und 100 µm in verschiedenen Meßbereichen. Die Probe wird direkt den Aerosolen entnommen. Wird in flüssiger Phase gearbeitet, z. B. Royco 300, dann liegt die untere Teilchengröße bei etwa 5 µm.

3.5.2 Teilchenzählgeräte mit Messung der Widerstandsänderung

Diese Zählgeräte, wie z. B. der COULTER-Teilchenzähler [195, 196, 197] oder andere Bauarten [198], arbeiten derart, daß Flüssigkeit mit suspendierten Teilchen durch eine sehr kleine kalibrierte Düse (Kapillare) in ein zweites Gefäß fließt. Befindet sich in jedem Gefäß eine Elektrode, so stellt die Flüssigkeitssäule in der Kapillare die einzige elektrische Verbindung zwischen den beiden Räumen dar. Durchströmt ein Teilchen die Kapillare, so ändert sich die Leitfähigkeit um einen Betrag, der dem Teilchenvolumen proportional ist. Der äquivalente Korngrößenwert muß durch Eichversuche ermittelt werden. Auf diese Weise lassen sich die Korngrößen und die Kornzahlen messen und zählen.

Aus verschiedenen Vergleichsmessungen ergibt sich, daß die Ergebnisse gut reproduzierbar sind und etwa die Genauigkeit der Sedimentationsanalysen nach der Pipettenmethode erreichen. Abweichungen zu anderen Methoden ergeben sich aus unterschiedlichen Meßprinzipien [83, 199].

Der Arbeitsbereich liegt etwa zwischen 0,5 und 500 μm. Als Vorteile sind der geringe Arbeitsaufwand und die kurze Analysendauer zu nennen.

3.5.3 Flammenfotometrische Teilchenzähler

Eine interessante Neuentwicklung ist der Sartorius-Szintillations-Teilchenzähler, Abb. 97. Die Lichtemission von erhitzten Teilchen hängt von der Korngröße ab [200, 201, 316]. Diesen Effekt nutzt dieser Teilchenzähler zur Größenanalyse aus. Die Teilchen werden dazu einzeln einer

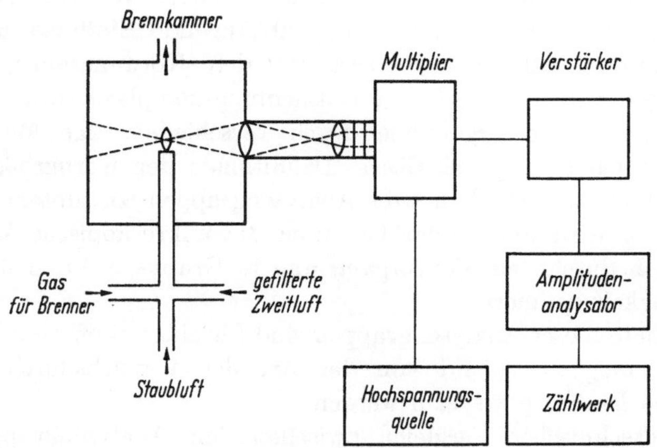

Abb. 97. Funktionsschema des Sartorius-Szintillations-Spektralteilchenzählers

Brennkammer zugeführt und dort erhitzt. Die Intensität des emittierten Lichtimpulses wird durch eine optisch-elektronische Einrichtung so ausgewertet, daß nach 10 einstellbaren Größenbereichen klassifiziert und gezählt wird. Es wird die Summenhäufigkeit angegeben.

Das Gerät ist für eine Probenahme aus Aerosolen und für Teilchengrößen von 0,01 bis 100 μm geeignet. Für eine Korngrößenanalyse muß die chemische Zusammensetzung der Teilchen bekannt sein, weil

10*

die Lichtemission nicht nur massen- sondern auch stoffabhängig ist. Diese qualitative Analyse läßt sich jedoch auch mit dem Gerät durchführen, wenn die Teilchen aus Elementen oder Verbindungen bestehen, die bei der gewählten Temperatur ausreichende Atom- oder Molekülspektren liefern.

3.6 Vergleich der Ergebnisse verschiedener Analysenmethoden

Aus den Ausführungen der vorstehenden Abschnitte folgt, daß der Begriff der Korngröße durch das jeweilige Meß- oder Trennprinzip definiert wird, also durch die mikroskopische Messung, den Siebvorgang, die Fallgeschwindigkeit und in bestimmten Fällen auch durch das Funktionsprinzip von Teilchenzählern. Die Körnungskennlinien, die man durch solche unterschiedlichen Meßprinzipien erhält, können sich für eine Körnung nur im Grenzfall kugelförmiger Teilchen decken. Je mehr die Kornform von der Kugelgestalt abweicht, um so verschiedener sind die Maßzahlen für die Korngröße und damit auch die Kennlinien.

Des weiteren ist zu erwähnen, daß sich auch Körnungskennlinien für einen gleichen Stoff bei gleichem Meß- oder Trennprinzip unterscheiden können, und zwar deshalb, weil weitere von der Versuchsanordnung und Versuchsdurchführung abhängende Einflußgrößen auftreten. Unterschiedliche Ergebnisse für den Körnungsaufbau eines Stoffes lassen sich somit auf zwei Erscheinungskomplexe zurückführen:

1. Unterschiedliche Ergebnisse durch verschiedenartige Meß- oder Trennprinzipien bzw. physikalische Definitionen der Korngröße. Hierdurch sind im wesentlichen drei Analysengruppen zu unterscheiden. In Gruppe a wird die Korngröße durch die mikroskopische Messung, in Gruppe b durch den Siebvorgang und in Gruppe c durch die Fallgeschwindigkeit definiert.

2. Innerhalb dieser Analysengruppen sind für einen Stoff verschiedene Ergebnisse möglich, sobald von der Art der Versuchsdurchführung abhängende Einflüsse wirksam werden.

Ein meßtechnischer Vergleich zwischen den Analysengruppen ist nur bedingt möglich, weil wegen der Einflußgrößen nach Punkt 2 nur sehr schwer Bedingungen zu schaffen sind, unter denen sich das jeweilige unter Punkt 1 erwähnte physikalische Prinzip allein auswirkt. Die nachfolgende Zusammenstellung möge die wichtigsten Einflußgrößen in einer Übersicht ansprechen.

Analysengruppe a: Bei der mikroskopischen Auswertung ist das Ergebnis von der Definition der Korngröße, der Vergrößerung, der Art der Präparation und bei einer automatischen Zählung auch von der Arbeitsweise der Meß- und Zähleinrichtung abhängig.

Analysengruppe b: Beim Sieben hängt die Trenngüte und damit das Ergebnis von der Siebdauer, der Arbeitsweise der Siebmaschinen, der Größe der Siebbodenöffnungen, den Toleranzen bei den Siebbodenöffnungen, der Art der Siebböden, der Analysenmenge, dem Korngrößenaufbau, der Kornform und den Haftkräften zwischen den Teilchen ab. Wie sehr sich z. B. die Körnungskennlinien für einen Stoff in Abhängigkeit von der Arbeitsweise der Siebmaschinen in ungünstigen Fällen unterscheiden können, wurde mit einigen Meßergebnissen gezeigt.

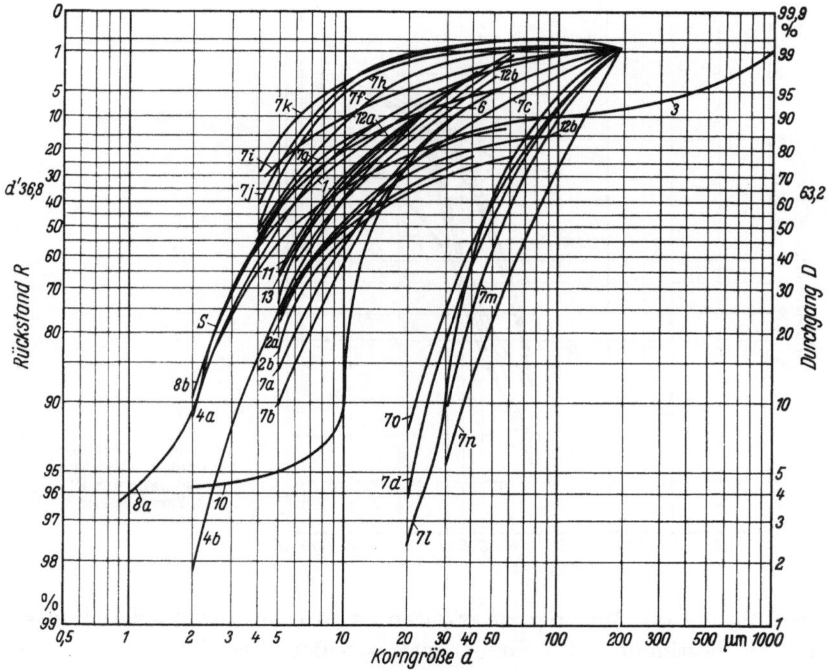

Abb. 98. Körnungskennlinien der Flugasche „Fortuna I“, 1. Versuchsserie

Analysengruppe c: Die Korngrößenanalyse nach der Fallgeschwindigkeit wird nicht nur von dem Verfahren, wie Sedimentwägung, Pipetten-, Aräometer-, Tauchkörper-, lichtelektrische Methode usw. beeinflußt, sondern auch davon, wie die jeweilige Methode durchgeführt wird [202]. Auch Stoffeigenschaften können in die Messung eingehen.

Mit diesen Hinweisen wird eine prinzipielle Schwierigkeit bei der Korngrößenanalyse angesprochen, nämlich die Genauigkeit und Vergleichbarkeit der Ergebnisse. Diesem Problem sind sehr viele wissenschaftliche Arbeiten gewidmet worden, so daß beachtliche Fortschritte zu verzeichnen sind. So sei an die schon fast zwei Jahrzehnte zurückliegende Untersuchung der Flugasche „Fortuna I“ erinnert [203].

Abb. 98 zeigt die von 13 verschiedenen Laboratorien gemessenen Körnungskennlinien dieser Flugasche. Als Untersuchungsmethoden wurden die Pipetten- und die Aräometersedimentation, die Windsichtung nach GONELL und BAHCO sowie die Siebschlämmung verwendet. Die Kenngröße d' beispielsweise liegt für das gleiche Material zwischen 5 und etwa 100 µm. Da sich diese sehr große Streuung der Ergebnisse nicht allein auf die prinzipiellen Unterschiede in den Methoden zurückführen läßt, sondern nur in Verbindung mit der verschiedenen Art der

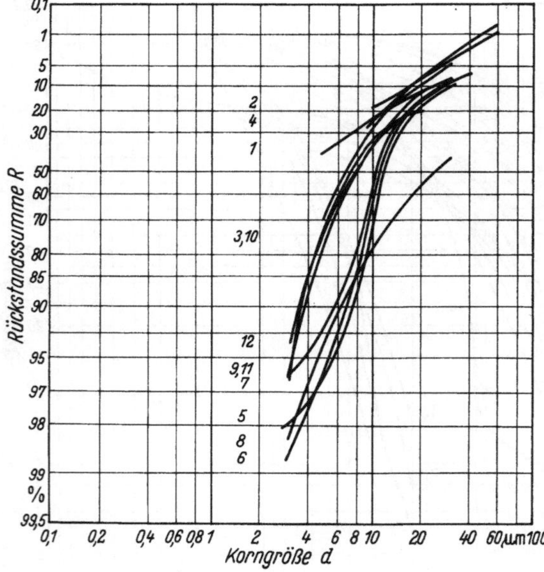

Abb. 99. Körnungskennlinien der Flugasche „Fortuna I" 2. Versuchsserie

Durchführung der Messung zu erklären ist, wurden für Wiederholungsversuche bestimmte Richtlinien ausgearbeitet. Das Ergebnis dieser Versuche zeigt Abb. 99, und es ist zu erkennen, daß z. B. die Kenngröße d' jetzt nur noch zwischen etwa 5 und 15 µm liegt. Ähnliche Vergleichsmessungen an Quarzsand und Flugasche mit den derzeit vorwiegend benutzten Methoden und Geräten findet man in den Arbeiten von J. ŠIMEČEK [204, 205, 206].

Wenn sich auch grundsätzliche Unterschiede in den Ergebnissen auf Grund der verschiedenen physikalischen „Definition" der Korngröße nicht beseitigen lassen, so haben doch alle Arbeiten gezeigt, daß man die Fehlerbreite wesentlich reduzieren kann. So ist es zu begrüßen, daß in verstärktem Maße an Richtlinien und Normen gearbeitet wird. Hingewiesen sei auf die VDI-Richtlinie 2031, Feinheitsbestimmungen an technischen Stäuben, Okt. 1962, und auf die Vorarbeiten für eine Norm für die Sedimentations- und Sichtanalyse.

4. Methoden zum Messen der Oberfläche körniger Stoffe

In manchen Fällen benötigt man von körnigen Stoffen nur bestimmte Kennwerte wie etwa die Oberfläche, das Reflexionsvermögen oder die Schüttdichte, nicht aber die Körnungskennlinien und damit den Korngrößenaufbau.

Spezielle Meßverfahren zur Bestimmung der Oberfläche z. B. sind erforderlich, falls die unter Annahme kugeliger Gestalt der Körner errechnete Oberfläche nicht genügend aufschlußreich ist oder ein zutreffender Formfaktor zu ermitteln ist.

Dieser Hinweis wirft die Frage auf, ob es einen eindeutigen Begriff für die Oberfläche gibt. Die allgemeine Definition, wonach die Oberfläche die Grenzfläche zwischen einer festen und einer gasförmigen Phase kennzeichnet, läßt nämlich die Frage offen, wie diese Grenzfläche im atomaren Bereich zu verstehen ist. Mit Sicherheit darf man sagen, daß sich diese Grenzfläche nur in Verbindung mit dem jeweiligen oberflächenabhängigen Vorgang definieren läßt. So kann und sollte man außerhalb rein geometrischer Betrachtungen unter einer Oberfläche die Fläche verstehen, die für Oberflächenvorgänge oder Oberflächenreaktionen, wie die Adsorption, die Lösungsgeschwindigkeit oder die Verbrennung charakteristisch ist. Zu messen ist also nicht ein „absoluter“, sondern vielmehr ein reproduzierbarer Wert, dem sich bestimmte Abhängigkeiten eindeutig zuordnen lassen.

Hieraus wird sichtbar, daß es im Prinzip zahlreiche Methoden der Oberflächenmessung gibt. Sehr kennzeichnend ist die Adsorptionsmethode. Hierbei ist zu unterscheiden zwischen der Adsorption von gelösten Stoffen aus Lösungen und der Adsorption von Gas oder von Dampf. Die Methode der Gasadsorption liefert nicht nur gut reproduzierbare Werte, sie hat auch noch den Vorteil, daß sie bei sehr vielen Stoffen, insbesondere auch bei feinkörnigen Stoffen, anwendbar ist. Ferner läßt sich unter gewissen Bedingungen auch aus Durchlässigkeitsmessungen auf die Oberfläche schließen.

An dieser Stelle sei besonders auf das Buch von C. ORR JR. und J. M. DALLA VALLE [132] hingewiesen, in dem das Gesamtgebiet der Oberflächenmessung auf etwa 150 Seiten umfassend behandelt wird.

4.1 Oberflächenmessung durch Gasadsorption

Diese Methode beruht darauf, die Gasmenge zu ermitteln, die notwendig ist, um die Oberfläche eines körnigen Stoffes mit einer monomolekularen Schicht zu bedecken (siehe auch [207]). Unter der Voraussetzung einer monomolekularen Schicht beträgt die spezifische Oberfläche

$$O = m_s\,N_L F_M/G_A \tag{77}$$

darin bedeuten m_s das Volumen des adsorbierten Gases bei monomolekularer Schicht, bezogen auf Normalzustand, d. h. 760 Torr u. 0°C (Nm^3); N_L die Zahl der Moleküle je Nm^3 Gas und F_M die Fläche, die von jedem Molekül bedeckt wird.

Die gemachte Voraussetzung einer monomolekularen Schicht ist streng genommen nie erfüllt, weil Aktivitätsstellen in der Oberfläche Doppelbelegungen verursachen und dadurch die Ausbildung einer idealen monomolekularen Schicht verhindern. Hier liegt eine gewisse Unsicherheit in der Methode.

Die meßtechnische Aufgabe besteht darin, den Wert m_s in der Gl. (77) zu ermitteln. Zwischen Gas und adsorbierter Menge stellt sich ein von Druck und Temperatur abhängendes Gleichgewicht ein. Von den auf eine Feststoffoberfläche infolge der Molekularbewegung auftreffenden Gasmolekülen wird ein Teil durch VAN DER WAALSsche Kräfte an der Feststoffoberfläche festgehalten (Adsorption). Einige von diesen Gasmolekülen gehen jedoch wieder in den Gasraum über (Desorption). Zwischen diesen Bewegungen stellt sich ein Gleichgewicht ein. Auf Grund der kinetischen Gastheorie ist ohne weiteres einzusehen, daß die Zahl der adsorbierten Moleküle mit der Temperatur ab- und mit dem Druck zunimmt. Wird nun bei einer bestimmten Temperatur der Druck von einem sehr niedrigen Wert ausgehend gesteigert, dann nimmt die Zahl der adsorbierten Moleküle so lange zu, bis die gesamte Oberfläche mit einer monomolekularen Schicht bedeckt ist (LANGMUIR). Diese Abhängigkeit läßt sich auf Grund von Überlegungen über die Geschwindigkeit von Adsorption und Desorption sowie unter der Voraussetzung, daß sich bei Sättigung eine monomolekulare Schicht bildet, nach LANGMUIR durch folgende Gleichung beschreiben:

$$m_A = A\,m_s\,p/(1 + A\,p) \tag{78}$$

m_A adsorbierte Gasmenge, bezogen auf Normalzustand (Nm^3)
m_s adsorbierte Gasmenge bei monomolekularer Schicht, (Nm^3)
p Druck des Gases
A Konstante (vom Sättigungsdruck abhängig, daher mit einer Dimension behaftet)

Die adsorbierte Gasmenge strebt nach dieser Gleichung mit dem Druck monoton einem Sättigungswert zu (Typ 1, Abb. 100). Zur Bestimmung des gesuchten Wertes m_s wertet man obige Gleichung in der Form

$$\frac{p}{m_A} = \frac{1}{m_s}\left(\frac{1}{A} + p\right) \tag{79}$$

aus. Der Wert m_s ergibt sich aus der Steigung der Geraden, falls man p/m_A über p darstellt.

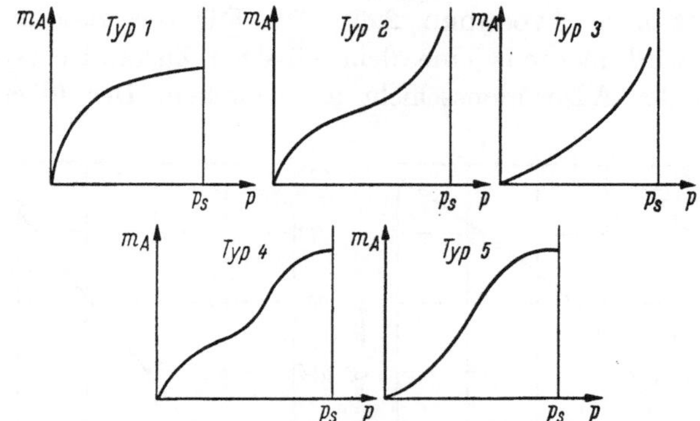

Abb. 100. Die Isothermentypen entsprechend der Klassifikation nach der BET-Theorie

Es hat sich gezeigt, daß die adsorbierte Menge nur in gewissen Bereichen und unter bestimmten Bedingungen der Gl. (79) folgt. Der Grund ist einfach: die Oberflächen adsorbieren über die monomolekulare Schicht hinaus Atome oder Moleküle. Für diesen Fall hängt der Verlauf der Adsorptionsisothermen von den Kraftverhältnissen in der Grenzfläche ab. Sind die Kraftwirkungen zwischen den Molekülen des adsorbierten Stoffes kleiner als jene zwischen diesen und den Molekülen in der Oberfläche des festen Stoffes, entsteht eine Adsorptionsisotherme nach Typ 2, Abb. 100. Liegen die Kraftverhältnisse umgekehrt, gilt Typ 3. Die Typen 4 und 5 ergeben sich, falls zusätzlich Kapillareffekte auftreten.

Eine Theorie für den Adsorptionsvorgang haben S. BRUNAUER, P. H. EMMETT und E. TELLER aufgestellt [208]. Diese wird nach den Anfangsbuchstaben der Namen dieser Forscher als BET-Theorie bezeichnet. Sie ist durch viele Arbeiten, z. B. durch die von G. F. HÜTTIG, T. L. HILL, W. D. HARKINS und G. JURA, um nur einige zu nennen, erweitert und ergänzt worden.

Für vorliegende Zwecke der Oberflächenmessung genügt es, eine aus der BET-Theorie folgende Gleichung zu nennen. Diese BET-Gleichung lautet:

$$\frac{p}{m_A\,(p_s - p)} = \frac{1}{m_s\,C} + \frac{C-1}{m_s\,C} \cdot \frac{p}{p_s} \tag{80}$$

Sie beschreibt den Adsorptionsvorgang für $0{,}05 < p/p_s < 0{,}35$ recht gut. Dieser Gültigkeitsbereich genügt, um den gesuchten Wert m_s zu ermitteln. Die Bestimmung von m_s ist recht einfach, weil die Gl. (80), entsprechend dargestellt, eine gerade Linie ergibt (BET-Gerade). In Abb. 101 ist eine von W. WENDT [209] für Puderzucker gemessene Adsorptionsisotherme (links) und die dazu gehörende BET-Gerade (rechts) dargestellt. Durch diese Gerade ist mit dem Abschnitt a auf der Ordinate und der Steigung b der Geraden die experimentell zu bestimmende Größe $m_s = 1/(a + b)$ für die Gl. (77) gegeben. Die Zahl N_L der Moleküle je Nm^3 beträgt nach AVOGADRO $2{,}69 \cdot 10^{25}$. Für die Bestimmung der Fläche F_M wird meistens eine dem flüssigen Zustand entsprechende Packung in der Adsorptionsschicht angenommen. Der Flächenbetrag

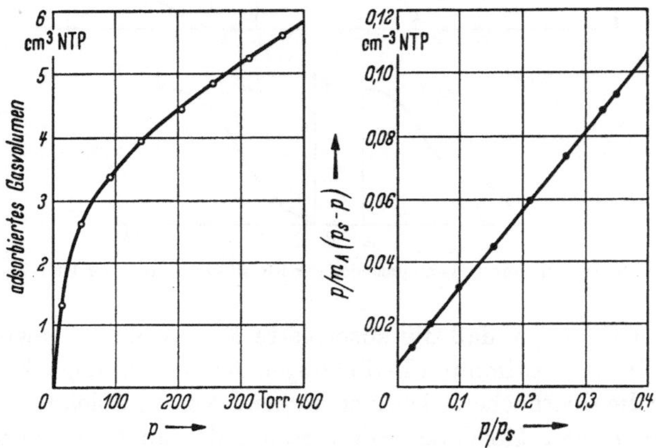

Abb. 101. Adsorptionsisotherme und BET-Gerade für eine Puderzuckerprobe (nach WENDT). Das adsorbierte Gasvolumen ist auf Normtemperatur und -druck umgerechnet (m³ NTP ≙ Nm³)

eines adsorbierten Stickstoffmoleküls beträgt bei dieser Voraussetzung 16,2 Å², der eines Argonmoleküls 14,4 Å² (s. Tab. 20). Nichtsymmetrische Moleküle, wie z. B. Hexanmoleküle, sind für Gasadsorptionsmessungen wenig geeignet, weil sie sich an der Oberfläche in nicht erfaßbarer Weise orientieren.

Zur Bestimmung einer Adsorptionsisotherme mißt man bei konstanter Temperatur und verschiedenen Gleichgewichtsdrücken die jeweilige Sorptionsmenge. Diese läßt sich direkt, z. B. gravimetrisch oder indirekt, z. B. über eine volumetrische Messung, bestimmen. Zu der zuletzt genannten Methode kann man auch die Strömungs- und Trägergasmethoden rechnen. Auch läßt sich die Sorptionsmenge über Strahlungs-

Tabelle 20. *Querschnittsflächen von Molekülen, berechnet aus der Dichte des flüssigen Zustandes*

Gas	Fläche Å²
Argon	14,4
Ammoniak	12,9
Butan	32,1
Kohlenmonoxid	16,8
Kohlendioxid	17,0
Krypton	22,0
Methan	18,1
Stickstoff	16,2
Sauerstoff	14,1
Stickstoffmonoxid	16,8
Stickstoffdioxid	12,5

messungen bestimmen. Den Stand der Geräte (1968) zur Messung der Gasadsorption hat E. ROBENS zusammengestellt [210].

4.1.1 Volumetrische Methoden

Das Schema einer von P. H. EMMETT [211] vorgeschlagenen Glasapparatur zum Messen der Adsorptionsisothermen bei tiefen Temperaturen ist in Abb. 102 dargestellt. Die Apparatur besteht aus einem Pro-

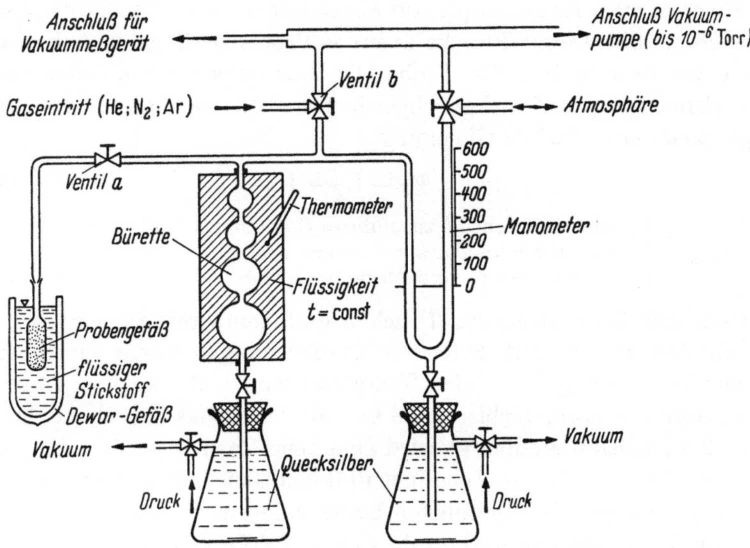

Abb. 102. Schema einer Apparatur zum Messen von Adsorptionsisothermen

bengefäß, einer Bürette, einem Manometer sowie Verbindungsleitungen und Ventilen. Zum Evakuieren ist eine Vakuumpumpe notwendig, die einen Enddruck von etwa 10^{-6} Torr erreicht.

Vor der eigentlichen Messung bestimmt man den freien Raum im Probengefäß einschließlich der Zuleitungen bis zum Ventil a. Dazu wird die gesamte Meßanordnung bei eingefüllter Probe evakuiert, das Manometer mit Quecksilber und die Bürette bei geschlossenem Ventil a mit Helium gefüllt. Nach Öffnen des Ventils a läßt sich das Totvolumen mit Hilfe der Gasgesetze aus der übergeströmten Heliummenge bestimmen. Für diese Messung ist Helium deswegen besonders geeignet, weil es bei Raumtemperaturen nur wenig vom Probengut und den Gefäßwandungen adsorbiert wird. Der nächste Schritt beinhaltet das Einfüllen und Entgasen der Probe, also die Beseitigung der auf den Oberflächen bereits vor der Messung vorhandenen Adsorptionsschichten. Dazu wird die Probe je nach Material auf etwa 100 bis 400 °C bei normalem Druck erwärmt.

Ein Aufheizen unter Vakuum ist nicht zu empfehlen, weil die Wärmeleitfähigkeit evakuierter Pulver sehr gering ist. Nun wird die Apparatur bei geöffneten Ventilen a und b auf etwa 10^{-6} Torr evakuiert. Nach einigen Stunden (abhängig von der Stoffart und der Temperatur) sind die Adsorptionsschichten verdampft.

Nun beginnt die eigentliche Messung. Dazu füllt man die Bürette durch Ablassen von Quecksilber mit dem zu adsorbierenden Gas (Stickstoff, Argon, Krypton), mißt den Druck und öffnet das Ventil a. Sobald die Probe auf etwa Raumtemperatur abgekühlt ist, wird die mit flüssigem Stickstoff gefüllte Dewar-Flasche über das Probengefäß geschoben. Nach etwa einer Stunde hat die Probe die Badtemperatur angenommen. Nach Erreichen des Druckgleichgewichtes wird die adsorbierte Gasmenge nach der einfachen Gleichung

$$m_A = V_Z - V_T - V_B \qquad\qquad (81)$$

V_Z über das Ventil b zugeführtes Gasvolumen Nm³
V_T Gasmenge im Totraumvolumen Nm³
V_B in der Bürette verbliebenes Gas Nm³

ermittelt. Die bei bestimmten Drücken und Temperaturen gemessenen Gasvolumina werden mit Hilfe der Gasgleichungen umgerechnet. Zur Volumenbestimmung bei tiefen Temperaturen, z. B. bei $T = 78$ K ist das im Sorptionsraum verbleibende Gas als reales Gas zu behandeln.

Für den nächsten Meßpunkt wird eine neue Gasmenge über das Ventil b zugeführt, das Ventil a geöffnet und das Gleichgewicht abgewartet. Die Menge des jeweils zugeführten Gases hängt vom gewünschten Abstand der Meßpunkte ab und ergibt sich aus Erfahrungswerten. Für die Adsorptionsisotherme werden etwa 6 bis 8 Meßpunkte benötigt.

Die Manometerablesungen sollten unter Berücksichtigung des Depressionseinflusses möglichst mit einer Lupe vorgenommen werden. Wichtig ist, die Temperaturen in der Bürette und vor allem die im Probengefäß genau zu erfassen.

Das Ergebnis hängt ferner von der Durchführung der Messung ab. So ist sehr von Einfluß, unter welchen Bedingungen und damit in welchem Umfang die Probe vor Beginn der Messungen von vorhandenen Adsorptionsschichten befreit worden ist. Dieser Vorgang ist abhängig von der Stoffart der Probe, dem Druck, den Temperaturen und der Dauer des Evakuierens. Für den Probenumfang ist eine Masse mit einer Oberfläche $0 > 50$ m² zu empfehlen. Mit abnehmenden Werten sinkt die Genauigkeit des Verfahrens.

Die geschilderte Arbeitsweise kann als die klassische Methode der Oberflächenbestimmung durch Gasadsorption aufgefaßt werden. Sie ist sowohl im Hinblick auf die Auswertung als auch auf die Durchführung als nicht einfach zu bezeichnen. Auch erfordert die Messung sehr viel

Zeit. So ist verständlich, daß sehr viele Vorschläge zur Verbesserung gemacht worden sind [212—217]. Die Entwicklung hat schließlich zu vollautomatischen Geräten geführt, von denen bereits einige auf dem Markt angeboten werden.

Die Zwillingsanordnung von R. SIEH [218] besteht, wie schon der Name andeutet, aus zwei entsprechend zusammengesetzten Apparaturen. Der Inhalt des Sorptionsgefäßes und der des Ausgleichsgefäßes, die beide in das Kältebad eintauchen, lassen sich durch eine Kompensations-

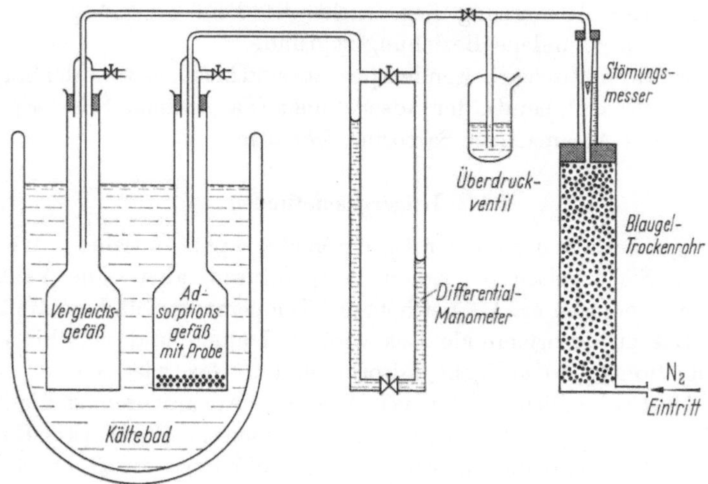

Abb. 103. Schema der Meßanordnung nach HAUL und DÜMBGEN

einrichtung auf einen gleichen Wert einstellen. Hierdurch erübrigt sich bei der Berechnung eine Korrektur für das Totraumvolumen. Ferner läßt sich die Sorbatmenge über eine Differenzmessung bestimmen.

Bei tiefen Temperaturen und mit zwei volumengleichen Gefäßen arbeitet auch das von R. HAUL und G. DÜMBGEN [219] vorgeschlagene *Areameter* (Fa. Ströhlein, Düsseldorf) Abb. 103. Es fehlt aber eine Einrichtung zur Kompensation des Probenvolumens. Aus dem Differenzdruck nach Erreichen des Gleichgewichtes und der Annahme, daß die BET-Gerade durch den Koordinatenursprung verläuft, wird die Oberfläche errechnet. Durch diese Einpunktauswertung und die Art der Apparatur wird die Meßdauer erheblich verkürzt. Die durch die Vereinfachungen bedingte Abweichung der Meßergebnisse von der klassischen Methode soll im allgemeinen 10% nicht überschreiten. Über eine Verbesserung dieses Gerätes berichtet K. ALMEROTH [220].

Die Hauptentwicklung in den letzten Jahren lag in der Automatisierung der Oberflächenmessung. Beim Betographen nach SCHLOSSER

[221] (Fa. Varian, Bremen) wird bei der Temperatur des flüssigen Stickstoffes ein Teil der Argonisotherme nach einem kontinuierlichen Verfahren aufgenommen. Das Meßgas strömt über zwei gleiche Kapillaren in das Sorptions- bzw. in das Vergleichsgefäß. Der Vorgang läuft automatisch ab. Aus den Registrierstreifen läßt sich leicht die Oberfläche errechnen.

Mit einer Einpunktmessung bei der Temperatur des flüssigen Stickstoffs und mit Argon arbeitet das Areatron nach HANSEN und LITTMANN [222] (Fa. Leybold-Heräus, Köln). Die Oberfläche wird digital angezeigt. Der Auswertung liegt nicht die BET-Gleichung, sondern eine empirisch gefundene Beziehung zugrunde.

Weitere automatisch arbeitende Apparate sind beispielsweise der Sorptomatic (Fa. Erba, Mailand), der Adsorptomat (Fa. Aminco, Silver-Spring, USA) und der Areamat (Fa. Sartorius, Göttingen).

4.1.2 Trägergasmethoden

Trägergasmethoden sind der Gaschromatographie entlehnte Arbeitsverfahren. Sie arbeiten bei tiefen Temperaturen, aber ohne Vakuum [223]. Das Entgasen erfolgt bei höheren Temperaturen und im Helium-Strom. Das zu adsorbierende Gas wird in kleinen und verschiedenen Konzentrationen einem nicht adsorbierenden Gas wie Helium zugemischt. Unterschiedlich bei den verschiedenen Apparaturen ist die Messung der adsorbierten Gasmenge. Im Sorptometer (Fa. Perkin-Elmer, Norwalk, USA) wird die adsorbierte Stickstoffmenge durch Erwärmen aus der Probe ausgetrieben und als Peak von einer Wärmeleitfähigkeitszelle gemessen.

Es ist auch möglich, die Gleichgewichte bei verschiedenen Drücken, z. B. bis 10 atü, derart zu messen, daß die Verarmung an Stickstoff in bezug zu einem Vergleichsstrom in einer Wärmeleitfähigkeitsmeßzelle in Form von Peaks registriert wird (Fa. Engelhard, East Newark, USA). Auch läßt sich der Druckabfall in einem zirkulierenden Helium-Stickstoff-Gemisch in Abhängigkeit von der adsorbierten Menge messen, wie es im SORBET (Fa. Aminco) geschieht.

4.1.3 Gravimetrische Methoden

Bei der gravimetrischen Methode wird die adsorbierte Gasmenge nicht aus volumetrischen Messungen, sondern durch Wägen gefunden. Die erste erfolgreiche Apparatur haben J. W. McBAIN und A. M. BAKR [224] vorgestellt. Die Probe befindet sich in einem Platin-Behälter, der an einer Federwaage im Sorptionsgefäß hängt. Nach dem Entgasen und Evakuieren wird das zu adsorbierende Gas zugeführt. Unter Berücksichtigung des Auftriebes läßt sich die adsorbierte Menge aus der Dehnung der

Feder ablesen. Die Vorteile dieser Methode liegen darin, daß man auch
den Entgasungsvorgang durch die Waage kontrollieren kann, daß sich
Druck und Sorbatmenge unabhängig voneinander bestimmen lassen und
daß das Volumen des Sorptionsgefäßes nicht in die Messung eingeht.
Demgegenüber ist die Apparatur komplizierter.

Die Genauigkeit der gravimetrischen Methode hat sich mit der Entwicklung der Vakuumwaagen verbessert [225]. Die Geräte sind teilweise
vollautomatisiert, wie z. B. der Areamat G und der Gravimat nach
ROBENS und SANSTEDE [226, 227] (Fa. Sartorius, Göttingen). Das zuletzt genannte Gerät besteht im Kern aus zwei Vakuummikrowaagen
nach GAST. Es lassen sich Adsorptionsisothermen mit beliebigen Gasen
bei Temperaturen zwischen -195 und $+1200\,°C$ automatisch aufnehmen. Ebenfalls automatisch arbeitet der BET-Automat (Fa. Zivy,
Oberwil, Basel).

Der notwendige Probenumfang hängt von der Stoffart, der Empfindlichkeit der Waage und dem zu adsorbierenden Gas ab. Die untere Meß-
grenze des Gravimaten z. B. liegt bei einer Oberfläche von etwa 10 cm².

4.1.4 Geräte nach der Strahlungsmethode

Die Fa. Philips Industrie Elektronik, Hamburg, bietet ein Gerät an,
bei dem mit radioaktivem Krypton gearbeitet wird. Bei der Temperatur
des flüssigen Stickstoffes werden drei Punkte der Adsorptionsisotherme
aufgenommen. Die Sorbatmenge wird aus der Gammastrahlung mit einem
Zählrohr bestimmt.

4.2 Oberflächenmessung durch Adsorption gelöster Stoffe

Die Adsorption von gelösten Stoffen durch suspendierte Teilchen läßt
sich ebenfalls für die Oberflächenbestimmung verwenden [228 bis 232].
Wird ein körniger Stoff in einem Lösungsmittel verteilt, in dem ein
Stoff gelöst ist, dann wird je nach den vorliegenden Grenzflächenverhält-
nissen ein Teil des gelösten Stoffes von der Feststoffoberfläche adsorbiert.
Auch hier stellt sich ein Gleichgewicht ein, für das ähnliche Beziehungen
wie für die Gasadsorption gelten.

Das Verlockende an dieser Methode ist die einfache Meßtechnik. Man
braucht nur den festen Stoff in einer bekannten Menge der Lösung solange bei $t = \text{const}$ zu schütteln, bis sich die Konzentration nicht mehr
ändert. Danach läßt man die Teilchen aussedimentieren, um an der über-
stehenden Flüssigkeit die durch die Adsorption bedingte Verarmung des
Lösungsmittels an gelöstem Stoff zu ermitteln. Dies kann durch Titra-
tion, spektralfotometrisch und radiochemisch erfolgen, um einige Möglichkeiten zu nennen.

Die Genauigkeit dieser Adsorptionsmessungen ist im Vergleich zur Gasadsorption weniger gut, weil nicht nur die Moleküle des gelösten Stoffes, sondern auch die des Lösungsmittels adsorbiert werden können. Das Verhältnis zwischen den adsorbierten Mengen hängt in hohem Maße von den jeweiligen Grenzflächenenergien ab, die im allgemeinen wenig bekannt sind. Ferner kennt man die Packungsdichte der adsorbierten Moleküle besonders dann recht wenig, wenn diese aus Dipolen bestehen bzw. nicht symmetrisch sind. Bei Vergleichen zwischen Gas- und Flüssigkeitsadsorption ergaben sich aus diesem Grunde neben guter Übereinstimmung auch sehr große Unterschiede. Die Adsorptionsmessung aus Lösungen ist daher noch auf Sonderfälle beschränkt.

4.3 Bestimmung der Oberfläche aus der Benetzungswärme

Eine weitere Möglichkeit zur Bestimmung der Oberfläche bietet das Entropieverfahren [233, 234]. Wird ein körniger Stoff durch eine Flüssigkeit benetzt, so wird dabei Wärme frei. Diese Wärmemenge Q hängt auch von der Oberfläche ab:

$$Q = q_B \, O \, G_A. \tag{82}$$

In dieser Gleichung gibt q_B die Benetzungswärme je Oberflächeneinheit an. Dieser Wert q_B ist fast immer unbekannt und muß daher für jedes Feststoff-Flüssigkeitssystem durch Eichmessungen bei bekannten Oberflächenwerten ermittelt werden. Einige Werte für die Größe der Benetzungswärme q_B sind in Tab. 21 angegeben.

Das Messen der Benetzungswärme ist recht schwierig, weil nur sehr kleine Wärmemengen auftreten (Mikrokalorimetrie). Es gibt isotherme und nichtisotherme Kalorimeter. Zur letzten Gruppe gehören auch die adiabatisch arbeitenden Geräte. Es fehlt hier der Raum, um auf die Beschreibung dieser Geräte einzugehen. Daher sei auf das Spezialschrifttum verwiesen, z. B. auf das Buch von W. SWIETOSLAWSKI „Microcalorimetry" New York 1946: Reinhold.

Tabelle 21

Benetzungswärme q_B für verschiedene feste Stoffe und Flüssigkeiten (erg/cm²)
(nach S. J. GREGG [207])

Flüssigkeit	Bariumsulfat	Titandioxid	Silicium-dioxid	Graphit	Holzkohle
Wasser	490	520	600	175	—
Äthanol	—	500	520	—	—
Benzol	140	150	150	—	—
Tetrachlor-kohlenstoff	220	240	—	—	—
Methanol	—	—	—	—	450

4.4 Durchlässigkeitsmessungen[1]

Eine besonders in der Betriebskontrolle sehr verbreitete Methode zur Kennzeichnung körniger Stoffe ist die Messung des Druckabfalles bei der Durchströmung eines porösen Stoffes. Grundlegend für die Bestimmung der Oberfläche nach dieser Methode ist die Gleichung von J. KOZENY [235]. Dabei wird die Strömung durch ein Haufwerk als eine Kapillarströmung aufgefaßt, wobei für den Durchmesser der Kapillaren d_k der hydraulische Durchmesser eingesetzt wird.

$$V_t = \frac{1}{k} \cdot \frac{\varepsilon \Delta p\, F}{L_S\, \eta} \cdot d_k^2 \tag{83}$$

$$d_k = \frac{\text{Volumen der Zwischenraumkapillaren}}{\text{Oberfläche der Zwischenraumkapillaren}}$$

$$= \frac{\varepsilon}{(1-\varepsilon)\,\varrho_K O} \tag{84}$$

$$V_t = \frac{1}{k}\, \frac{\varepsilon \Delta p\, F}{L_S\, \eta}\, \frac{\varepsilon^2}{(1-\varepsilon)^2\, \varrho_K^2\, O^2} \tag{85}$$

Der Faktor k, als KOZENY-CARMAN-Konstante bezeichnet, beinhaltet im wesentlichen eine Korrektur der Länge L_S. In einem porösen System ist der Strömungsweg infolge der häufigen Umlenkungen größer als die äußere Länge L_S. Da der Strömungsweg von der Kornform, der Porosität und der Korngrößenverteilung abhängt, drücken sich diese Einflüsse auch im Wert k aus. Für poröse Stoffe aus kugelähnlichen Teilchen mit schmalen Korngrößenverteilungen und bei nicht zu großem Porenvolumen ($0{,}4 < \varepsilon < 0{,}55$) liegt der Wert bei etwa 5, wie auch aus Abb. 104 hervorgeht. Mit zunehmendem ε steigt k an, insbesondere im Bereich $0{,}8 < \varepsilon < 1{,}0$. Hier kann k Werte bis fast 20 erreichen [236, 237].

Falls ein Gas bei niedrigen Drücken durch poröse Stoffe oder ein Gas durch sehr feinkörnige Stoffe strömt, also die freie Weglänge der Gasmoleküle etwa die Größenordnung der Porenweiten erreicht, gelten andere Durchströmungsgesetze. Unter diesen Bedingungen wird die Strömung durch die Molekularbewegungen der Gasmoleküle überdeckt. Für diesen Bereich, also die KNUDSEN-Strömung, ist die KOZENY-CARMAN-Gleichung zu erweitern. Von den vielen vorgeschlagenen Gleichungen sei die von P. J. RIGDEN [238] genannt:

$$V_t = \frac{1}{k}\, \frac{\varepsilon \Delta p\, F}{\eta\, L_S} \cdot \left[\frac{\varepsilon^2}{(1-\varepsilon)^2\, \varrho_K^2\, O^2} + \frac{A_1 \varepsilon\, l}{(1-\varepsilon)\, \varrho_K\, O} \right] \tag{86}$$

$A_1 =$ Konstante. Sie ist abhängig von der Gasart und liegt etwa zwischen 1,5 und 4.

---

[1] Siehe auch P. C. CARMAN: Flow of gases through porous media. London: Butterworths Scientific Publication 1956. Ferner E. MANEGOLD: Kapillarsysteme. Heidelberg: Straßenbau, Chemie u. Technik 1955.

11   Batel, Korngrößenmeßtechnik, 3. Aufl.

Eine Oberflächenberechnung nach den Gln. (85) und (86) setzt voraus, daß die KOZENY-CARMAN-Konstante bekannt ist und als konstant angenommen werden darf. Da sich ε bei einer solchen Messung aber durch

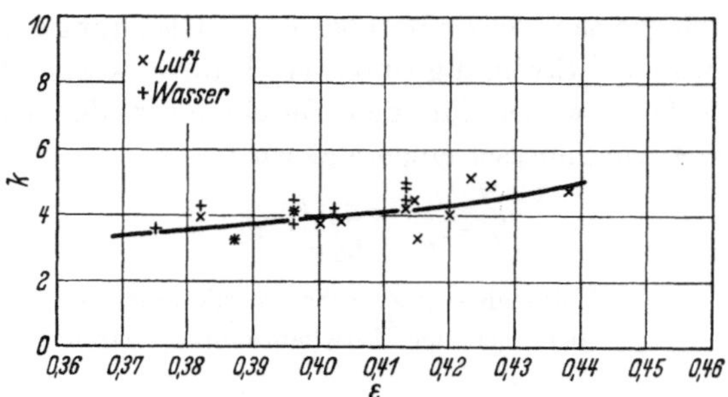

Abb. 104. Abhängigkeit des KOZENY-CARMAN-Beiwertes von der Zwischenraum-Porosität (gleichkörniges Material)

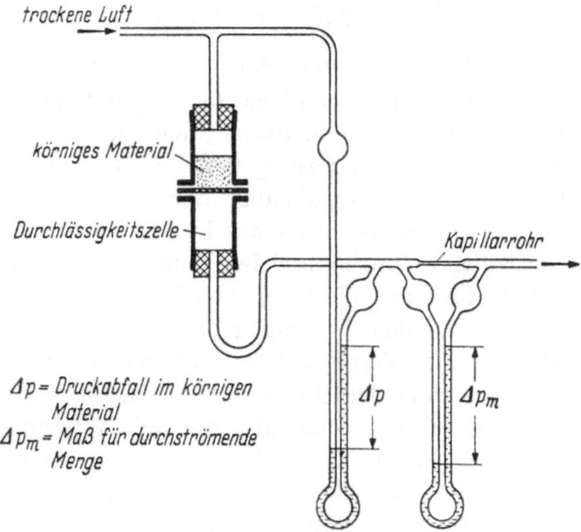

Abb. 105. Allgemeine Form einer Durchlässigkeitsmeßapparatur

Pressen oder Rütteln des körnigen Stoffes begrenzen läßt, kann man mit $k \approx 5$ rechnen und eine hinreichende Konstanz annehmen.

Mit vorstehenden Ausführungen ist die Durchführung der Messung und auch der Aufbau der Apparatur im Prinzip festgelegt. Die allgemeine Form einer Durchlässigkeitsmeßapparatur (Permeameter) zeigt Abb. 105.

Die verschiedenen Bauarten z. B. von LEA und NURSE, GOODEN und SMITH, LÖTSCH, FISHER und CARMAN-PESCHUKAS [239—242] unterscheiden sich hiervon nur im Detail.

Das körnige Material ist so einzurütteln oder zu verdichten, daß ε etwa zwischen 0,4 und 0,5 liegt. Bezeichnet V das mit dem körnigen Stoff ausgefüllte Volumen der Meßzelle, so sind die Masse M und ε wie folgt verknüpft:

$$\varepsilon = 1 - \frac{M}{V \varrho_K} \tag{87}$$

Die Höhe der Probe L_S und auch der Durchmesser der Zelle sollten nicht kleiner als 15 mm gewählt werden, weil sonst die Gefahr der Kanalbildung zu groß ist und sich auch noch andere Fehler auswirken.

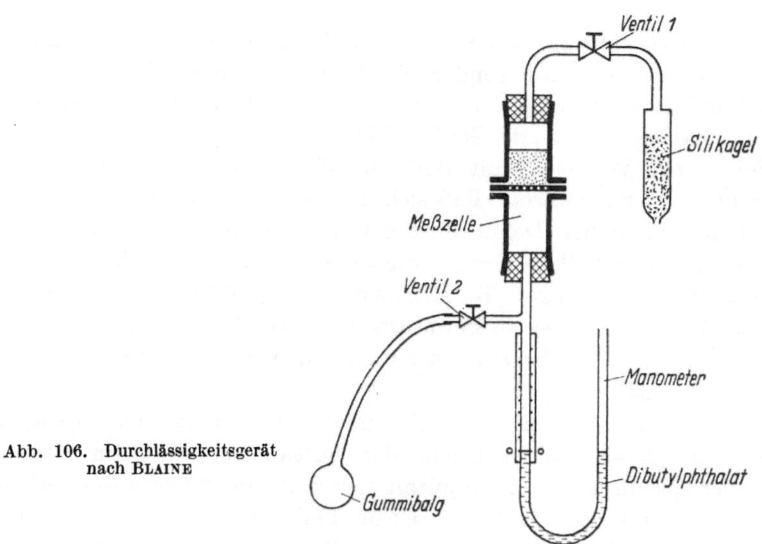

Abb. 106. Durchlässigkeitsgerät nach BLAINE

Die bisher genannten Methoden arbeiten mit einem konstanten Druckabfall während der Messung. Dies beinhaltet eine einfache Auswertung. Ist diese Voraussetzung nicht erfüllt, so sind sowohl der Druckabfall Δp als auch die Geschwindigkeit $v = V_t/F$ in Abhängigkeit von der Zeit aufzunehmen [243, 244]. Dies bedeutet einen zusätzlichen Aufwand. Andererseits läßt sich durch eine spezielle Meßanordnung und unter bestimmten Bedingungen auch eine wesentliche Vereinfachung erreichen. Beim BLAINE-Gerät (Abb. 106) [243—247] verdichtet man den körnigen Stoff so, daß neben F, ϱ_K, η, Δp und L_S auch ε konstant ist. Wird ferner ein bestimmtes Gasvolumen V durchgesaugt, so reduziert sich Gl. (85) wegen

$$V_t = \frac{V}{t} \tag{88}$$

zu

$$O = K_o \cdot \sqrt{t} \tag{89}$$

11*

wobei K_o als eine Versuchs- und Gerätekonstante aufzufassen ist. Diese läßt sich durch eine Substanz mit bekannter Oberfläche O_{Eich} ermitteln

$$K_o = \frac{O_{\text{Eich}}}{\sqrt{t_{\text{Eich}}}} = \frac{O}{\sqrt{t}} \tag{90}$$

Beim BLAINE-Gerät wird das körnige Material mit vorgegebener Höhe (z. B. 15 mm) in die Meßzelle eingefüllt und danach der linke Schenkel der Manometerfüllung mit Hilfe des Gummibalges hochgesaugt. Nach Schließen des Ventils 2 wird das Ventil 1 geöffnet und die Zeit gestoppt, in der der Flüssigkeitsspiegel zwischen zwei beliebigen Marken absinkt.

Die Anordnung nach BLAINE eignet sich wegen der schnellen und einfachen Arbeitsweise insbesondere für Betriebs- und Produktionskontrollen. Für Zement z. B. ist der Wert $\varepsilon = 0,505 \pm 0,05$ genormt. Auch gibt es automatisch arbeitende Geräte [248].

Bei einem Vergleich mit der Oberflächenbestimmung durch Gasadsorption ist zu erwarten, daß sich die Ergebnisse wegen der verschiedenen physikalischen Definition der Oberfläche unterscheiden. Dies ist um so mehr der Fall, je poröser die Oberflächen der Teilchen sind. Bei derartigen Stoffen, wie z. B. Ruß, sind die BET-Oberflächenwerte oft um das Zehnfache größer als Permeameter-Werte. Bei Teilchen mit glatten Oberflächen und kugeliger Form stimmen dagegen die Ergebnisse recht gut überein [249—252].

Die Wahl eines Oberflächenmeßverfahrens bestimmt sich vorwiegend nach dem physikalischen Inhalt der Aufgabenstellung. Im Hinblick auf Oberflächenreaktionen empfiehlt sich z. B. die Adsorptionsmethode. Trotzdem kann man auch für solche Fälle zur Produktionskontrolle oder -steuerung Permeameter einsetzen. Allerdings sollte dann die Eichung nach der BET-Methode erfolgen. Ändert sich der Oberflächenfaktor mit der Feinheit, so ist es ratsam, eine Eichkurve zu erstellen. Eine Änderung in der Oberflächenstruktur während der Produktion läßt sich auch bei sonst gleichen Bedingungen mit einem Permeameter nicht erfassen.

Statt Gas läßt sich auch Flüssigkeit als Strömungsmedium verwenden. Hierfür existiert ein umfangreiches Schrifttum, weil dieser Vorgang z. B. für die Erdölgewinnung, nämlich die Strömung des Erdöls im porösen Speichergestein, von besonderer Bedeutung ist. Es gibt jedoch einige Nachteile. So besteht die Gefahr, daß feine Teilchen von der Flüssigkeit mitgerissen werden, daß sich Gasblasen bilden und daß der höhere Druckabfall den körnigen Stoff verdichtet.

4.5 Optische Methoden[1]

a) Die Gl. (68) zeigt, daß sich die projizierte Teilchenfläche aus Lichtabsorptionsmessungen ermitteln läßt. Bezeichnet I_{Fl} die Intensität des durch reine Flüssigkeit, I_S die Intensität des durch eine Suspension mit der Teilchenkonzentration c hindurchfallenden Lichtes, dann gilt mit einem Extinktionskoeffizienten $E = \text{const}$ und $N_i = $ Zahl der Körner einer Kornklasse je Masseneinheit:

$$\ln \frac{I_{Fl}}{I_S} = \text{const} \cdot c \cdot l \cdot \sum_{d_{\min}}^{d_{\max}} N_i \, d_{ai}^2 \tag{91}$$

Die projizierte Teilchenfläche $k' \sum_{d_{\min}}^{d_{\max}} N_i \, d_{ai}^2$ ist bei bekannter Konzentration eine Kenngröße für den körnigen Stoff und als solche geeignet, z. B. das Mahlgut einer Zerkleinerungsmaschine für Zwecke der Betriebskontrolle zu beschreiben. Besteht das körnige Material nur aus Körnern von nahezu gleicher Größe, liefert die Gl. (91) auch die Oberfläche, weil sich bei dieser Voraussetzung die projizierte Fläche und die Oberfläche nur um einen Zahlenfaktor unterscheiden.

Zur Durchführung der Messung ist die in Abb. 80 gezeigte Anordnung geeignet. Bei sehr feinen Körnungen ist für die Auswertung die Abhängigkeit des Extinktionskoeffizienten von der Korngröße zu berücksichtigen.

b) Fällt der Lichtstrahl einer punktförmigen Lichtquelle durch ein disperses System hindurch, das aus Teilchen von nahezu gleicher Größe zusammengesetzt ist, entstehen Beugungsringe, die vom Betrachter aus gesehen die Lichtquelle umgeben. Derartige Ringe sind bei Sonne und Mond zu beobachten, falls in der Atmosphäre flüssige oder feste Teilchen schweben. Der Winkel Θ, der durch den Durchmesser der Beugungsringe und durch die Anordnung von Lichtquelle und Beobachter bestimmt ist, hängt von der Korngröße ab. Nach FRAUNHOFER gilt:

$$\sin \Theta = (\varkappa + 0{,}22\,\lambda)/d \tag{92}$$

$\varkappa$ Ordnungszahl des Ringes. Der rote Beugungsring hat z. B. die Ordnungszahl 1
λ Wellenlänge des monochromatischen Lichtes
Θ Winkel, der sich aus der Größe des Beugungsringes und der Anordnung von Lichtquelle und Beobachter ergibt.

Auswertbare Beugungsringe entstehen nur bei nahezu kugelförmigen Teilchen. Ferner muß die Größe aller Körner nahezu gleich sein und groß im Vergleich zur Wellenlänge. Aus vorstehenden Gründen ist die Meß-

---

[1] Siehe G. MIE: Beiträge zur Optik trüber Medien. Ann. Physik 25 (1908) S. 377/445. H. C. VAN DE HULST: Light scattering bei small particles. New York 1957: John Wiley & Sons Inc.

methode nur beschränkt anwendbar. Sie wird benutzt zur Bestimmung der Größe von Blutkörpern (diese liegen etwa zwischen 7 und 13 µm), Sporen u. a. m.

c) Eine Methode zur Kennzeichnung von Körnungen, die bis jetzt nur für schwarze Pulver geeignet ist, nutzt das Reflexionsvermögen aus [253]. Zur Messung dient das in Abb. 107 dargestellte Reflektometer. Ein paralleler Lichtstrahl trifft senkrecht auf das Pulver. Das an der

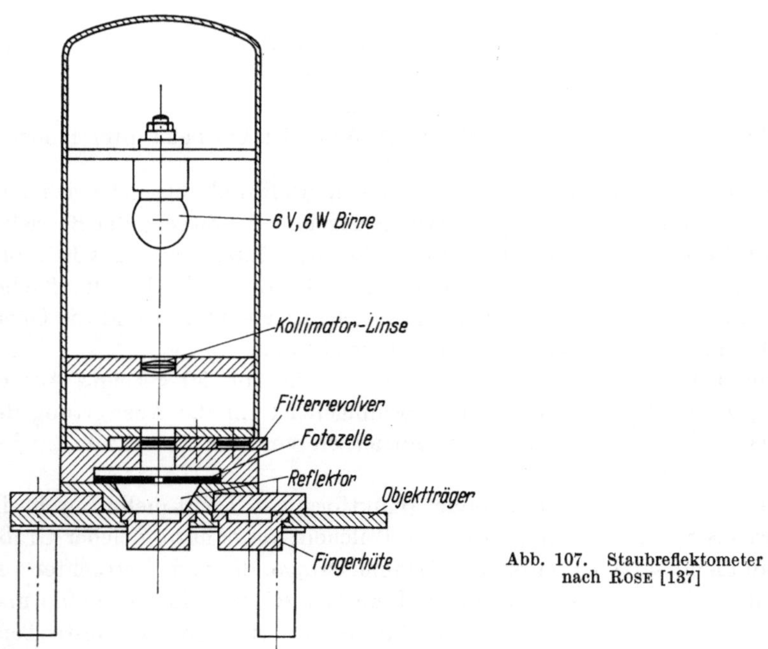

Abb. 107.   Staubreflektometer nach ROSE [137]

Oberfläche dieses Pulvers gestreute Licht trifft direkt oder nach Reflexion am Reflektor auf eine Halbleiter-Fotozelle. Die gemessene Lichtintensität des gestreuten Lichtes, welche von der Feinheit des körnigen Stoffes abhängt, wird in Prozenten des bei Bariumsulfat erhaltenen Wertes ausgedrückt. Agglomeratbildungen sollen das Meßergebnis nicht beeinflussen.

d) Auch die Vermischung der zu untersuchenden Pulver mit solchen von anderer Farbe ist zur Kennzeichnung der Körnung geeignet. Dieses Verfahren wird besonders für Ruß benutzt. Dazu werden bekannte Mengen Ruß mit einem weißen Pigment vermischt. Aus der Grautönung der Mischung läßt sich mit Hilfe von Eichwerten auch auf die Oberfläche schließen, wie M. WITTE [254] gezeigt hat.

5. Staubmeßtechnik

Die Staubmeßtechnik beinhaltet das Messen derjenigen physikalischen Stoffeigenschaften, die speziell für Stäube, Staubverteilungen und die Entstaubung kennzeichnend oder von besonderem Einfluß sind. Auch die Bestimmung der Güte von Staubabscheidern gehört in dieses Gebiet.

Staub ist ein grobdisperser Feststoff beliebiger Form, Struktur und Dichte, dessen Teilchengrößen etwa zwischen 0,01 und 1000 μm liegen. Hieraus wird bereits sichtbar, daß Stäube in erster Linie durch die Korngröße und die Korngrößenverteilung gekennzeichnet sind.

Bei Staub in Luft, also bei Aerodispersionen, ist neben diesen Werten die Staubkonzentration oder der Staubgehalt ζ von Bedeutung, also die Staubmasse pro Volumeneinheit des Trägermediums (g/m^3). Statt der Masse wird in manchen Fällen auch die Teilchenzahl n_V benutzt (Anzahl/ m^3). Die Staubkonzentration steht bei Fragen der Reinhaltung der Luft, also der Umwelthygiene, oft im Mittelpunkt. Erwähnt seien in diesem Zusammenhang Begriffe wie die Immission und die Emission. Unter Emission versteht man den Austritt von luftfremden Stoffen in die Luft beim Verlassen der Quelle. Dieser Wert wird in zunehmendem Maße vom Gesetzgeber begrenzt. Demgegenüber beschreibt die Immission das Auftreten luftfremder Stoffe in bodennahen Schichten. Die maximale Immissionskonzentration (MIK-Wert) gibt diejenige Konzentration luftfremder Stoffe in bodennahen Schichten an, die für Mensch, Tier und Pflanze noch als unbedenklich gelten. Die MIK-Werte beschränken sich auf die freie Atmosphäre. Für den Bereich der Atemluft am Arbeitsplatz wird die maximale Arbeitsplatzkonzentration (MAK-Wert) angegeben. Über die Größe von Staubkonzentrationen möge die Tabelle 22 einige Hinweise geben.

Die die Entstaubung beeinflussenden Stoffeigenschaften ergeben sich aus dem Funktionsprinzip der Entstauber. Die für eine Abscheidung notwendige Verschiebung der Staubteilchen im Trägermedium wird, wenn man von der Filtration absieht, durch Kräfte, wie Schwer-, Flieh-, Trägheits- und elektrostatische Kräfte bewirkt. Diese Kräfte stehen im Gleichgewicht mit dem Strömungswiderstand. Hieraus folgt, daß die Teilchengröße der wichtigste Parameter bei der Entstaubung ist. Weitere spezifische Einflußgrößen sind die Dichte, die Staubkonzentration und der elektrische Widerstand bei Elektroentstaubern.

Tabelle 22. *Richtwerte für Staubkonzentrationen*

Aerodispersion	Konzentration mg/Nm³
ungereinigte Rauchgase aus Kraftwerken	$1 \cdot 10^3 - 100 \cdot 10^3$
gereinigte Rauchgase aus Kraftwerken	$1 - 100$
Gichtgas ungereinigt	$10 \cdot 10^3 - 50 \cdot 10^3$
Gichtgas gereinigt	$5 - 20$
ungereinigter Brauner Rauch aus Blasstahlwerken	$10 \cdot 10^3 - 100 \cdot 10^3$
gereinigter Brauner Rauch aus Blasstahlwerken	$10 - 100$
angestrebte maximale Staubkonzentration am Arbeitsplatz (MAK-Werte)	$2 - 15$
gemessene Werte an Arbeitsplätzen:	
Putzband Porzellanindustrie	1
Schamotteaufbereitung	$10 - 100$
Presse, keramischer Betrieb	$5 - 50$
Maschinenformerei	$2 - 20$
Büroräume	$0,5 - 10$
freie Atmosphäre:	
Industrieferne Gebiete	$0,01 - 0,05$
Wohngebiete in Städten	$0,1 - 0,5$
Industriewerke	$0,2 - 5$

Für die Beurteilung und Bewertung von Entstaubern sind der Gesamt- und der Stufenentstaubungsgrad gebräuchlich. Der Gesamtentstaubungsgrad gibt an, welcher Anteil des Staubes im Entstauber abgetrennt wird. Dieser Wert errechnet sich aus dem Unterschied in der Staubkonzentration vor und nach dem Abscheider. Beim Stufenentstaubungsgrad, Abb. 116, wird angegeben, welcher Anteil von jeder Korngröße abgeschieden wird. Für diese Angabe benötigt man nicht nur die Konzentration, sondern auch die Korngrößenzusammensetzung vor und nach dem Abscheider. Die Tab. 23 möge die wichtigsten Aufgaben der Staubmeßtechnik in einer Übersicht zeigen.

Tabelle 23. *Übersicht zur Staubmeßtechnik*

Systeme; Apparate	wichtige physikalische Stoffgrößen, Gütekriterien
Staub	Korngrößenverteilung
Aerodispersion	Staubkonzentration
	Korngrößenverteilung
	Zündgrenzen
Entstaubung	Korngrößenverteilung
	Staubkonzentration
	Elektrischer Widerstand
	Staubdichte
Staubabscheider	Gesamtentstaubungsgrad
	Stufenentstaubungsgrad

5.1 Die Korngrößenverteilung

Die Bestimmung dieser wichtigen Größe der Staubtechnik ist Inhalt von Kapitel 3 dieses Buches. Im Hinblick auf die Staubmeßtechnik darf auf die dort gemachten Ausführungen verwiesen werden.

5.2 Die Staubkonzentration

Neben der Korngröße ist die Staubkonzentration, also die Staubmasse, in manchen Fällen auch die Teilchenzahl pro Volumeneinheit Trägermedium, die wichtigste Größe im Bereich der Staubmeßtechnik. Es lassen sich zwei Methoden unterscheiden, nämlich die direkte Messung dieser Größe und die Messung einer Hilfsgröße, die mit der Konzentration verknüpft ist. Zu den direkten Methoden gehören das Wiegen, also die gravimetrische Methode, und das Auszählen der Teilchen; zu den indirekten Methoden z. B. kalorimetrische, optische und elektrostatische Methoden. Über die Messung der Staubkonzentration gibt es zahlreiche Übersichtsaufsätze [255 bis 260]. Auch auf die entsprechenden VDI-Richtlinien im VDI-Handbuch Reinhaltung der Luft sei hingewiesen. Die für die Angabe der Staubkonzentration notwendige Volumenbestimmung des Trägermediums wird als bekannt vorausgesetzt und hier nicht behandelt.

5.2.1 Gravimetrische Methoden

Die gravimetrische Messung der Staubkonzentration [261 bis 269] geschieht derart, daß der Staub aus einem gemessenen Volumen des Trägermediums abgeschieden und dann ausgewogen wird. Der für die Messung besonders interessierende Bereich ist die vollständige Abscheidung. Da dieser Vorgang bereits in Kapitel 2.3.3 bei der Probenahme aus Aerodispersionen erörtert worden ist, genügt es an dieser Stelle, die gravimetrische Messung der Staubkonzentration in Form einer Übersicht zu behandeln.

Die häufigste Methode der Staubabscheidung zur gravimetrischen Messung der Konzentration ist die Filtration. Als Standardgerät ist das mit Abb. 9 im Schema gezeigte Gerät anzusprechen. Bei einer Entnahme von schwebenden Stäuben ist jedoch die Anströmseite (Staublufteintritt) anders ausgebildet, weil dann die Entnahme-Sonde (Abb. 7) und die Verbindungsleitungen bis zum Abscheider (hier Filterstoff) fehlen. Die Filterfläche wird in diesem Fall zur Einströmöffnung.

Der Ströhlein-Abscheider, Abb. 11, läßt sich sowohl mit ebenen Papier- oder Membranfiltern bestücken als auch mit einem Filtersack, wodurch sich vielseitige Einsatzmöglichkeiten ergeben. Meßgeräte für sehr große Mengen arbeiten auch in mehreren Stufen. In diesem Fall benutzt man für die Vorabscheidung oft Fliehkraftabscheider, während die Hauptstufe aus einem Filtrationsabscheider besteht. Für sehr geringe abzusaugende Gasmengen empfiehlt sich auch das Gerät nach Abb. 10, bei dem das Filter direkt im Entnahmekopf eingebaut ist.

Sehr breit gefächert ist, wie schon auf S. 17 dargelegt, das Angebot an Filterstoffen, auch im Hinblick auf die Abscheidegrenze, also die kleinste abscheidbare Korngröße. Diese Grenze ist in den Katalogen der Herstellerfirmen oft angegeben. Fehlen solche Angaben oder auch Erfahrungswerte, dann sind Vergleichsversuche erforderlich. Zu beachten ist, daß die Abscheidegüte eines Filters auch von der Anströmgeschwindigkeit abhängt. Diese liegt bei Membran- und Papierfiltern, je nach Porenweite, etwa zwischen 0,05 und 0,5 m/s und beim Mikrosorbanfilter etwa bei 0,8 m/s. Vom Aufbau her gesehen, gibt es Papierfilter aus verschiedenen Stoffen (z. B. von der Fa. Schleicher und Schüll, Dassel), Membranfilter [270—274] aus Zelluloseester oder Zellulosenitrat (z. B. Fa. Sartorius, Göttingen), lösliche Filter wie Mikrosorban (Fa. Delbag, Berlin) und Gewebefilter aus Natur-, Chemie- und Glasfasern.

Für den Fall, daß Filterstoffe Feuchtigkeit aufnehmen, ist die Bestimmung der Nettomasse erst nach einer Trocknung und Abkühlung im Exsikkator möglich. Papierfilter werden z. B. vor der Nettowägung bis 2 Stunden bei 100 bis 200 °C, Membranfilter bis etwa 30 Minuten bei etwa 100 °C getrocknet. Ein entsprechender Trocknungsprozeß wird auch nach der Staubabscheidung durchgeführt, falls es sich nicht um lösliche Filter handelt. Bei temperaturempfindlichen Stoffen empfiehlt sich eine Trocknung bei niedrigen Temperaturen in einem Vakuumtrockenschrank.

Filterstoffe mit dem Vorteil einer hohen Durchlässigkeit haben den Nachteil, daß sich auch Staubteilchen im porösen System ablagern. Für solche Bedingungen hat man lösliche Filterstoffe entwickelt. Das Mikrosorbanfilter aus regellos gelagerten feinen Fäden von 0,6 bis 1 mm z. B. ist in organischen Lösungsmitteln löslich. Aus der durch die Auflösung anfallenden Suspension wird der Staub insbesondere durch Membran- oder auch Papierfilter abgetrennt.

Enthält das Trägermedium außer Wasserdampf noch andere Stoffe, wie z. B. SO_2, so kann auch davon ein Teil vom Staub adsorbiert werden. Vor der Rückwägung ist diese Menge ebenfalls auszutreiben. Ist das nicht möglich, empfiehlt sich eine Abscheiderkombination, etwa nach Abb. 21. Die vorgeschaltete Waschflasche, ein Impinger, hat nicht nur die Aufgabe, die größeren Staubteilchen, sondern auch die angesprochenen Dämpfe auszuwaschen.

Es gibt auch gravimetrische Staubmeßgeräte, bei denen die Abscheidung durch elektrische Kräfte, Abb. 16, Fliehkräfte, Abb. 13, und Trägheitskräfte, Abb. 18, erfolgt. Eine Übersicht über die bekanntesten gravimetrischen Staubmeßgeräte zeigt Tab. 24.

Tabelle 24. *Einige Gerätebeispiele zur gravimetrischen Bestimmung der Staubkonzentration. Die Zahlenangaben sind Richtwerte*

Gerät	Luftdurchsatz	kleinste erfaßbare Teilchengröße
	m³/h	µm
Standardfilter, Abb. 9	0,5—30	0,01
Filter in Sonde, Abb. 10	bis 0,2	0,1—1
Filter, Bauart Ströhlein, Abb. 11	1—20	0,01
Filter, Bauart Babcock	1—100	1
Fliehkraftabscheider, Abb. 13	1—20	1
Staubwaage, Abb. 16	0,1—20	0,01
Impaktoren, Abb. 18	0,5—5	1
Impinger, Abb. 20	0,5—20	1

5.2.2 Zählmethoden

Die Auszählmethode oder Teilchenzahlmessung findet Anwendung, wenn man die Konzentration in Teilchenzahl pro Volumeneinheit angeben will. Für diese Aufgabe bietet sich die mikroskopische Zählung der Teilchen an, die in Abschnitt 3.2.4 erläutert worden ist. Es liegen hier jedoch einfachere Bedingungen vor, weil die Teilchengröße nicht zu ermitteln ist. Die für die Messung notwendige Abscheidung der Teilchen auf einem Objektträger kann durch Trägheits-, thermomolekulare oder elektrische Kräfte sowie durch Filtration erfolgen.

Ein Gerät, in dem die Abscheidung der Staubteilchen durch Trägheitskräfte erfolgt, ist das in Abb. 18 schematisch und in Abb. 108 im Schnitt dargestellte Konimeter.

Aus der Fülle von Berichten über dieses Gerät seien die von D. HASENCLEVER, R. ROEBER und H. DESLER [275, 276, 277] genannt. Ein federbelasteter Kolben, der über einen Auslöser freigegeben wird, saugt das staubbeladene Gas durch das Gerät. Dabei kann die Geschwindigkeit im Austritt der Düse bis zu 200 m/s betragen. Hinter der Düse befindet sich in einem Abstand von etwa 0,5 mm eine auswechsel- und drehbare Glasscheibe (Objektträger), auf die die Staubteilchen infolge der Trägheitskräfte aufprallen. Um das Anhaften der Teilchen zu verbessern, wird die Objektscheibe mit einer Haftschicht überzogen, z. B. mit einer Vaselin-Xylollösung. Für das Auszählen der Körner kann diese Scheibe unter ein angebautes Mikroskop gedreht werden. Die Objektscheibe läßt sich aber auch unter fast jedes handelsübliche Mikroskop bringen. Ein Konimeter, das die Sammlung von 36 Proben in verschiedenen Zeitabständen automatisch erlaubt, ist von J. A. SCHEDLING [278] entwickelt worden.

Um das Abscheiden der Staubteilchen und auch das Haften an der Prallfläche zu verbessern, hat J. S. OWENS das Kondensations- mit dem Aufprallverfahren vereinigt. In einer dem Konimeter vorgeschalteten Kammer wird die staubbeladene Luft mit Wasserdampf gesättigt [279]. ,

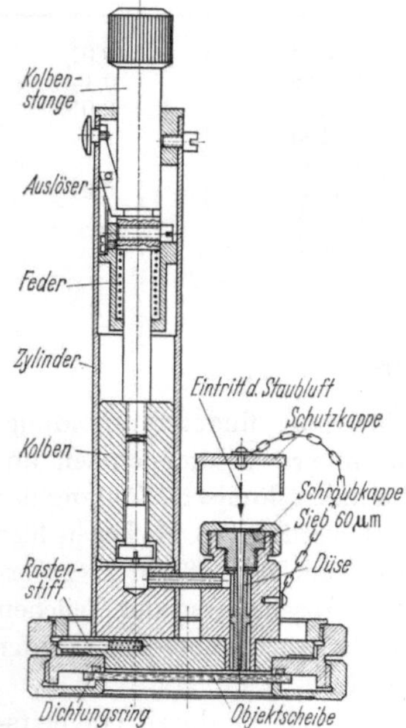

Abb. 108. Konimeter HS der Fa. Sartorius-Werke AG, Göttingen (Schnitt)

Dieser kondensiert während der Entspannung in der Düse an den Staubteilchen. Eine Vergrößerung der Masse der Körner verbessert sowohl die Abscheidung wie auch das Anhaften.

Beim Thermalpräzipitator, Abb. 17, erfolgt die Abscheidung, wie schon dargelegt, durch thermomolekulare Kräfte. Es lassen sich sowohl Objektträger für licht- wie auch für elektronenmikroskopische Auszählungen verwenden.

Eine Auszählung ist auch auf dem Membranfilter möglich.

Auch mit dem Aerosolspektrometer läßt sich der Staubgehalt ermitteln. Dazu wird der Staubniederschlag optisch entsprechend ausgewertet (Abschnitt 3.4.5).

Auch die Teilchenzählgeräte sind zur Konzentrationsmessung geeignet, wenn die Probe direkt dem Aerosol entnommen werden kann (Abschnitt 3.5).

Die Teilchenzahlmessung findet meist Anwendung bei einer nur überschlägigen Beurteilung von Staub, z.B. im Hinblick auf die Gefährdung der Gesundheit. In diesem Fall interessieren vor allem die lungengängigen Teilchen. Sie liegen etwa in dem Bereich zwischen 0,1 und 5 µm. Die groben, nicht lungengängigen Teilchen werden daher oft durch Vorabscheider abgetrennt, wie z.B. beim BAT-Gerät [268].

Eine Übersicht über Geräte zur Bestimmung der Teilchenzahl gibt Tab. 25.

Tabelle 25. *Einige Gerätebeispiele zur Bestimmung der Teilchenzahl pro Volumeneinheit. Die Zahlenangaben sind als Richtwerte aufzufassen*

Gerät	Luftdurchsatz cm³/min	Proben- volumen cm³	kleinste erfaßbare Teilchengröße µm
HS Konimeter, Bauart Sartorius, Abb. 108	5	5	0,5—1
Zeiss-Konimeter	500	5	0,5—1
Automatisches Konimeter	500	5	0,5—1
Membranfilter	10^2—$5 \cdot 10^3$	—	0,01
Thermalpräzipitator, Abb. 17	2—10	100	0,01
Teilchenzählgeräte, Kap. 3.5	bis 300	—	0,01—0,1
Aerosolspektrometer, Abb. 89			0,03

5.2.3 Indirekte Messung der Staubkonzentration

Bei einer indirekten Konzentrationsmessung wird eine Hilfsgröße gemessen, aus der sich der Wert der Konzentration über eine Eichung ergibt. Da die Hilfsgröße sehr oft aber auch noch von anderen Parametern, wie der Korngrößenverteilung oder der Stoffzusammensetzung, abhängt, ist die Gültigkeit der Eichung bei Änderung der Bedingungen zu prüfen. Die indirekten Methoden sind vorwiegend zur kontinuierlichen Messung der Staubkonzentration entwickelt worden. Als recht geeignete Hilfsgrößen für eine indirekte Konzentrationsmessung haben sich die Lichtabsorption, die β-Strahlenabsorption, die Lichtstreuung, die elektrostatische Aufladung, die Leitfähigkeit und der Druckverlust bewährt.

Das Prinzip der Lichtabsorption ist auf Seite 119 erörtert worden. Ein Gerätebeispiel für die Konzentrationsmessung nach dieser Methode zeigt Abb. 109.

Solche Apparate (z. B. von den Firmen AEG, Durag, Visomat, Sick und Siemens) finden verbreitet Anwendung zur Rauchdichtemessung, also zur Messung der Staubkonzentration in den Abgasen aus Feuerungsanlagen [255, 280, 281].

Strömt staubhaltige Luft durch eine Ionisationskammer, so hängt die Schwächung des Ionenstromes auch von der Staubkonzentration

ab. Zur Messung dieser von HASENCLEVER und SIEGMANN benutzten
Methode dient eine Ionisationskammer mit zentraler Mittelelektrode
(Abb. 110).

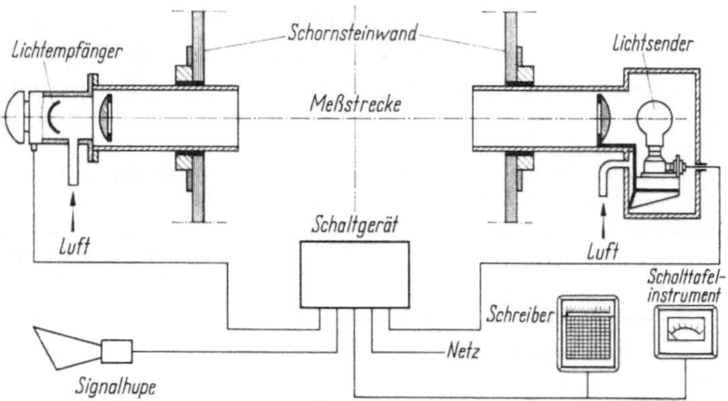

Abb. 109. Anordnung zum Messen der Rauchdichte

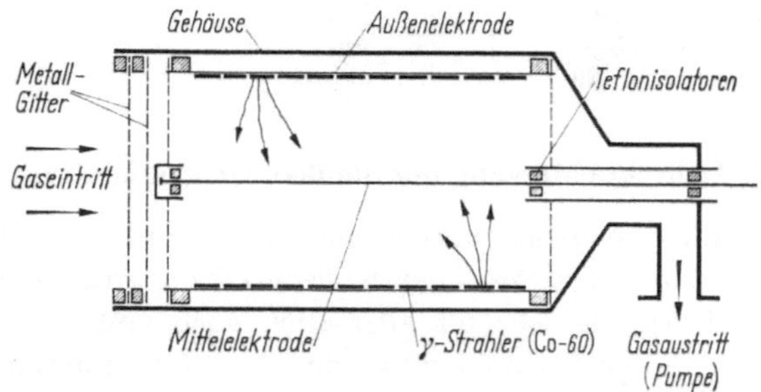

Abb. 110. Ionisationskammer zum Messen des Staubgehaltes nach HASENCLEVER und SIEGMANN

An die Kammer (Außenelektrode) ist eine feste Spannung angelegt.
Die durch radioaktive Strahlung erzeugten Ionen wandern in Richtung
abnehmender Feldstärke. Es fließt so ein Ionenstrom zur Mittelelektrode.
Durch die Staubteilchen werden jedoch Ionen angelagert, so daß sich
aus der Menge der Anlagerung und damit aus der Schwächung des Ionenstromes auf die Staubkonzentration schließen läßt [282, 283, 284].

Die beiden ersten Metallgitter am Gaseintritt liegen an verschiedenen
elektrischen Potentialen. Sie dienen zur Abscheidung von geladenen Teilchen, die sonst das Meßergebnis beeinflussen würden. Die anderen Gitter
sind mit der Außenelektrode verbunden. Das ionisierende Strahlen-
präparat ist gleichmäßig an der Innenseite der Außenelektrode ange-
bracht.

Bei der Lichtstreuung wird das von einem Primärstrahl am Staub
gestreute Licht gemessen (Tyndalleffekt) [285, 286]. Die gestreute Licht-

menge ändert sich mit der Staubkonzentration. Ein optisches System für diese Methode wurde im Prinzip mit Abb. 96 gezeigt. Bei dem in Abb. 111 gezeigten Gerätebeispiel wird aus einer Lichtquelle ein par-

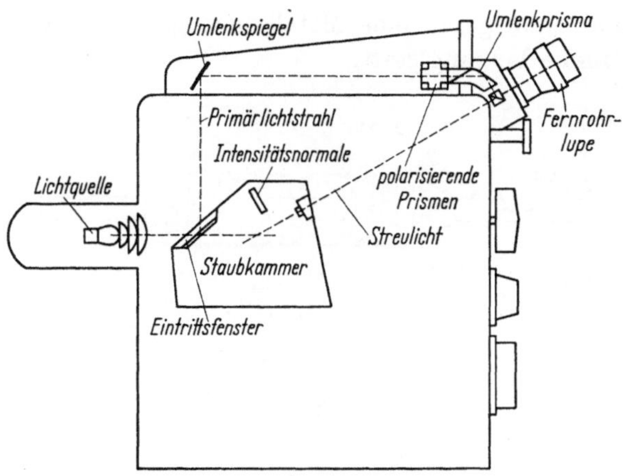

Abb. 111. Prinzip des Tyndallometers

alleler Lichtstrahl in die Staubkammer geleitet. Man mißt nun unter einem Winkel von etwa 30° die Intensität des an den Staubteilchen gestreuten Lichtes mit Hilfe der Fernrohrlupe, und zwar derart, daß man diesen Wert fotometrisch mit der Intensität des Primärlichtes vergleicht.

Aus der Intensität des Streulichtes läßt sich die Staubkonzentration indirekt ermitteln. Weil der Einfluß des gestreuten Lichtes in besonderem Maße von Größe, Form und Beschaffenheit der Staubteilchen abhängt, ist die Gültigkeit der Eichung jeweils kritisch zu bewerten. Ein vollautomatischer Ablauf einer tyndallometrischen Messung erfolgt z. B. im Sartorius-Aerosol-Fotometer.

Staubteilchen in Aerodispersionen lassen sich durch Reibung aufladen. Hierbei ist die Ladungsmenge auch abhängig von der Staubkonzentration. Bringt man einen solchen Staub auf eine geerdete Platte, so läßt sich ein gewisser Entladungsstrom messen. Nach diesem Prinzip arbeitet das von FEIFEL und PROCHAZKA entwickelte Gerät Konitest, Abb. 112 [287].

Der Teilgasstrom wird durch Leitschaufeln in eine Drallströmung versetzt und in diesem Zustand einem isoliert aufgehängten Erregerrohr zugeführt. Durch die Fliehkräfte gelangen die Staubteilchen teilweise an die Rohrwandung, laden sich dort durch Reibung auf und geben die Ladung an das Erregerrohr ab. Das Meßergebnis hängt außer von der Konzentration noch von weiteren Parametern ab, wie z. B. von der Teilgasgeschwindigkeit, der Drallgeschwindigkeit, der Korngrößenverteilung, den Stoffeigenschaften und der Luftfeuchtigkeit.

Bei dem kontaktelektrischen Staubmeßgerät nach SCHÜTZ [288] wird das staubhaltige Gas zunächst durch eine Düse auf über 100 m/s beschleunigt und dann gegen eine Metallsonde gelenkt. Dort findet der kontaktelektrische Vorgang statt.

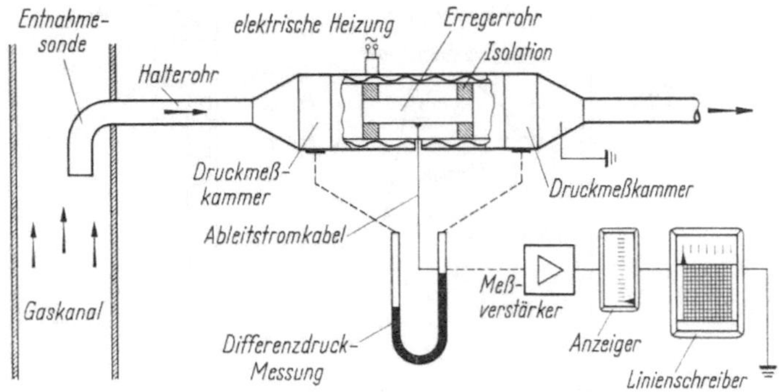

Abb. 112. Konitest Bauart FEIFEL und PROCHAZKA

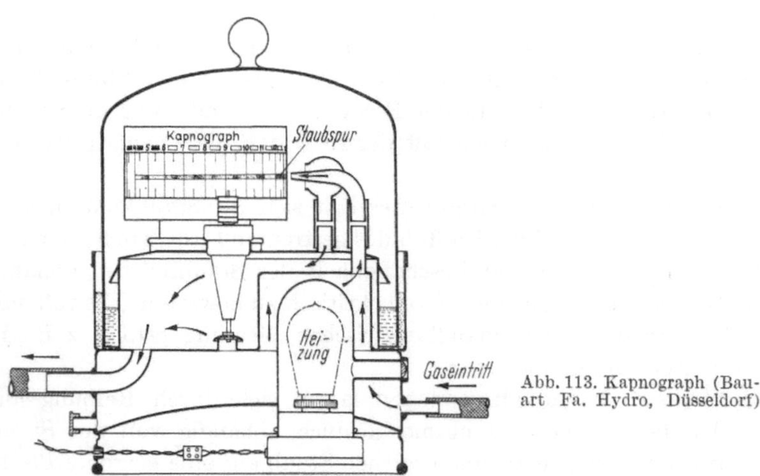

Abb. 113. Kapnograph (Bauart Fa. Hydro, Düsseldorf)

Eine Gruppe von Geräten zur indirekten Konzentrationsmessung arbeitet mit Hilfsgrößen, die am abgeschiedenen Staub gemessen werden. Dabei erfolgt die Abscheidung nach dem konimetrischen Prinzip oder auch durch Filtration. Als Hilfsgrößen werden beispielsweise die Lichtabsorption, der Druckverlust und die β-Strahlenabsorption verwendet.

Beim Kapnographen, Abb. 113, wird der Staub durch Strahlumlenkung auf einem präparierten, sich vor der Düse vorbeibewegenden Papier abgeschieden. Die entstehende Staubspur wird durch optischen Vergleich mit Kontrollstreifen ausgewertet.

Ein Beispiel für eine Filtrationsabscheidung zeigt Abb. 114. Die abgeschiedene Staubmenge auf dem kontinuierlich laufenden Filterpapier wird über die Lichtschwächung ermittelt.

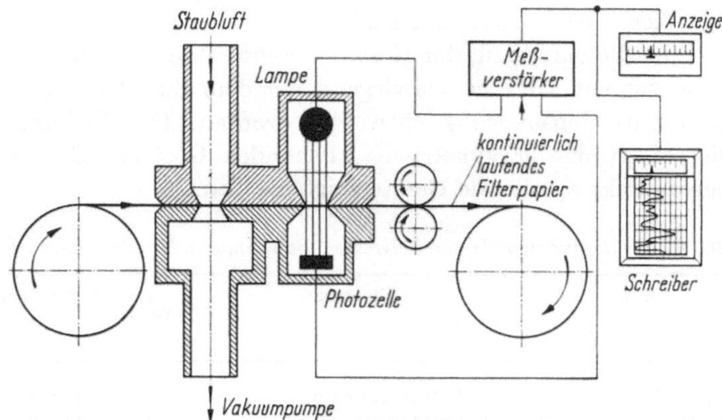

Abb. 114. Messung des Staubgehaltes über die Lichtabsorption des abgeschiedenen Staubes (Bauart Fa. Gelman Instruments, USA)

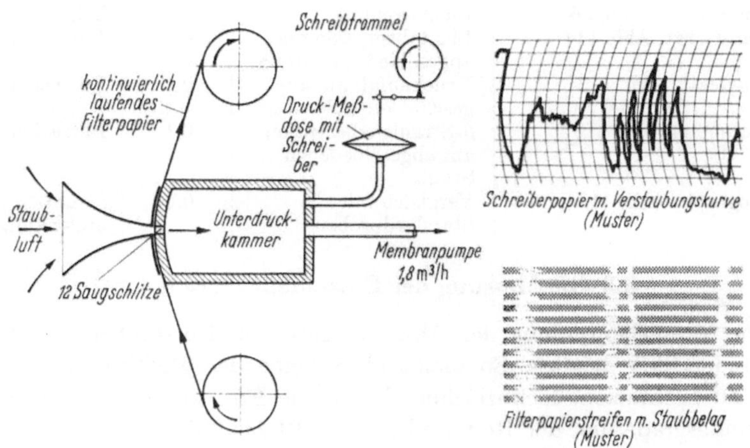

Abb. 115. Messung des Staubgehaltes über den Druckabfall am abgeschiedenen Staub (Bauart Fa. Jouan, Paris)

Ähnlich aufgebaut ist das β-Staubmeter nach DRESIA [289] oder der Staubmonitor von der Fa. Frieseke & Höpfner. Statt der Lichtquelle wird ein β-Strahler verwendet. Im Gegensatz zur Lichtabsorption hat hier die Korngrößenverteilung und die chemische Zusammensetzung keinen nennenswerten Einfluß auf das Ergebnis.

12   Batel, Korngrößenmeßtechnik 3. Aufl.

Bei dem von W. HORN vorgeschlagenem β-Staubmeter erfolgt die Staubabscheidung elektrostatisch [290].

Statt der Lichtabsorption läßt sich auch der Druckabfall am abgeschiedenen Staub als Maß für den Staubgehalt ausnutzen (Abb. 115).

Für eine indirekte Konzentrationsmessung lassen sich auch die in Kapitel 3 behandelten Zählgeräte verwenden, soweit sie für eine Entnahme aus Aerosolen eingerichtet sind.

Wie aus der Beschreibung der Geräte zur indirekten Konzentrationsmessung hervorgeht, sind sie vorwiegend mit dem Ziel der kontinuierlichen Konzentrationsmessung entwickelt worden. Die Eichung und Kontrolle erfolgt mit gravimetrisch arbeitenden Geräten. Eine Übersicht über indirekt arbeitende Geräte zeigt die Tab. 26.

Tabelle 26. *Einige Gerätebeispiele zur indirekten Bestimmung der Staubkonzentration*

Gerät	Meßgröße	untere Meßgrenze μm	Abscheidung
Rauchdichte, Abb. 109	Lichtabsorption	0,5	keine
Ionenanlagerung, Abb. 110	Ionenstrom	0,1	keine
Tyndallometrische Geräte, Abb. 111	Lichtstreuung	0,5	keine
Konitest, Abb. 112	Ableitstrom	0,5	keine
Teilchenzähler, Abb. 96	Lichtstreuung	0,1	keine
Gelman-Gerät, Abb. 114	Lichtabsorption am abgeschiedenen Staub	0,1	Filtration
Jouan-Gerät, Abb. 115	Druckabfall am abgeschiedenen Staub	0,1	Filtration
β-Staubmeter	β-Strahlenabsorption am abgeschiedenen Staub	0,1	Filtration
Kapnograph, Abb. 113	Vergleich mit Standardproben	0,5	Strahlumlenkung

5.3 Die Messung der Entstaubungsgrade

Eine Vorausberechnung der Abscheidegüte von Entstaubern ist nur in Sonderfällen möglich. So bleibt es Aufgabe der Meßtechnik, diese Güte zu bestimmen. Kennzeichnend sind die Entstaubungs- oder Abscheidungsgrade und der Reststaubgehalt [291 bis 297].

5.3.1 Der Gesamtentstaubungsgrad

Der Gesamtentstaubungsgrad gibt an, welcher Anteil der Staubmenge im Entstauber abgeschieden wird. Bezeichnet man den Staubgehalt im zugeführten Rohgas mit ζ_{Roh} und den im Reingas mit ζ_{Rein}, so gilt für den Gesamtentstaubungsgrad:

$$\eta_G = \frac{\zeta_{\mathrm{Roh}} - \zeta_{\mathrm{Rein}}}{\zeta_{\mathrm{Roh}}} \cdot 100 = 100 - 100\,\frac{\zeta_{\mathrm{Rein}}}{\zeta_{\mathrm{Roh}}} \qquad (93)$$

Die Bestimmung geschieht derart, daß man die Staubkonzentration im Roh- und Reingas mit den in Kapitel 5.2 behandelten Methoden mißt. Mit dem Wert ζ_{Rein} ist gleichzeitig der Reststaubgehalt bekannt, der beispielsweise für Fragen der Luftreinhaltung besonders aufschlußreich ist.

5.3.2 Der Stufenentstaubungsgrad

Für bestimmte Fragestellungen, wie z. B. für die Beurteilung von Entstaubern und für Gewährleistungen, ist der Stufen- bzw. Fraktionsentstaubungsgrad (Abb. 116) aufschlußreicher.

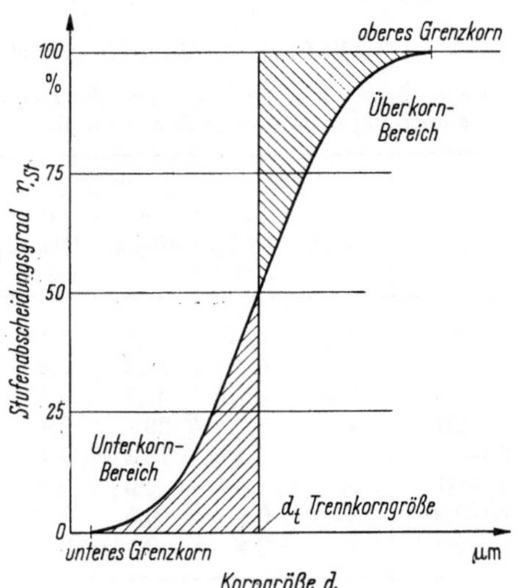

Abb. 116. Stufenabscheidungs- bzw. -entstaubungsgrad

Diese Kurve gibt an, welcher Mengenanteil von jeder Korngröße (oder Korngrößenstufe oder Korngrößenfraktion) im Entstauber abgeschieden wird. Es gilt:

$$\eta_{St(d)} = \frac{\dfrac{\Delta R_{\text{Roh}}}{\Delta d} \cdot \zeta_{\text{Roh}} - \dfrac{\Delta R_{\text{Rein}}}{\Delta d} \zeta_{\text{Rein}}}{\dfrac{\Delta R_{\text{Roh}}}{\Delta d} \cdot \zeta_{\text{Roh}}} \cdot 100 \tag{94}$$

oder

$$\eta_{St(d)} = \frac{\dfrac{\Delta R_A}{\Delta d} \cdot (\zeta_{\text{Roh}} - \zeta_{\text{Rein}})}{\dfrac{\Delta R_{\text{Roh}}}{\Delta d} \cdot \zeta_{\text{Roh}}} \cdot 100 = \frac{\Delta R_A}{\Delta R_{\text{Roh}}} \cdot \eta_G \tag{95}$$

Es bedeuten z. B.:

Δd = jeweilige Fraktionsbreite

ΔR_{Roh} = Mengenanteil der jeweiligen Fraktion am Staub im Rohgas

$\eta_{St(d)}$ = Stufenabscheidungsgrad der jeweiligen Fraktion, auf die Fraktionsmitte bezogen.

12*

In differentieller Schreibweise gilt:

$$\eta_{St(d)} = \eta_G \, \frac{\mathrm{d}R_A/\mathrm{d}d}{\mathrm{d}R_{\mathrm{Roh}}/\mathrm{d}d} \tag{96}$$

$$= 100 - (100 - \eta_G) \, \frac{\mathrm{d}R_{\mathrm{Rein}}/\mathrm{d}d}{\mathrm{d}R_{\mathrm{Roh}}/\mathrm{d}d} \tag{97}$$

Aus diesen Gleichungen leiten sich die meßtechnischen Aufgaben zur Bestimmung des Stufenentstaubungsgrades ab. Man benötigt außer den Werten für den Gesamtentstaubungsgrad noch die Korngrößenkennlinien des Staubes im Rohgas R_{Roh} und im Reingas R_{Rein} bzw. vom abgeschiedenen Staub R_A.

Tabelle 27. *Stufenabscheidungsgrad eines Staubabscheiders*

Gemessen: $\zeta_{Roh} = 10\,\mathrm{g/Nm^3}$, $\zeta_{Rein} = 1{,}65\,\mathrm{g/Nm^3}$ und die Spalten a und c (f zur Kontrolle) nach Probenahme z. B. durch Sieben und Sedimentation.

Kornklasse μm	Rohgas		Reingas			abgesch. Staub		
	a ΔR_{Roh} %	b ΔM_{Roh} g/Nm³	c ΔR_{Rein} %	d ΔM_{Rein} g/Nm³	e η_{St} %	f ΔR_A %	g ΔM_A g/Nm³	h η_{St} %
< 2	1,5	0,15	8,9	0,147	2	0,03	0,003	2
2—5	3	0,3	16,3	0,27	10	0,37	0,03	10
5—10	7,5	0,75	37,7	0,53	30	2,6	0,22	30
10—20	24	2,4	29	0,48	80	23	1,92	80
20—40	34	3,4	10,3	0,17	95	38,7	3,23	95
40—60	18	1,8	3,3	0,05	97	21	1,75	97
60—100	8	0,8	0,5	0,008	99	9,5	0,79	99
> 100	4	0,4	0	0	100	4,8	0,4	100
	100	10	100	1,655		100	8,343	

$$\Delta M_{\mathrm{Roh}} = \Delta R_{\mathrm{Roh}} \cdot \zeta_{\mathrm{Roh}} \qquad \Delta M_{\mathrm{Rein}} = \Delta R_{\mathrm{Rein}} \cdot \zeta_{\mathrm{Rein}}$$

$$\Delta M_A = \Delta R_A \cdot M_A / V_{(\mathrm{Nm^3})}$$

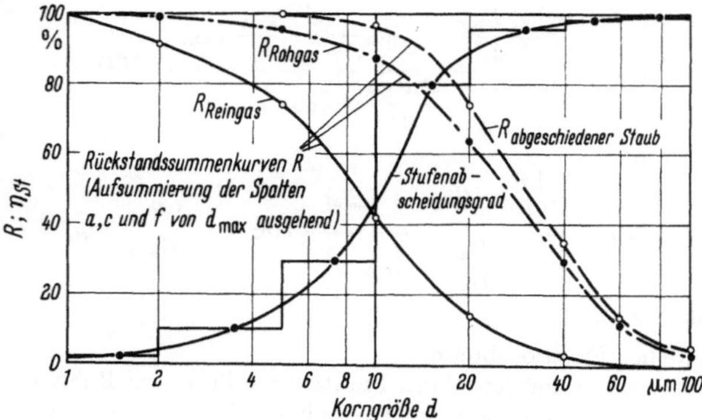

Abb. 117. Stufenabscheidungsgrad und Rückstandssummen

Mit Tab. 27 und Abb. 117 wird eine schrittweise Auswertung nach den
Gln. (94) und (95) gezeigt. Die Genauigkeit hängt von der gewählten
Stufenzahl bzw. der Fraktionsbreite ab. Dies gilt besonders im feinen
Korngrößenbereich.

Eine Auswertung nach den Gln. (96) und (97) erfolgt am besten über
die entsprechenden Häufigkeitskurven, wie mit Abb. 118 gezeigt. Das
Beispiel ist einer Arbeit von GESSNER [292] entnommen.

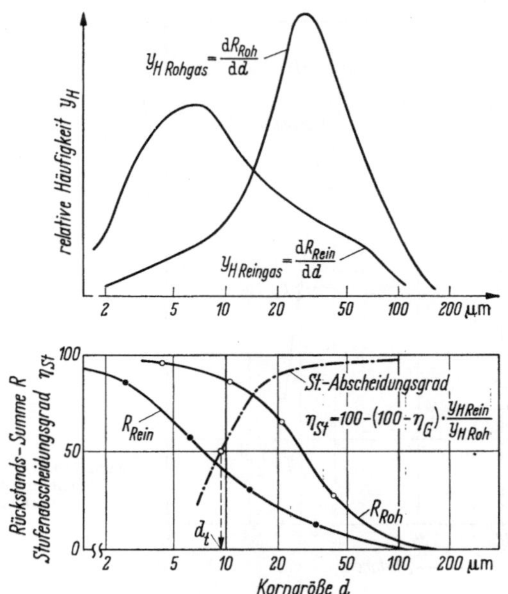

Abb. 118. Stufenabscheidungsgrad eines Elektroabscheiders in einer Koksaufbereitungsanlage

Ist der Stufenentstaubungsgrad eines Abscheiders bekannt, so läßt
sich damit für gleiche Betriebsbedingungen, aber verschiedene Korngrößenverteilungen im zugeführten Rohgas der Gesamtentstaubungsgrad
berechnen.

$$\eta_G = \frac{1}{100} \int\limits_{R=0}^{R=100} \eta_{St(d)} \cdot \mathrm{d}\,R_{Roh} \tag{98}$$

5.4 Der elektrische Staubwiderstand

Die Abscheidung von aufgeladenen Staubteilchen im elektrischen
Feld hängt vom elektrischen Staubwiderstand ab, weil dadurch das Verhalten an der Niederschlagselektrode in hohem Maße bestimmt wird.

Staubteilchen mit einem geringen spezifischen Widerstand, etwa unterhalb von 10^4 Ohm·cm, geben nach dem Auftreffen auf die Niederschlags-

elektrode ihre Ladung schnell ab und laden sich um. In gleichem Maße
erfolgt eine Umkehrung der elektrischen Haftkräfte, wodurch die Teilchen abgestoßen und in den Gasstrom zurückgeführt werden. Dieser
Vorgang kann dazu führen, daß sich Stäube mit niedrigem elektrischen
Widerstand ohne besondere Maßnahmen nicht abscheiden lassen. Anders
verhalten sich Stäube mit sehr hohem spezifischen Widerstand, etwa
mit Werten über 10^{11} Ohm·cm. Bei diesen Stäuben tritt das Rücksprühen

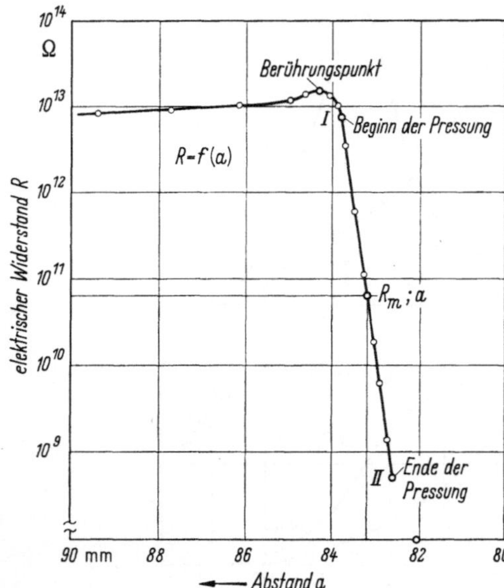

Abb. 119. Bestimmung des
mittleren Staubwider-
standes R_m

auf. Infolge der geringen Leitfähigkeit baut sich mit der Zeit eine Po-
tentialdifferenz in der Staubschicht auf, die zu Entladungen führen
kann. Dabei entstehen Ionen, die aus der Staubschicht heraus in den
Gasraum austreten, wodurch Staubteilchen entladen und dann nicht
mehr abgeschieden werden. Zusätzlich wird die Überschlagsspannung
der Gasstrecke erheblich gesenkt. Auch in diesem Fall lassen sich ausreichende Abscheideergebnisse nur durch besondere Maßnahmen, wie
z. B. flüssigkeitsberieselte Niederschlagselektroden, erreichen. Stäube
mit einem spezifischen Widerstand, etwa zwischen 10^4 bis 10^{11} Ohm·cm,
bereiten im allgemeinen keine besonderen Schwierigkeiten im Hinblick
auf die Abscheidung. Aus diesen Hinweisen wird sichtbar, daß der
spezifische Staubwiderstand in der Elektroentstaubung eine bedeutende
Einflußgröße ist. Vor jedem Entwurf einer Anlage ist daher der spezifische Staubwiderstand zu ermitteln, falls dieser noch nicht bekannt
ist. Zur Messung ist anzustreben, daß der Staub etwa in der gleichen
Form wie an den Niederschlagselektroden vorliegt. Diese, wie auch

andere Forderungen erfüllt z. B. das von C. SCHEIDEL entwickelte Staubwiderstandsmeßgerät [298]. Dieses Gerät besteht aus einem kleinen Elektroabscheider — ähnlich wie beim elektrostatischen Probensammler (Abb. 16) — und Geräten zur Strom- und Spannungsmessung. Andere Bauarten unterscheiden sich hiervon im Prinzip nicht [299 bis 303].

Nachdem man mit dem Elektroabscheider einen Niederschlag von etwa 2 bis 3 mm Dicke hergestellt hat, wird eine bewegliche Platte eingeschwenkt und mit Hilfe einer Mikrometerschraube in Richtung auf die Niederschlagselektrode verschoben. Beide Platten sind mit einem Ohm-Meßgerät verbunden. Es ergibt sich so der elektrische Widerstand in Abhängigkeit vom Abstand. Ein Versuchsergebnis zeigt beispielsweise Abb. 119.

Sobald die bewegliche Platte die Staubschicht berührt, beginnt ein vergleichsweise starker Abfall der Kurve. Die Pressung wird solange durchgeführt, bis ein Druck von etwa 0,01 N/cm² vorliegt, der etwa dem im Elektroabscheider entspricht. Der Punkt R_m in der Mitte der steil abfallenden Kurve wird als mittlerer Widerstand gewertet. Unter Berücksichtigung der Geometrie ergibt sich hieraus der mittlere spezifische Widerstand zu

$$\bar{\varrho} = \frac{F \cdot R_m}{a} \tag{99}$$

In dieser Gleichung sind F die staubbedeckte Fläche und a die mittlere Stärke der Staubschicht.

5.5 Dichte des Staubes

Unter der Dichte eines Feststoffes versteht man die in der Volumeneinheit enthaltene Masse. Die Staubdichte bezieht sich also auf das Volumen der *festen* Materie, im Gegensatz beispielsweise zur Schüttdichte. Aus der Definition ergibt sich das Grundprinzip der Messung, das eine Massen- und eine Volumenbestimmung beinhaltet. Die Massenermittlung durch Wägen stellt kein Problem dar. Dies gilt im Grundsatz auch für die Volumenbestimmung, die im allgemeinen über die Verdrängung einer Flüssigkeit (auch Gas) erfolgt. Es ist aber bei der Oberflächenmessung (4) bereits dargelegt worden, daß es sehr schwierig ist, die Grenzfläche zwischen Feststoff und Flüssigkeit eindeutig zu definieren. Dieses Problem gilt auch für den Verdrängungsvorgang. Man darf für den allgemeinen Fall davon ausgehen, daß die Staubteilchen keine glatte, d. h. geometrisch eindeutige Oberfläche besitzen. Sie sind vielmehr mehr oder weniger porös. So ist leicht einzusehen, daß eine benetzende Flüssigkeit in die Poren mehr eindringen kann als eine nichtbenetzende. Ähnliches gilt für Gas im Vergleich zu Flüssigkeit.

Auf diese Weise können sich für die gleiche Materie verschiedene Dichtewerte ergeben, wie Tab. 28 für einen Fall zeigt.

Von den bekannten Meßmethoden [304, 305] findet die Verdrängung in Flüssigkeit am häufigsten Anwendung. Dabei mißt man das verdrängte Flüssigkeitsvolumen im allgemeinen nicht direkt, sondern auch durch Wägen, wie z. B. mit Hilfe des Pyknometers. Man füllt diesen speziellen Glaskolben zunächst mit einer Flüssigkeit bis zu einer bestimmten Marke und stellt die Masse fest (M_1). Dann bringt man eine bestimmte Staubmenge m in das Gefäß, füllt erneut bis zur Marke auf und ermittelt die Masse (M_2). Die Dichte errechnet sich nach der Gleichung

Tabelle 28
Dichte einer A-Kohle in verschiedenen Flüssigkeiten
(nach S. J. GREGG)

Medium	Dichte
Helium (Gas)	1,645
CH_3OH	1,70
H_2O	1,63
C_6H_{14}	1,497
C_6H_6	1,518

$$\varrho = \varrho_{Fl} \frac{m}{M_1 + m - M_2} \tag{100}$$

Die Flüssigkeit ist jeweils so auszuwählen, daß der Staub dadurch nicht verändert wird. Zu beachten ist ferner, daß die Wägung des mit dem Staub und der Flüssigkeit gefüllten Pyknometers nur dann richtige Werte liefert, wenn sämtliches Gas beseitigt ist. Dazu ist zu empfehlen, das teilweise gefüllte Pyknometer mehrmals zu evakuieren. Ein Erwärmen mit anschließender Abkühlung ist nicht so wirkungsvoll wie das Evakuieren.

Bei Staubteilchen, für die es keine geeignete Flüssigkeit gibt, empfiehlt sich eine Verdrängungsmessung in Luft, beispielsweise nach dem Verfahren von HOFSÄSS [305].

Eine weitere Methode besteht darin, daß man eine bekannte Menge eines staubförmigen Stoffes in ein Probengefäß bekannten Inhalts einfüllt. Dieses Gefäß wird dann auf etwa 10^{-5} Torr evakuiert und anschließend mit Helium gefüllt. Aus dem Volumen des Probengefäßes und der übergeströmten Heliummenge ergibt sich das Volumen des körnigen Stoffes. Diese Meßapparatur ist der nach Abb. 102 analog. Helium ist deswegen als Gas besonders geeignet, weil es bei Raumtemperatur nur wenig absorbiert wird.

5.6 Porengröße und Porengrößenverteilung[1]

Das Hohlraum- oder Porenvolumen in Schüttgütern setzt sich zusammen aus dem Hohlraum zwischen den Körnern (Volumen der Zwischenraumporen) und dem in den Körnern (Volumen der Kornporen).

---

[1] Siehe auch E. MANEGOLD: Kapillarsysteme. Heidelberg: Straßenbau, Chemie u. Technik Verlagsgesellschaft 1955.

Das Porenvolumen und die Größenverteilung der Poren sind für viele Prozesse von besonderem Einfluß.

Von den Zwischenraumporen und ihrer Verteilung hängen beispielsweise ab: die Fließgeschwindigkeit von Wasser im Boden, die Ergiebigkeit von Erdöllagerstätten, der Druckabfall in durchströmten Schüttgütern und die Restfeuchtigkeit bei der mechanischen Flüssigkeitsabtrennung.

Demgegenüber hängen viele chemische Prozesse, und dabei insbesondere die Wirkung von Katalysatoren, nicht von den Zwischenraumporen, sondern von den Kornporen ab. Das Volumen der Zwischenraumporen wird durch die Porenziffer ε beschrieben, deren Berechnung Gl. (87) zeigt.

Zum Messen des Porenvolumens und der Porengrößenverteilung gibt es zahlreiche Methoden, wie die mikroskopische, die Quecksilber- und die Adsorptionsmethode [306].

a) Die licht- oder elektronenmikroskopische Untersuchung wird am Schliffbild des körnigen Materials durchgeführt. Die Anfertigung von Schliffen bereitet bei fest zusammenhängenden Stoffen keine großen Schwierigkeiten. Für Schüttgüter ist daran zu denken, das Porenvolumen mit einem flüssigen Kunststoff auszufüllen, welcher nach einiger Zeit aushärtet.

b) Das Hohlraumvolumen wird mit einer benetzenden Flüssigkeit ausgefüllt. Durch Erwärmen und Evakuieren unterstützt man das Eindringen der Flüssigkeit in die Poren. Anschließend wird die Probe getrocknet. Aus der dabei auftretenden Massenabnahme ergibt sich das Porenvolumen, nicht aber die Größenverteilung.

c) Bei der Quecksilber-Heliummethode ermittelt man zunächst das gesamte Porenvolumen wie bei der Oberflächenmessung durch Gasadsorption mit Helium. Da das im Anschluß daran eingedrückte Quecksilber im wesentlichen nur das Volumen der Zwischenraumporen ausfüllt, ist auch das Volumen der Kornporen bekannt.

d) Zur Bestimmung der Porengrößenverteilung empfiehlt sich die Quecksilber-Druckmethode, die auf Kapillaritätserscheinungen beruht [307]. Dazu denkt man sich das Porensystem durch ein solches aus Kapillaren verschiedener Durchmesser ersetzt (Ersatz- oder Modellbild). Um in ein solches System eine nicht benetzende Flüssigkeit ($\vartheta > 90°$) einzuführen, ist ein gewisser Druck erforderlich. Für eine Kapillare mit dem Radius r gilt:

$$\pi \cdot r^2 \cdot p = -2r \cdot \pi \cdot \sigma_1 \cdot \cos\vartheta \qquad (101)$$

oder

$$r \cdot p = -2\sigma_1 \cdot \cos\vartheta \qquad (102)$$

Für die eindringende Flüssigkeitsmenge gilt:

$$\mathrm{d}V = \psi(r) \cdot \mathrm{d}r \tag{103}$$

wobei $\psi(r)$ die Verteilungsfunktion der Porenradien angibt. Mit konstanten Werten für σ_1 und ϑ gilt wegen Gl. (102) ferner

$$p \cdot \mathrm{d}r + r \cdot \mathrm{d}p = 0 \tag{104}$$

Damit wird

$$\frac{\mathrm{d}V}{\mathrm{d}p} = -\psi(r)\,\frac{r}{p} \tag{105}$$

Diese Gleichung zeigt den Weg der Messung. Man mißt $V = f(p)$, differenziert die Kurve und erhält so die Werte $\mathrm{d}V/\mathrm{d}p$. Jedem Druck p entspricht nach Gl. (102) ein Kapillarradius r. Damit sind alle Werte vorhanden, um die gesuchte Verteilungsfunktion $\psi(r)$ zu bestimmen.

Die Meßapparatur folgt unmittelbar aus obiger Vorschrift. Man evakuiert den mit der Probe gefüllten Meßraum und läßt bei steigendem Druck Quecksilber in das Porenvolumen einströmen.

Das auf diese Weise für das Modellbild gefundene Ergebnis kann das wirkliche Porensystem nur im Rahmen der gemachten Voraussetzungen repräsentieren.

e) Bei der Diskussion der Adsorptionsisothermen wurde bereits angedeutet, daß der Verlauf der Kurve in Nähe des Sättigungsdruckes durch Kapillareffekte bestimmt wird. Auf Grund dieser Erscheinung läßt sich das Volumen der Kornporen und deren Größenverteilung auch über Adsorptionsmessungen ermitteln [308, 309].

6. Einige Beispiele für die Anwendung von Korngrößenanalysen

In diesem Kapitel werden einige Beispiele behandelt, die zeigen mögen, wie sich auf Grund von Korngrößenanalysen verfahrenstechnische Prozesse beurteilen und auch entwickeln lassen. Im Rahmen dieses Buches lassen sich nur wenige und keinesfalls erschöpfende Beispiele behandeln.

Beispiel 1. *Zerkleinerung in Stiftmühlen*

Aus technologischen Gründen soll ein mittelhartes Material so zerkleinert werden, daß ein Stoff entsteht, der nicht mehr als 15% Bestandteile kleiner als 1 µm und keine Bestandteile $d > 40$ µm enthält. Die Leistung der Anlage soll etwa 50 kg/h erreichen.

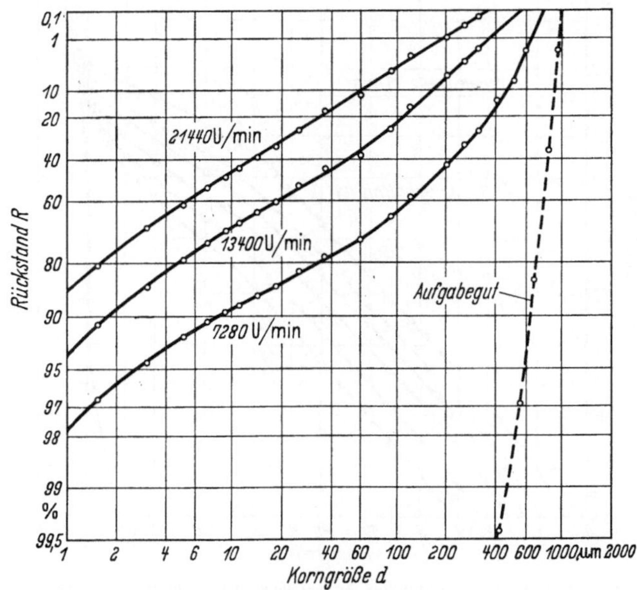

Abb. 120. Körnungskennlinien des Mahlgutes einer Stiftmühle bei verschiedenen Drehzahlen im Körnungsnetz nach DIN 4190

Ein derartiges körniges Material läßt sich vermutlich mit einer Stiftmühle in Verbindung mit einem Sichter erzeugen. Dazu führt man einige Testversuche z. B. mit 100 kg/h Aufgabemenge bei verschiedenen Drehzahlen zunächst ohne Sichter durch. Die hierbei erhaltenen Korngrößenverteilungen des Mahlgutes sind in Abb. 120 dargestellt. Das bei einer Drehzahl von 13400 U/min entstehende Mahlgut entspricht wahrscheinlich den gestellten Bedingungen. Trennt man dieses Material bei 40 μm mit einem Sichter, dann beträgt die Menge der gewünschten Korngrößen etwa 50 kg/h. Der Feinanteil unter 1 μm in diesem Fertigprodukt liegt bei etwa 12%.

Es bleibt nun noch zu prüfen, ob bei verändertem Aufgabegut, nämlich aus Rohgut und Grobgut des Sichters, auch noch die gewünschten Korngrößen entstehen. Ein Versuch zeigt, daß sich die Körnungskennlinie des Mahlgutes auch bei dem veränderten Aufgabegut nahezu mit der nach Abb. 120 deckt. Damit sind die gesuchten Betriebswerte der Stiftmühle ermittelt.

Beispiel 2. Zerkleinerung in Rohrmühlen

Der Hersteller von Rohrmühlen will eine kontinuierlich arbeitende Mühle so betreiben, daß bei einem bestimmten Zerkleinerungsgrad ein

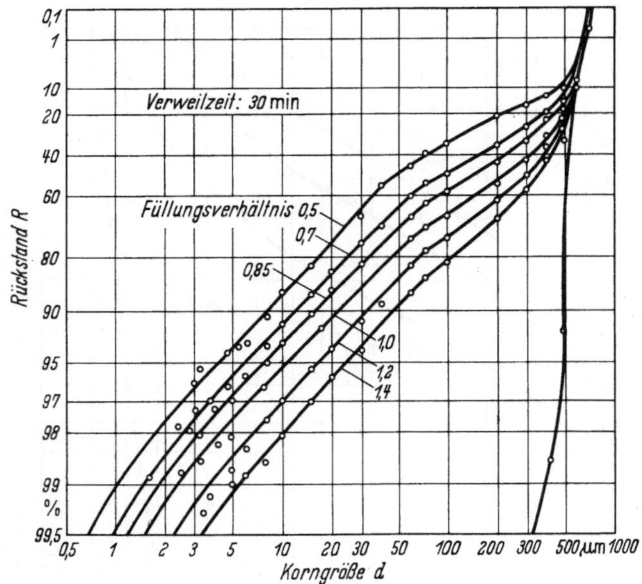

Abb. 121. Körnungskennlinien des Mahlgutes für verschiedene Füllungsverhältnisse bei einer Rohrmühle

optimaler Durchsatz erreicht wird. Um den Umfang der Aufgabe zu begrenzen, sei angenommen, daß der Durchmesser der Rohrmühle 0,6 m, die Drehzahl 40 U/min und der Füllungsgrad 30% betragen soll. Als Zerkleinerungsgrad [103] wird der Wert $\zeta_{d_m} = 6$ gefordert. Für den

Betrieb sind dann nur noch das Füllungsverhältnis und die Verweilzeit frei wählbar.

Die gestellte Aufgabe wird durch Versuche gelöst, hier mit einer absatzweise arbeitenden Mühle. Dabei wird man den erreichten Zerkleinerungsgrad in Abhängigkeit von der Verweilzeit und dem Füllungsverhältnis ermitteln. Das Füllungsverhältnis gibt den Quotienten aus Volumen des Mahlgutes und Volumen zwischen den Mahlkörpern (in Ruhe) an. In Abb. 121 sind die Körnungskennlinien des Mahlgutes bei verschiedenen Füllungsverhältnissen für eine Verweilzeit von 30 Minuten dargestellt.

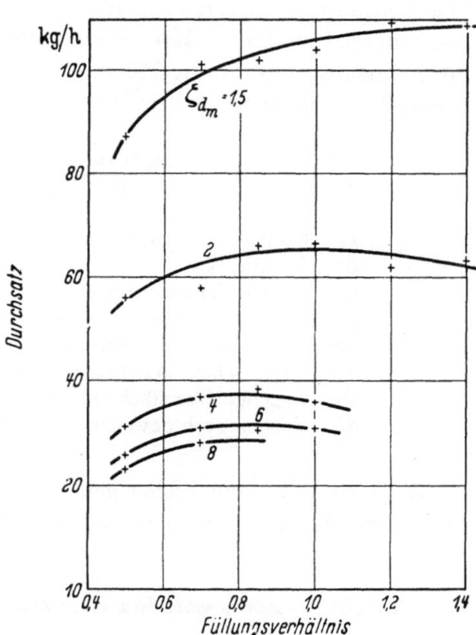

Abb. 122. Durchsatz bei verschiedenen Zerkleinerungsgraden und Füllungsverhältnissen

Die gleichen Kennlinien werden auch noch für andere Verweilzeiten ermittelt. Da sich aus Verweilzeit und Füllungsverhältnis der Durchsatz und aus den Körnungskennlinien der Zerkleinerungsgrad ergibt, sind Werte vorhanden, die eine Darstellung entsprechend Abb. 122 ermöglichen. Ein optimaler Durchsatz liegt danach für $\zeta d_m = 6$ bei einem Füllungsverhältnis von etwa 0,85 vor. Zu diesen Bedingungen gehört eine Verweilzeit von 45 min, woraus sich die Länge der Mühle ergibt.

Beispiel 3. *Restfeuchtigkeit bei der mechanischen Flüssigkeitsabtrennung*

Es besteht die Aufgabe, einen in Wasser suspendierten feinkörnigen Kalkstein abzutrennen. Die Restfeuchtigkeit soll unter 15% liegen.

Zunächst ist zu klären, mit welchem Apparat oder mit welcher Maschine dieses Problem zu lösen ist. Die äußere Feuchtigkeit in einem Haufwerk besteht aus Haft-, Zwickel- und Zwischenraumkapillarflüssigkeit [310]. Eine Restfeuchtigkeit von 15% läßt sich nur erreichen, indem genügend Zwischenraumkapillarflüssigkeit abgetrennt wird, weil sie den größten Anteil der äußeren Feuchtigkeit in einem feuchten Haufwerk liefert. Diese Flüssigkeit wird bei der mechanischen Trennung zuerst abgeführt, weil sie weniger stark als die Zwickel- und Haftflüssigkeit festgehalten wird. In dem zu wählenden Trenngerät müssen somit Kräfte wirksam sein, die größer sind als die Kapillarkräfte, welche die Zwischenraumflüssigkeit binden.

Diese zuletzt genannten Kräfte sind durch die kapillare Steighöhe gekennzeichnet, also durch die Höhe, um welche die benetzende Flüssigkeit in Kapillaren hochsteigt. Für diese Steighöhe in körnigen Stoffen gilt:

$$h_s = \frac{2\,\sigma_1 \cos\vartheta}{g\,\varrho_{Fl}} \left[\frac{O_K}{d_m^2\,V_z} \right]^{1/3} \tag{106}$$

h_s kapillare Steighöhe m
ϑ Randwinkel
σ_1 Oberflächenspannung der Flüssigkeit J/m²
g Schwerebeschleunigung m/sec²
ϱ_{Fl} Dichte der Flüssigkeit kg/m³
V_z spezifisches Zwischenraumvolumen m³/kg
O_K kugelige Oberfläche m²/kg
d_m arithmetisch gewogene mittlere Korngröße m

Die Gl. (106) gilt nach bisherigen Untersuchungen nur für nahezu gleichkörniges Material. Da man den Randwinkel fast nie kennt und

Tabelle 29. *Körnungsaufbau eines suspendierten Kalksteines*

d	R	ΔR	Δd	d_a	$\dfrac{\Delta R}{100}\cdot d_a$	$\Delta O_K'$
mm	%	%	mm	mm	mm	cm²/g
0,040	0,6	0,6	0,01	0,045	0,00027	8
0,028	1,1	0,5	0,012	0,034	0,00017	9
0,020	1,4	0,3	0,008	0,024	0,00007	8
0,015	7,1	5,7	0,005	0,0175	0,001	195
0,012	16,0	8,9	0,003	0,0135	0,0012	396
0,010	29,4	13,4	0,002	0,0110	0,00147	730
0,0075	52,9	23,5	0,0025	0,00875	0,00206	1610
0,005	81,5	28,6	0,0025	0,00625	0,00179	2750
0,003	95,2	13,7	0,002	0,004	0,00055	2055
0,0015	98,8	3,6	0,0015	0,00225	0,00008	960
0,001	100	1,2	0,0005	0,00125	0,00001	575

$$d_m = 0{,}00867 \qquad O_K' = 9296$$

gleichkörniges Gut nur selten vorkommt, ist vorzuschlagen, die Gl. (106) als halbempirische Formel zu verwenden.

$$h_s = C\left[\frac{O_K}{V_z\,d_m^2}\right]^b \tag{107}$$

Für das System Kalkstein/Wasser wurde gemessen (h_s mm):
$C \approx 19$; $b = 0,39$ wenn O_K in mm²/g, d_m in mm und V_z in mm³/g gewählt werden.

Für den suspendierten Kalkstein wurde durch Sedimentationsanalyse (Pipette) der in Tab. 29 angegebene und ausgewertete Körnungsaufbau ermittelt.

Mit einer Dichtezahl $\varrho_z = 2,63$ für Kalkstein, einem spezifischen Zwischenraumvolumen $V_z = 324$ mm³/g und $O_K = 3534$ cm²/g wird

$$h_s = 19\left[\frac{3534 \cdot 10^2}{0,00867^2 \cdot 324}\right]^{0,39} = 11\,800 \text{ mm WS}$$

Hieraus folgt, daß sich die Zwischenraumkapillarflüssigkeit nur in Druckfiltern und in Zentrifugen mit ausreichender Beschleunigung beseitigen läßt, nicht aber in Vakuumfiltern. Der Grad der Entfeuchtung läßt sich aus den Abb. 123 und 124 entnehmen [311].

In Abb. 123 ist der Restfeuchtegrad W_{tm}/W_{to} in Abhängigkeit vom Druckverhältnis beim Filtern für eine bestimmte Entfeuchtungsdauer

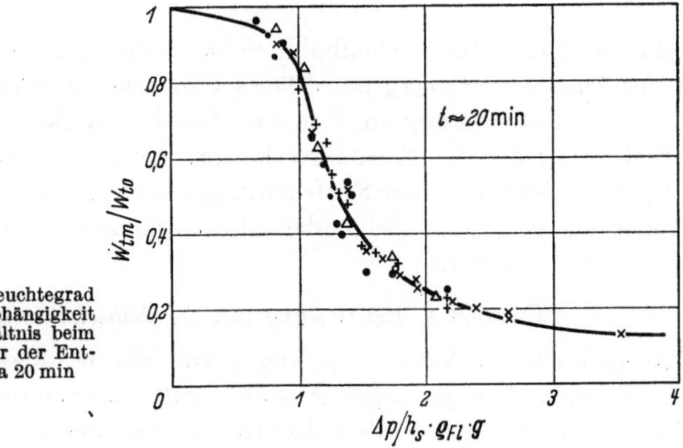

Abb. 123. Restfeuchtegrad W_{tm}/W_{to} in Abhängigkeit vom Druckverhältnis beim Filtrieren. Dauer der Entfeuchtung etwa 20 min

dargestellt. Im allgemeinen wird man im Modellversuch eine Kurvenschar mit der Entfeuchtungsdauer als Parameter aufnehmen. In der Abb. 123 gibt W_{tm} die auf die Feststoffmasse bezogene mittlere Restfeuchtigkeit in %, W_{to} die Feuchtigkeit im Filterkuchen vor Beginn der Entfeuchtung an. Bei einem gemessenen Zwischenraumvolumen $V_z = 324$ mm³/g ergibt sich dann bei Wasser ein W_{to} von etwa 32%. Um bei einer Entfeuchtungsdauer von etwa 20 min eine Restfeuchtigkeit von 15% zu erhalten, ist nach Abb. 123 ein Druckverhältnis von mindestens 1,4 erforderlich, d. h. die Druckdifferenz am Filterkuchen muß größer sein als 1,4·11,8 m WS.

In Abb. 124 sind die entsprechenden Verhältnisse für Zentrifugen dargestellt, allerdings für Quarztrüben. Die Kurven für Quarz und Kalk unterscheiden sich nach durchgeführten Versuchen recht wenig. In der

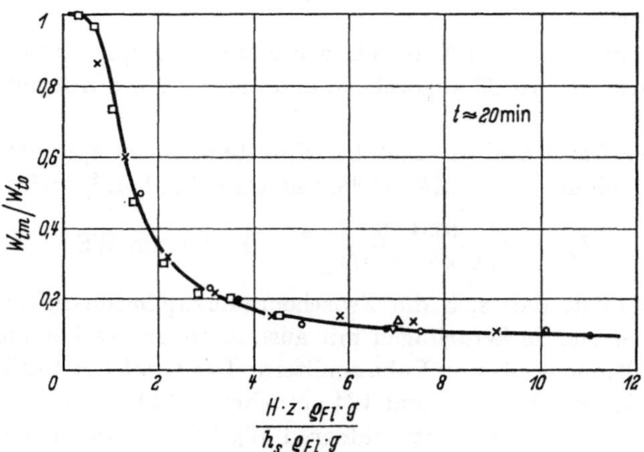

Abb. 124. Restfeuchtegrad W_{tm}/W_{to} beim Schleudern. Dauer der Entfeuchtung etwa 20 min. Die Kurve gilt nur für $H = $ const.

Abbildung gibt H die Kuchenhöhe, z die mittlere Beschleunigungsziffer und der Ausdruck $H z \varrho_{Fl} g$ den Flüssigkeitsdruck je Flächeneinheit bei Beginn der Entfeuchtung an. Um eine Restfeuchtigkeit von etwa 15% zu erhalten, ist für eine Kuchenstärke von 40 mm eine Beschleunigungsziffer von etwa 500 bei einer Entfeuchtungsdauer von 20 min erforderlich. Will man mit geringeren Schleuderzeiten auskommen, dann sind höhere Schleuderziffern nötig.

Beispiel 4. *Beurteilung von Staubabscheidern*

Eine quantitative Vorausberechnung von Staubabscheidern ist noch nicht möglich. Die jeweilige Abscheidegüte muß daher bei Bedarf meßtechnisch ermittelt werden. Kennzeichnend für diese Güte sind die Entstaubungsgrade und der Reststaubgehalt.

Es ist bekannt, daß sich der Entstaubungsgrad eines Zyklons mit der Einström- und damit der Umlaufgeschwindigkeit verbessert. Da eine Vorausberechnung nur in Grenzen möglich ist, läßt sich die genaue Abhängigkeit nur durch Versuche ermitteln.

Diese Aufgabe besteht für einen Axialzyklon. Benutzt wird ein Modell von 70 mm ∅. Für die mittlere Strömungsgeschwindigkeit im Querschnitt vor den Leitschaufeln werden drei verschiedene Geschwindigkeiten, nämlich 3,71; 7,42 und 11,13 m/s gewählt. Die Abscheidegüte für diese Bedingungen läßt sich durch die Entstaubungsgrade (5.3) beschreiben. Es werden daher der Staubgehalt und die Korngrößenverteilung im Rohgas sowie die Korngrößenverteilung und die Menge des abgeschiedenen Staubes gemessen. Diese Meßergebnisse sind in Tabelle 30 zusammengestellt.

Tabelle 30. *Staubgehalt, Korngrößenanalyse und abgeschiedene Staubmengen*

Mengen	d μm	R_{Roh} %	R_{A1} %	R_{A2} %	R_{A3} %
Index 1: $w = 3{,}71$ m/s	1,28	95,50	99,25	99,45	99,70
2: $w = 7{,}42$ m/s	1,92	92,00	99,00	99,22	99,40
3: $w = 11{,}13$ m/s	2,55	88,50	98,70	98,95	98,90
	3,60	83,50	98,30	98,42	97,70
	5,09	76,50	97,10	97,30	94,00
$\xi_{\text{Roh}1\cdots3} = 0{,}60$ g/Nm³	7,21	68,60	95,20	94,20	86,90
$M_{A1} = 0{,}31$ g/Nm³	10,15	56,60	89,20	83,30	73,40
$M_{A3} = 0{,}40$ g/Nm³	14,33	43,40	76,50	66,10	56,80
$M_{A2} = 0{,}48$ g/Nm³	20,55	24,40	47,10	37,90	32,40
	27,60	9,40	18,15	14,30	12,60
	39,6	0,90	1,75	1,40	1,20
$M_A = \xi_{\text{Roh}} - \xi_{\text{Rein}}$	55,0	0	0	0	0

Für die Gesamtentstaubungsgrade ergeben sich folgende Werte:

$$\eta_{G2} = 51{,}8\%; \qquad \eta_{G2} = 66\%; \qquad \eta_{G3} = 74{,}7\%.$$

Für die Berechnung des Stufenentstaubungsgrades wird jeweils die gleiche Klassenbreite $\varDelta d$ gewählt. Dadurch gilt nach Gl. (95): $\eta_{St} = \eta_G \cdot \varDelta R_A / \varDelta R_{\text{Roh}}$. Die entsprechende Berechnung ist in Tabelle 31 zusammengestellt. Die graphische Darstellung zeigt Abb. 125.

Tabelle 31. *Berechnung des Stufenentstaubungsgrades*

Kornklasse μm	Klassen-mitte μm	$\varDelta R_{\text{Roh}}$ %	$\varDelta R_{A1}$ %	η_{St1} %	$\varDelta R_{A2}$ %	η_{St2} %	$\varDelta R_{A3}$ %	η_{St3} %
1,28	0,64	4,5	0,75	8,63	0,55	8,06	0,3	4,98
1,28— 1,92	1,60	3,5	0,25	3,70	0,23	4,34	0,3	6,4
1,92— 2,55	2,24	3,5	0,3	4,4	0,27	5,09	0,5	10,69
2,55— 3,60	3,08	5,0	0,4	4,1	0,53	7,0	1,2	17,93
3,6 — 5,09	4,35	7,0	1,2	8,9	1,12	10,6	3,7	38,4
5,09— 7,21	6,2	7,9	1,9	12,5	3,1	25,9	7,1	67,1
7,21—10,15	8,68	12,0	6,0	25,9	10,9	60,0	13,5	84
10,15—14,33	12,24	13,2	12,7	49,8	17,2	86,1	16,6	94
14,33—20,55	17,44	19,0	29,4	80,1	28,2	9,17	24,4	96,1
20,55—27,60	24,08	15,0	28,95	99,97	23,6	103,9	19,8	98,6
27,60—39,60	33,6	8,5	16,4	99,92	12,9	100,2	11,4	100,2
39,60—55,0	47,3	0,9	1,75	100,7	1,4	102,8	1,2	99,7

Die wichtigsten Kennwerte der Kurven aus Abb. 125, nämlich die Trennkorngröße d_T und die vollständig abgeschiedene Korngröße $d_{\max}$,

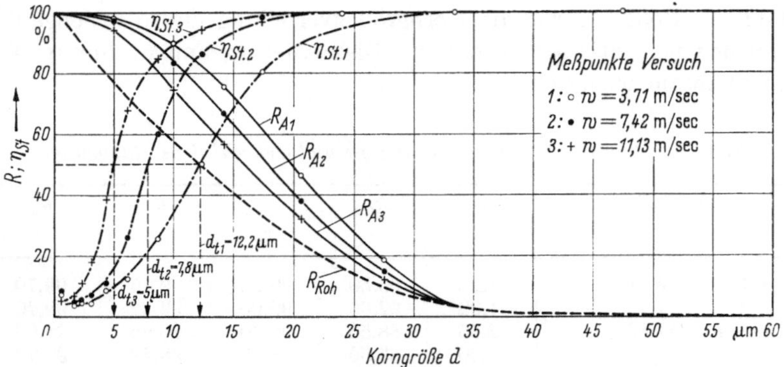

Abb. 125. Rückstandssummenkurven und Stufenabscheidungsgrade bei einem Axialzyklon und verschiedenen Einströmgeschwindigkeiten

sind in Abhängigkeit von der Einströmgeschwindigkeit in Tabelle 32 zusammengestellt.

Tabelle 32. *Zusammenstellung der Ergebnisse von Beispiel Nr. 4*

Einströmgeschwindigkeit w m/s	Trennkorngröße d_T μm	vollständig abgeschiedene Korngröße $d_{\max}$ μm
3,71	12,2	35
7,42	7,8	25
11,13	5,0	20

Wie die Abb. 125 zeigt, läßt sich die Abscheidegüte überschlägig auch aus einem Vergleich der jeweiligen Rückstandssummenkurven finden. So ist der Abstand ein Maß für die Güte. Bei einer vollständigen Abscheidung fallen R_{Roh} und R_A zusammen. Einige weitere Beispiele hierzu zeigt Abb. 126.

Beispiel 5. *Trennschärfe beim Klassieren und Sortieren*

Das Beispiel in Abb. 125 zeigt, daß z. B. die Korngröße von 12 μm bei $w = 3,71$ m/sec nur zu etwa 50% vom Abscheider abgetrennt werden. Hieraus folgt, daß jeder unvollständig arbeitende Abscheider ein Trennapparat ist. Dies trifft fast ausnahmslos zu. Es ist daher berechtigt, die Stufenentstaubungsgradkurve auch als Trennungsgradkurve zu bezeichnen. Diese Kurve gibt neben der Trennkorngröße durch die Steigung am Wendepunkt Auskunft über die Trennschärfe.

In Abb. 127 sind Trennungsgradkurven eines Wirbelsichters für verschiedene Betriebsbedingungen dargestellt. Durch Verändern der Grob-

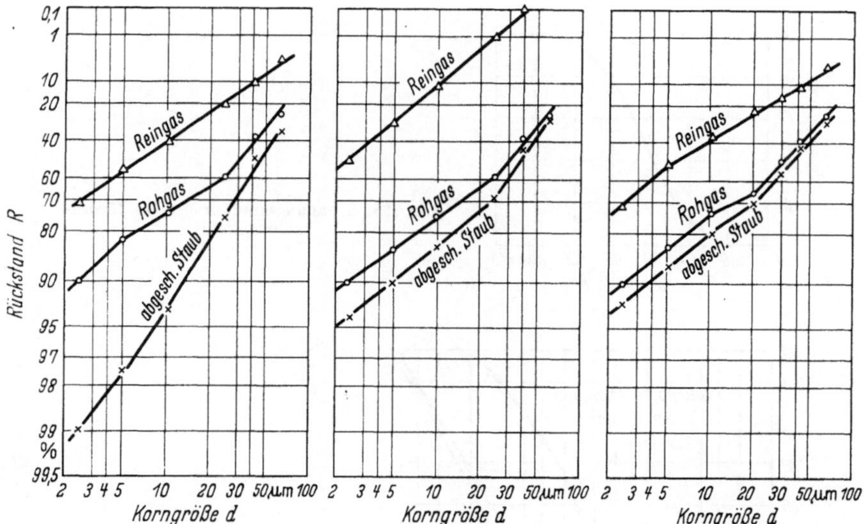

Abb. 126. Körnungskennlinien bei einem Zyklon geringer Güte (links) — Körnungskennlinien bei einem Zyklon hoher Güte (mitte) — Körnungskennlinien bei einem Elektroentstauber (rechts) [312]

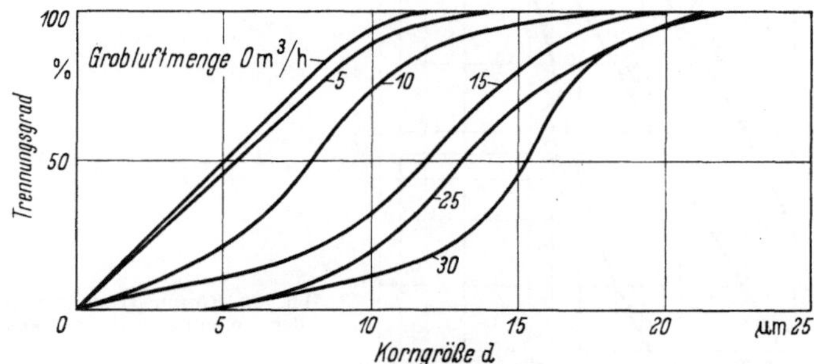

Abb. 127. Trennungsgradkurven eines Wirbelsichters für verschiedene Grobluftmengen und Quarzstaub. Frischluftmenge: 50 m³/h

luft (Zweitluft) läßt sich die Trennkorngröße etwa zwischen 5 und 15 μm verändern. Die Methode der Berechnung unterscheidet sich nicht von der in Beispiel 4.

Die Trennungsgradkurve eines Hydrozyklons zeigt Abb. 128, die dazu gehörenden Körnungskennlinien Abb. 129 [312]. Diesem Zyklon sei die Aufgabe gestellt, eine Suspension so in zwei Ströme zu spalten, daß im Unterlauf möglichst nur Korngrößen $d > 100$ μm und im Überlauf möglichst nur solche $d < 100$ μm vorhanden sind. Um die Fehlkornanteile

13*

abzuscheiden, empfiehlt es sich, mehrere Zyklone hintereinanderzu-
schalten, weil sich die Trennschärfe eines einzelnen Zyklons gegenüber
Abb. 128 nicht mehr nennenswert steigern läßt.

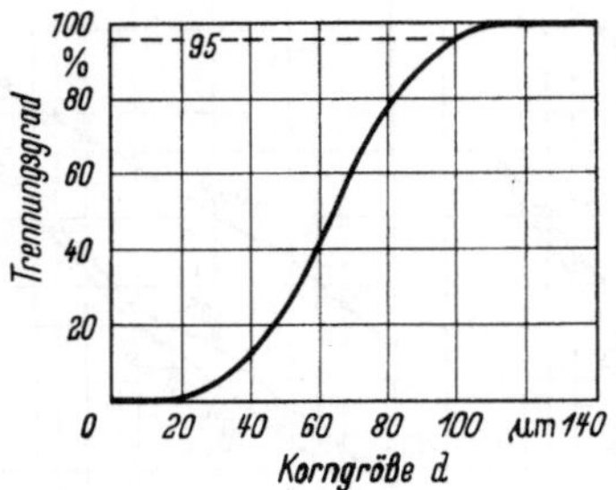

Abb. 128. Trennungsgradkurve eines Hydrozyklons [312]

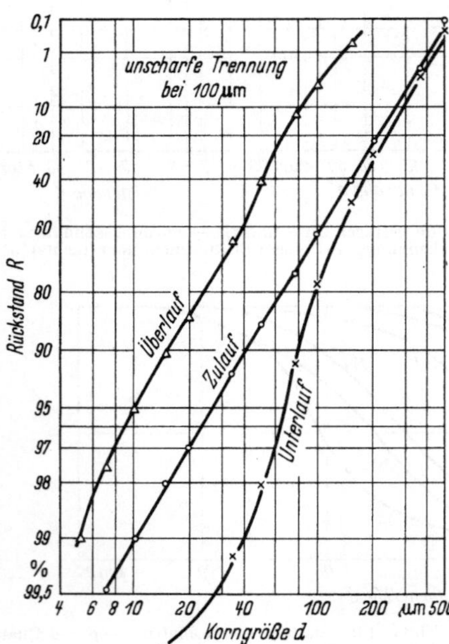

Abb. 129. Körnungskennlinien nach
der Trennung im Hydrozyklon

Literaturverzeichnis

1. WILRICH, P. Th.: Statistische Gesichtspunkte bei der Probenahme von körnigen Massengütern. Broschüre. Siebtechnik Mühlheim Ruhr. 1969, 38/45.
2. STANGE, K.: Statistische Methoden für den Verfahrens-Ingenieur. Chem.-Ing.-Techn. 32 (1960) 143/154.
3. SOMMER, O.: Probenahme, Probemenge, Probenverarbeitung, Staub (1955) H. 42, 644/677.
4. STANGE, K.: Über Probenahme bei Massengütern. Qualitätskontrolle 4 (1959) 25/28.
5. GRAF, U., HENNING, H. J., STANGE, K.: Formeln und Tabellen der mathematischen Statistik. Berlin/Göttingen/Heidelberg: Springer 1966.
6. STANGE, K.: Über einige Probleme der Probenahme vom Band. Metrika Bd. 1, H. 3, 177/222, Würzburg: Physica Verlag, 1958.
7. HERDAN, G.: Small particle statistics. Amsterdam: Elsevier 1953.
8. GY, P.: Die Probenahme von Erzen. Z. Erzbergbau und Metallhüttenwes. H. 8 (1955), Beiheft 199/220.
9. PAUL, H.: Zusammenhänge zwischen der Probenahme von Steinkohle und der Genauigkeit des ermittelten Aschegehaltes. Glückauf 94 (1958) H. 27/28, 907/918.
10. LINDER, A.: Statistische Methoden. Basel: Birkhäuser 1964.
11. FISHER, R. A.: Statistical methods for research workers. Edinburgh u. London: Oliver & Boyd 1956.
12. SCHMETTERER, L.: Einführung in die mathematische Statistik. Berlin/Göttingen/Heidelberg: Springer 1966.
13. Handbuch für das Eisenhüttenlaboratorium. Bd. III Probenahme. Düsseldorf: Stahleisen 1956.
14. NOSS, P.: Meßverfahren und Meßgeräte zur Staubgehaltsbestimmung in strömenden Gasen. B. W. K. Bd. 4 (1952) 227/233.
15. CADLE, R. D.: Particle size determination. London: Interscience Publishers 1955, S. 84.
16. DENNIS, R., SAMPLES, W. R., ANDERSON, D. M., SILVERMANN, L.: Isokinetic sampling probes. Ind. Eng. Chem. Bd. 49 (1957) 294/302.
17. DAVIES, C. N.: Zur Frage der Probenahme von Aerosolen. Der Eintritt von Teilchen in Probenahmerohre und -köpfe. Staub-Reinhalt. Luft 28 (1968) Nr. 6, 219/225.
18. RÜPING, G.: Die Bedeutung der geschwindigkeitsgleichen Absaugung bei der Staubstrommessung mittels Entnahmesonden. Staub-Reinhalt. Luft 28, (1968) Nr. 4, 137/144 (17 Lit. Hinw.).
19. WALTER, E.: Zur Problematik der Entnahmesonden und der Teilstromentnahme für die Staubgehaltbestimmung in strömenden Gasen. Staub (1957) H. 53, 880/898.
20. BADZIOCH, S.: Correction for anisokinetic sampling of gas-borne dust particles. J. Inst. Fuel 33 (1960) Nr. 230, 106/110.
21. ADOLF, L.: A study on air pollution. Diss. Utrecht (1960) 89 Seiten.
22. VITOLS, V.: Theoretical limits of errors due to anisokinetic sampling of particulate matter. J. Air Pollution Control Assoc. Bd. 16 (1966) 2, 79/84.

23. GUTHMANN, K.: Neuere Erfahrungen bei der Staubgehaltsmessung in Industriegasen. Stahl und Eisen 75 (1955) Nr. 23, 1571/1582.
24. VECSEI, K.: Gasmengenmessung nach dem Bezugsgeschwindigkeitsverfahren. Staub-Reinhalt. Luft 27 (1967) Nr. 3, 134/138.
25. SPURNÝ, K.: Membranfilter in der Aerosologie. I. Zur Struktur der Membranfilter. Zbl. biol. Aerosol.-Forsch. Jg. 12 (1965) Nr. 5, 369/407.
26. SPURNÝ, K.: Membranfilter in der Aerosologie. II. Filtrationsmechanismen bei Membranfiltern. Zbl. biol. Aerosol-Forsch. Jg. 13 (1966) Nr. 1, 44/81.
27. SPURNÝ, K.: Membranfilter in der Aerosologie. III. Analytische Methoden der aerodispersen Systeme mittels Membranfilter. Zbl. biol. Aerosolforschung. 13 (1967) Nr. 5/6, 398/451 (211 Literaturhinweise).
28. SPURNÝ, K., LODGE, J. P.: Die Aerosolfiltration mit Hilfe der Kernporenfilter. Staub-Reinhalt. Luft 28 (1968) Nr. 5, 179/186.
29. WALTER, E.: Praktische Hinweise zur gravimetrischen Staubgehaltsbestimmung in strömenden Gasen unter besonderer Berücksichtigung der Zyklonsonde. Staub Bd. 18 (1958) 3/14.
30. HEINRICH, D. O.: Die elektrische Gasreinigung. Grundlagen, Arbeitsweise und Erfahrungen. B. W. K. Bd. 7 (1955) H. 8/9, 346/350; 389/394.
31. GAST, Th.: Wirkungsweise und Anwendungsergebnisse der registrierenden Staubwaage. Chem.-Ing.-Techn. 24 (1952) 9, 505/508.
32. BERGSTEDT, B. A.: Application of the electrostatic precipitator to the measurement of radioactive aerosols. J. Scientific Instruments Vol. 33 (1956) 142/150.
33. LIN, B. Y. H., WHITBY, K. T., YU, H. M. S.: Electrostatic aerosol sampler for light and electronmicroscopy. Rev. sci. Instr. Bd. 38 (1967) Nr. 1, 100/102.
34. STRINDEHAG, O. M.: Liquid surface electrostatic precipitator. Rev. sci. Instr. Bd. 38 (1967) Nr. 1, 95/99.
35. BINEK, B.: Probenahme feindisperser Aerosole für ein elektronenmikroskopisches Kornanalysenverfahren. Staub, 25 (1965) Nr. 7, 261/265.
36. HORN, W.: Verfahren zur kontinuierlich gravimetrischen Konzentrationsbestimmung staubförmiger Emissionen. Staub-Reinhalt. Luft 28 (1968) Nr. 9, 364/367.
37. HASENCLEVER, D.: Ein neuer Thermalpräzipitator mit Heizdraht und seine Leistung. Staub 22 (1962) Nr. 3, 99/102.
38. WALKENHORST, W.: Ein neuer Thermalpräzipitator mit Heizband und seine Leistung. Staub 22 (1962) Nr. 3, 103/105.
39. WALKENHORST, W.: Staubprobenahme mit dem Thermalpräzipitator unter besonderer Berücksichtigung elektronenmikroskopischer Auswertung. Staub (1955) H. 40, 241/252 (17 Literaturhinweise).
40. RUMPF, H.: Beanspruchungstheorie der Prallzerkleinerung. Chem.-Ing.-Techn. 31 (1959) 5, 323/337.
41. FRIEDRICHS, K. H.: Erfahrungen mit Impaktoren bei Staubmessungen. Staub-Reinhalt. Luft B. 28 (1968) Nr. 5, 193/194.
42. RZEZACZ, P.: Probenahme und Probenehmer. Glückauf Bd. 71 (1935) 702.
43. SEIBEL, W., BOLLING, H.: Die automatischen Probenteiler Bauart Meß-Kühne. Die Mühle 97 (1960) 36, 471/472.
44. BATEL, W.: Fehlermöglichkeiten bei der Bestimmung von Korngrößenverteilungen. Chem.-Ing.-Techn. Bd. 28 (1956) 2, 81/87.
45. SOMMER, O.: Statistische Auswertung von Vielzahluntersuchungen an Hand von Stichproben und Durchschnittsproben mittels graphischer und rechnerischer Verfahren. Staub (1956) H. 44, 174/198.
46. RAMMLER, E.: Zur Ermittlung der spezifischen Oberfläche des Mahlgutes. VDI-Z. Beihefte Verfahrenstechnik (1940) H. 5, 150/60.
47. HERDAN, G.: Small particle statistics. Amsterdam: Elsevier 1953.

48. Rumpf, H., Ebert, K. F.: Darstellung von Kornverteilungen und Berechnung der spezifischen Oberfläche. Chem.-Ing.-Techn. 36 (1964) 5, 523/537.

49. Rosin, P., Kayser, H. G.: Zur Physik der Verbrennung fester Brennstoffe. VDI-Z. Bd. 75 (1931) 849.

50. Andreasen, A. H. M.: Zur Kenntnis des Mahlgutes. Kolloidchem. Beihefte Bd. 27 (1928) H. 6/12, 349/459.

51. Kiesskalt, S.: Bewertungsfragen der Feinzerkleinerung. Chem.-Ing.-Techn. Bd. 26 (1954) 14/18.

52. Heywood, H.: Trans. Instn. Mech. Engrs. Bd. 75 (1933) 455; vgl. auch Symposium on Particle Size Analysis. Suppl. to Trans. Instn. Chem. Engrs. Bd. 25 (1947) 14; Brit. Journal of Applied Physics Suppl. No. 3 London (1954) 82/85; Meldau, R.: Handbuch der Staubtechnik 1958.

53. Dobreff, J.: Bergakademie (Freiberg) Bd. 11 (1959) Nr. 5, 292/294.

54. Harris, C. C., Howitt, D.: A method for the routine measurement of particle shape factors in the sieve range. Nature (London) Bd. 187 (1960) Nr. 4735, 401/403.

55. Kellerwessel, H.: Einseitig begrenzte Korngrößenverteilungen von Zerkleinerungsprodukten. Aufbereitungs-Techn. 7 (1966) Nr. 8, 453/459.

56. Sehmel, G. A.: A particle size distribution function for data recorded in size ranges. Ann. occup. Hyg. Bd. 11 (1968) Nr. 2, 87/98.

57. Daeves, L., Beckel, A.: Großzahlforschung und Häufigkeitsanalyse. Weinheim: Verlag Chemie 1948.

58. Stange, K.: Über die Gesetze der Kornverteilungen bei Zerkleinerungsvorgängen. Ing.-Archiv Bd. 21 (1953) 368/380.

59. Gebelein, H.: Beiträge zum Problem der Kornverteilungen. Chem.-Ing.-Techn. Bd. 28 (1956) H. 12, 773/782.

60. Konopicky, K.: Parallelität der Gesetzmäßigkeiten in Keramik und Pulvermetallurgie. Radex-Rundschau (1948) H. 7/8, 141/148.

61. Graf, U., Henning, H. J.: Statistische Methoden bei textilen Untersuchungen. Berlin/Göttingen/Heidelberg: Springer 1960.

62. Rosin, P., Rammler, E.: Die Kornzusammensetzung des Mahlgutes im Lichte der Wahrscheinlichkeitslehre. Kolloid-Z. Bd. 67 (1934) 16/26.

63. Rammler, E.: Gesetzmäßigkeiten in der Kornverteilung zerkleinerter Stoffe. VDI-Z. Beihefte Verfahrenstechnik (1937) H. 5, 161/168.

64. Kiesskalt, S.: Zum deutschen Normblatt für die graphische Erfassung von Kornverteilungen. Z. Erzbergb. Metallhüttenwes. Bd. 8 (1955) Beih., 63/72.

65. Puffe, E.: Graphische Darstellung und Auswertung von Siebanalysen auf Grund der Rosin-Rammler-Gleichung. Z. Erzbergb. Metallhüttenwes. Bd. 1 (1948) 97/103.

66. Kneschke, A.: Betrachtungen am Körnungsgesetz von Rosin und Rammler. Bergakademie (Freiberg i. Sa.) (1954) H. 5, 535/541.

67. Kneschke, A., Schoch, M.: Über die Auswertung allgemeiner Siebrückstandskurven. Freiberger Forsch.-H. Reihe A 130 (1959) 11/25.

68. Rammler, E.: Die Verteilungskennwerte des Mahlgutes. VDI-Z. Beihefte Verfahrenstechnik (1944) H. 4, 94/100.

69. Rammler, E., Glöckner, E.: Neuerungen in der Auswertung von Körnungsanalysen im Körnungsnetz nach Rosin-Rammler-Bennett. Technik Bd. 7 (1952) 555/557.

70. Kiesskalt, S., Matz, G.: Zur Ermittlung der spezifischen Oberfläche von Kornverteilungen. VDI-Z. Bd. 93 (1951) 3, 58/60.

71. Weidenhammer, F.: Berechnung der Oberfläche eines körnigen Gutes nach Rosin-Rammler. Tonindustrie Ztg. Bd. 75 (1951) H. 9/10, 133/135.

72. LANGEMANN, H.: Zur Berechnung der spezifischen Oberfläche von Dispersoiden. Chem.-Ing.-Techn. Bd. 27 (1955) H. 1, 27/32.

73. LEHMANN, H., HAESE, U.: Die Bedeutung von Kornverteilungen und spezifischen Oberflächen für die Bestimmung des Mahlwiderstandes keramischer Rohstoffe. T. I. Z.-Zbl. Bd. 82 (1958) H. 21, 479/486 u. H. 24, 546/551.

74. SOMMER, O.: Anwendung verschiedener Körnungsnetze zur Ausdeutung der Gesetzmäßigkeit der Zerkleinerungswirkungen von Zerkleinerungsmaschinen. Bergfreiheit 25 (1960) Nr. 3, 71/83.

75. VIDMAJER, A., BRENNER, R.: Grundlagen und Methoden der Pulverstatistik. Radex-Rundschau (1959) H. 6, 734/760.

76. RAMMLER, E., FISCHER, W.: Über die Kornzusammensetzung von Mischkollektiven aus der RRS-Exponentialformel gehorchenden Gekörnen. Freiberger Forsch.-H. Reihe A 62 (1957) 97/144.

77. ELLISON, J. McK.: Errors in particle size determination from settled suspension. Nature (London) Bd. 173 (1954) 4411, 948.

78. HAMILTON, R. J., HOLDSWORTH, J. F., WALTON, W. H.: Factors in the design of a microscope eyepiece graticule for routine dust counts. Brit. J. of appl. Phys. 1954 Suppl. No. 3, 101/104.

79. WATSON, H. H., MULFORD, D. F.: A particle-profile test strip for assessing the accuracy of sizing irregularly shaped particles with a microscope. Brit. J. appl. Phys. 1954 Suppl. No. 3, 105/108.

80. GEBELEIN, H.: Die Bedeutung des mit dem Dispersometer gemessenen statistischen Durchmessers. Chem.-Ing.-Techn. Bd. 30 (1958) H. 9, 594/605.

81. MICHEL, K: Grundlagen der Theorie des Mikroskopes. Stuttgart: Wiss. Verlagsges. 1964.

82. HAMILTON, R. J., PHELPS, B. A.: The production of transparent profiles of dust particles as an aid to automaticed particle counting. Brit. J. appl. Phys. Bd. 7 (1956) H. 5, 186/188.

83. ŠIMEČEK, J.: Vergleichende Untersuchung von Methoden zur Korngrößenbestimmung II. Staub-Reinh. Luft 27 (1967) Nr. 6, 282/285.

84. NASSENSTEIN, H.: Die Praxis der automatischen Dispersoidanalyse. Chem.-Ing.-Techn. Bd. 29 (1957) H. 2, 92/104 (dort weitere Schrifttumsangaben über dieses Gebiet).

85. SCHNEIDER, G.: Direkte Bestimmung mittlerer Teilchengrößen an mikroskopischen Präparaten mit elektrischen Punktzählgeräten, die mit einem Okularaufsatz ausgerüstet sind. Z. Metallkde., Bd. 51 (1960) H. 7, 414/420.

86. HÖRNSTEN, A.: A method and a set of apparatus for mineralogic granulometric analysis with a microscope. The Bulletin of the Geological Institutions of the University of Uppsala, Vol. XXXVIII, 105/137.

87. ENDTER, F., GEBAUER, H.: Ein einfaches Gerät zur statistischen Auswertung von mikroskopischen bzw. elektronenmikroskopischen Aufnahmen. Optik Bd. 13 (1956) H. 3, 97/101.

88. CANSLEY, D., YOUNG, J. Z.: Counting and sizing of particles with the flying-spot microscope. Nature (London) Bd. 176 (1955) 4479, 453/454.

89. TAYLOR, W. K.: An automatic system for obtaining particle size distributions with the aid of flying-spot microscope. Brit. J. appl. Phys. (1954) Suppl. 3, 173/175.

90. PFEFFERKORN, G., BLASCHKE, R.: Staubuntersuchungen mit Hilfe des Raster-Elektronenmikroskops Stereoscan. Staub-Reinh. Luft 27 (1967) Nr. 7, 324/326.

91. DELL, H. A., HOBBS, D. S., RICHARDS, M. S.: Ein Gerät zur Zählung mikroskopischer Teilchen und zur Bestimmung ihrer Größenverteilung. Philips Techn. Rundschau Bd. 22 (1960/61) Nr. 1, 1/17.

92. KAMIN, G., KLUGE, N., MÜLLER, W., RZEZNIK, J.: LEITZ-CLASSIMAT. Ein Instrument zur optischen Bilddatenerfassung. Leitz-Mitt. Wiss. u. Techn. Sonderheft (1970).

93. LANG, W.: Micro-Videomat ein Linearanalysator für automatische stereometrische Untersuchungen. Zeiss Informationen 17 (1969) Nr. 73, 100/107.

94. BEADLE, CHR.: Das Quantimet 720 – ein Computer zur vollautomatischen Bildanalyse. Praktische Metallographie Bd. 7 (1970) 249/256.

95. ZEIDLER, G.: Über die Zählung und Messung von unregelmäßigen Partikeln. Fortschr. Ber. VDI-Z. Reihe 9 (1963) Nr. 1, 58 S.

96. KIRCHBERG, H.: Zur begrifflichen und formelmäßigen Erfassung von Siebvorgängen. Freiberger Forschungshefte. Ausgabe A 4 (1952) H. 11, 3/11.

97. IVERS, E. J., DANNIEN, W.: Deutsche und internationale Normung auf dem Gebiete der Siebtechnik. DIN-Mitt. 36 (1957) H. 4, 173/177.
IVERS, E. J.: Internationaler Stand der Prüfsiebung. Staub Bd. 19 (1959) 146/149.

98. MENKE, A.: Bestimmung der Mahlfeinheit durch Hand- und Maschinensiebung. Zement-Kalk-Gips Bd. 8 (1955) H. 10, 361/363.

99. BATEL, W.: Kritische Betrachtungen zur Teilchengrößenbestimmung durch Siebanalyse, Windsichten, Sedimentieren und den Blaine-Test. Chem.-Ing.-Techn. Bd. 29 (1957) H. 9, 581/589.

100. v. ZABELTITZ, CHR.: Einfluß von Siebart und Siebbewegung auf den Siebgütegrad und den Abrieb des Siebgutes (Zuckerrübensamen). Grundl. d. Landtechnik Heft 18. Düsseldorf 1963, 35/41.

101. BATEL, W.: Über das Sortieren körniger Stoffe. Grundl. d. Landtechnik, H. 12. Düsseldorf 1960, 18/24.

102. BACHMANN, D.: Bewegungsvorgänge in Schwingmühlen mit trockener Mahlkörperfüllung. Z. VDI. Beihefte Verfahrenstechnik (1940) Nr. 2, 43/55.

103. BATEL, W.: Über die Zerkleinerung in Schwingmühlen. Chem.-Ing.-Techn. Bd. 30 (1958) 9, 567/572.

104. BATEL, W.: Neue Erkenntnisse über Siebvorgänge und feuchte Haufwerke. VDI-Z. Bd. 97 (1955) H. 13, 393/400; H. 14, 417/424.

105. TRENKLER, H.: Beitrag zur Siebanalyse aufbereiteter Roh- und Trockenbraunkohle. Braunkohle, Wärme und Energie Bd. 8 (1956) 263/267.

106. LAUER, O.: Das Luftstrahlsieb, ein neues Gerät für die Durchführung von Prüfsiebungen. Staub Bd. 18 (1958) 306/309.

107. WAHLER, W.: Eine neue Prüfsiebmaschine nach dem Luftstrahlprinzip für beliebig viele Fraktionen. TIZ-Zbl. Bd. 84 (1960) H. 4, 93/95.

108. SHERGOLD, F. A.: Trans. Soc. Chem. Ind. Bd. 65 (1946) 245.

109. LÖHN, H., BACHMANN, H.: Untersuchungen über den Einfluß der Siebzeit auf die Genauigkeit von Prüfsiebungen. Freiberger Forschungshefte Bd. A 22 (1954) 58/70.

110. BATEL, W.: Einige Eigenschaften feuchter Haufwerke. Chem.-Ing.-Techn. Bd. 28 (1956) H. 3, 195/200.

111. –: Screen analysis of ion exchange resins now simple task. Chem. Processing Bd. 19 (1956) H. 6, 166/169.

112. KOBLISKA, J., RODENBERGER, H. J.: Mechanical wet sieve testing method. ASTM Bulletin 1954, H. 200, 46/47.

113. FUHRMANN, N., KORN, M.: Feinheitsbestimmung von Stäuben im Bereich kleiner als 40 µm mittels Naßsiebung. Aufbereitungs-Techn. 9 (1968) 6, 277/280.

114. LAUER, O.: Zur Reproduzierbarkeit der Analysensiebung im Feinbereich. Staub-Reinh. Luft 27 (1967) 9, 388/391.

115. KAYE, B. H., JACKSON, M. R.: A new techniqe for fractionating powders. Powder Technology 1 (1967) 43/50.

116. WIDELL, T.: Zur Berechnung der Fallgeschwindigkeit von Staubteilchen. VDI-Z. Bd. 80 (1936) 1497/1498.
117. GUMZ, W.: Zur Berechnung der Fallgeschwindigkeit von Teilchen beliebiger Gestalt. Arch. Wärmet. Bd. 1 (1950) 25/26.
118. WITHMORE, R. L.: The sedimentation of suspensions of spheres. Brit. J. appl. Physics Bd. 6 (1955) H. 7, 239/243.
119. REID, W. P.: A Test for the validity of sedimentation results. Ind. Engng. Chem. Bd. 47 (1955), H. 8, 1541/1544.
120. JOHNE, R.: Einfluß der Konzentration einer monodispersen Suspension auf die Sinkgeschwindigkeit ihrer Teilchen. Fortschr.-Ber. VDI-Z. Reihe 3, (1966) Nr. 11. Düsseldorf.
121. BRAUER, H., KRIEGEL, E.: Kornbewegung bei der Sedimentation. Chem.-Ing.-Techn. 38 (1966) 3, 321/330.
122. ODÉN, S.: Eine neue Methode zur Bestimmung der Kornverteilung in Suspensionen. Kolloid-Z. Bd. 18 (1916) H. 2, 33/48.
    Vgl. auch FRIEDRICH, W.: Korngrößenanalysen mit der Sedimentationswaage Staub 19 (1959) 8, 281/287.
123. EADIE, F. S., PAYNE, R. E.: Particle size distribution analysed quickly, accurately. Iron Age Bd. 174 (1954) Nr. 2, 99/102.
124. ANDREASEN, A. H. M.: Die Feinheit fester Stoffe und ihre technologische Bedeutung. VDI-Forschungsheft 399, Ausgabe B, Bd. 10 (1939).
125. IOOS, E.: Richtlinien für die Bestimmung der Körnungskennlinien von Stäuben durch die Sedimentationsanalyse nach ANDREASEN. Staub, 1954. H. 35, 18/34.
126. LESCHONSKI, K.: Vergleichende Untersuchungen der Sedimentationsanalyse, Staub 22 (1962) H. 11, 475/486.
127. ANDREASEN, A. H. M.: Untersuchung über die Sedimentationsanalyse. Kolloidchem. Beihefte 27 (1928) Nr. 6/12, 404/409.
128. ANDREASEN, A. H. M.: Über die Herstellung von Suspensionen für die Sedimentationsanalyse. Staub 1956, H. 43, 5/9.
129. LEHMANN, H.: Beiträge zur genaueren und schnelleren Korngrößenanalyse nach ANDREASEN. Tonind.-Ztg. keram. Rundschau Bd. 78 (1954) H. 19/20, 326/331.
130. KÖHN, M.: Korngrößenbestimmung mittels Pipettenanalyse. Tonindustrie-Ztg. 1929, Jg. 53, 729/731.
131. BERG, S.: Bestimmung der Korngrößenverteilung in groben Produkten. Ber. d. dtsch. keram. Ges. Bd. 33 (1956) H. 7, 229/234.
132. ORR JR., C., DALLA VALLE, J. M.: Fine particle measurement. New York: Macmillan 1959, S. 62.
133. RUMPF, H.: Untersuchungen zur Genauigkeit der Kornanalyse. Staub Bd. 20 (1960) 8, 253/265.
134. JARRETT, B. A., HEYWOOD, H.: A comparison of methods for particle size analysis. Brit. J. appl. Physics Supplement No. 3. London 1954, 21/28.
135. CASAGRANDE, A.: Die Äräometer-Methode zur Bestimmung der Kornverteilung von Böden und anderen Materialien. Berlin: Springer 1934.
136. LEENHEER, L. D., VAN RUYMBEKE, M., MAES, W. L.: Die Kettenaräometer-Methode für mechanische Bodenanalysen. Z. f. Pflanzenernährung, Düngung, Bodenkunde Bd. 68 (1955) H. 1, 10/19.
137. ROSE, H. E.: The measurement of particle size in very fine powders. London: Constable 1953.
138. TELLE, O.: Ein verbessertes lichtelektrisches Sedimentometer. VDI-Berichte Bd. 7 (1955), 31/33, s. a. Chem.-Ing.-Techn. Bd. 26 (1954) H. 12, 684/686.
139. JOHNE, R., RAMANUJAM, M.: Genauigkeit der Kornanalyse mit dem Photosedimentometer. Staub 23 (1963) H. 5, 269/278.

140. JOHNE, R., DOLL, R.: Hilfsmittel zur beschleunigten Auswertung der Photosedimentations-Kornanalyse. Staub-Reinh. Luft 26 (1966) 1, 14/16.

141. CORRENS, C. W., SCHOTT, W.: Vergleichende Untersuchungen über Schlämm- und Aufbereitungsverfahren von Tonen. Kolloid-Z. Bd. 61 (1932) 68/80.

142. GAUDIN, A. M., SCHUMANN, R., SCHLECHTEN, A. W.: Flotation kinetics II. J. phys. Chem. Bd. 46 (1942) 902/904.

143. BOSTOCK, W.: A sedimentation balance for particle size analysis in the subsieve range. J. sci. Instruments Bd. 29 (1952) 209/211.

144. BACHMANN, D., GERSTENBERG, H.: Korngrößenbestimmungen an Kunststoffpulvern. Chem.-Ing.-Techn. Bd. 29 (1957) 9, 589/594.

145. MUSCHELKNAUTZ, E.: Entwicklung einer Fliehkraftsedimentationswaage zum Bestimmen der Korngröße feiner Stäube. VDI-Z. 109 (1967) Nr. 17, 757/761.

146. DONOGHUE, J. K.: The accuracy of particle size determination by cumulative sedimentation methods. Brit. Journal appl. Physics Bd. 7 (1956) H. 9. 333/336.

147. IOOS, E.: Die Sedimentationswaage. Staub Bd. 19 (1959) 11, 392/398.

148. RABATIN, J. G., GALE, R. H.: Determination of particle size with a simple recording sedimentation balance. Anal. Chem. Bd. 28 (1956) H. 8, 1314/1316.

149. ULLRICH, O. A.: Size analysis on fine particles and results obtained with an electrical senzingzone analyser. Inst. Soc. of Amer. Conf. New York Bd. 26 (1960) 1/15.

150. GESSNER, H.: Erfahrungen aus der Praxis der Staubmessung. Staub 24 (1964) 8, 314/316.

151. FUCHS, O.: Neue für die Technik geeignete Dispersoid-Analysenmethoden. Chem.-Ing.-Techn. Bd. 24 (1952) H. 1, 25/31.

152. ZUNKER, F.: Weiterentwicklung des Schwimmwaageverfahrens zur Bestimmung der Korngrößen und spezifischen Oberflächen von Böden. Straßen- und Tiefbau Bd. 4 (1950) H. 2, 50/54.

153. BECKER, H., RECHMANN, H., TILLMANN, P.: Beitrag zur sedimentationsanalytischen Korngrößenbestimmung im Äquivalentdurchmesserbereich von 0,1 bis 10 µm. Kolloid-Z. Bd. 169 (1960) Nr. 1/2, 34/41.

154. SVEDBERG, T., PEDERSEN, K. O.: The Ultracentrifuge. London: Oxford Univ. Press 1940.

155. KAMACK, H. J.: Particle size determination by centrifugal pipet sedimentation. Anal. Chem. Bd. 23 (1951) No. 6, 844/850.

156. LESTER, R. H.: Subsieve particle size measurements on porcelain materials. Am. Ceram. Soc. Bull. 37 (1958) Nr. 3, 129/134.

157. MOSER, H., SCHMIDT, W.: Eine neue Schnellmethode zur Korngrößenbestimmung, insbesondere von Kaolinen. Papier Bd. 11 (1957) H. 9/10, 189/194.

158. KAYE, B. H., JACKSON, M. R.: Size analysis of latex emulsions using a centrifugal-disc photosedimentometer. Powder Technol. Bd. 1 (1967) H. 2, 81/88.

159. DONOGHUE, J. K., BOSTOCK, W.: A new technique for particle size analysis by centrifugal sedimentation. Trans. Inst. Chem. Engrs. Bd. 33 (1955) H. 1, 72/77.

160. SAWYER, K. F., WALTON, W. H.: The „Conifuge“ — A size-separating sampling device for airborne particles. J. sci. Instr. Bd. 27 (1950) 272/276.

161. HAUCK, H., SCHEDLING, J. A.: Über ein modifiziertes Modell einer Konifuge. Staub-Reinh. Luft 28 (1968) 1, 18/21.

162. PREINING, O.: Das GOETZsche Aerosolspektrometer. Probleme bei Betrieb und Auswertung. Staub 22 (1962) 3, 129/133.

163. STÖBER, W., ZESSACK, U.: Zur Theorie einer konischen Aerosolzentrifuge. Staub 24 (1964) 8, 295/305.

164. BAUST, E.: Die Verwendbarkeit des GOETZschen Aerosolspektrometers zur

14*

Messung von Größenspektren polydisperser Aerosole. Staub-Reinh. Luft 27 (1967) 4, 180/185.

165. BAUST, E.: Zur Auswertung des Niederschlags polydisperser Aerosole in einem GOETZschen Aerosolspektrometer nach dem Lichtstreuverfahren. Staub-Reinh. Luft 28 (1968) 6, 232/236.

166. KAST, W.: Neues Staubmeßgerät zur Schnellbestimmung der Staubkonzentration und der Kornverteilung. Staub 21 (1961) 5, 215/223.

167. RÜGER, G., MAIWALD, E., FEDDERSEN, CH.: Ein Zentrifugalabscheider und seine Eigenschaften. Staub-Reinh. Luft 28 (1968) 12, 509/513.

168. GONELL, H. W.: Ein Windsichtverfahren zur Bestimmung der Kornzusammensetzung staubförmiger Stoffe. VDI-Z. Bd. 72 (1928) 27, 945/960.

169. CADLE, R. D.: Particle size determination. New York: Interscience Publishers Inc. 1955. S. 233.

170. SPOHN, E.: Der Analysensichter. Zement-Kalk-Gips Bd. 8 (1955) H. 10, 352/355.

171. LODES, A., BENA, J.: Zur Bestimmung von Teilchengrößen durch Windsichten. Chem.-Ing.-Techn. 38 (1966) H. 7, 723/725.

172. MOLERUS, O., HOFFMANN, H.: Darstellung von Windsichtertrennkurven durch ein stochastisches Modell. Chem.-Ing.-Techn. 41 (1969) 5/6, 340/344.

173. SMIGERSKI, H.-J.: Der Einfluß von Haftkräften durch Adsorptionsschichten und elektrische Ladungen auf die Abscheidung von Quarzstaub in einem axialen Fliehkraftentstauber. Diss. TU Braunschweig 1970.

174. WEILBACHER, M.: Untersuchungen zur Schwerkraft- und Fliehkraftwindsichtung für Teilchengrößenanalysen. Diss. Univ. Karlsruhe 1968.

175. WEILBÄCHER, M., RUMPF, H.: Neuere kornanalytische Verfahren nach dem Prinzip der Schwer- und Fliehkraftsichtung. Aufbereitungs-Techn. 9 (1968) 7, 323/339.

176. ANDREASEN, A. H. M., LUNDBERG, J. J. V.: Über Schlämmgeschwindigkeit und Korngröße. Kolloid-Z. Bd. 49 (1929) 48.

177. ULLRICH, K.: Einfache Schlämmanalyse zur Bestimmung der Kornverteilung in Gesteinsmehlen für insektizide Stäubemittel. Z. Nachrichtenblatt für den Deutschen Pflanzenschutzdienst Jg. 13 (1959), H. 1/2, 13/18.

178. GESSNER, H.: Die Schlämmanalyse. Kolloidforschung in Einzeldarstellungen, Leipzig 1931.

179. HARKORT, H.: Die Bestimmung der Teilchengröße durch die Schlämmanalyse. Glas-Email-Keramo-Techn. Bd. 3 (1952) H. 5, 165/168; H. 6, 222/224; H. 7, 256/258.

180. WIDELL, T., GUSTAFSSON, L.: The particle size of dusts as determined by various measuring methods. Svenska Fläktfabriken Review 1957. Brochure E 400.8/180a.

181. VAN DER KOLK, H.: Mehrjährige Betriebserfahrungen mit dem Bahco-Windsichter. VDI-Berichte Bd. 7 (1955) 25/28.

182. WOLF, A.: Die Bahco-Mikroskop-Sichtung, eine verbesserte Arbeitsweise mit dem Bahco-Sichter. Staub-Reinh. Luft 27 (1967) Nr. 4, 190/193.

183. RANZ, W. E., WONG, J. B.: Jet impactors for determining the particle-size distribution of aerosols. A. M. A. Arch. Industrie. Hyg. (1952) 5, 741.

184. SUNDELÖF, L.-O.: Zur Berechnung der Teilchengrößenverteilungen von Aerosolen bei Prallabscheidung. Staub-Reinh. Luft 27 (1967) 8, 358/362.

185. COHEN, J. J., MONTAN, D. N.: Theoretical consideration, design and evaluation of a cascade impactor. Amer. ind. Hyg. Assoc. J. 28 (1967) 2, 95/103.

186. BERNER, A., PREINING, O.: Über eine neue Eichung des Casella-Kaskadenimpaktors. Staub 24 (1964) 8, 292/295.

187. BERNER, A.: Zur Bestimmung der Verteilungsfunktion eines Aerosols mittels vielstufiger Kaskadenimpaktoren. Staub-Reinh. Luft 26 (1966) 4, 167/169.

188. BENNERT, W., HILBIG, G.: Theorie des Koinzidenzfehlers bei digitalen Teilchengrößenbestimmungen. Staub-Reinh. Luft 27 (1967) 4, 186/190.

189. EDMUNDSON, I. C.: Coincidence. error in Coulter-Counter particle size analysis. Nature (London) Bd. 212 (1966) Nr. 5069, 1450/1452.

190. Preining, O.: Die Querempfindlichkeiten des Royco-Aerosolphotometers PC 200. Staub-Reinh. Luft 28 (1968) 1, 22/24.

191. MARTENS, A. E., FUSS, K. H.: Ein optischer Staubteilchenzähler. Staub-Reinh. Luft 28 (1968) 6, 229/232.

192. MARTENS, A. E., KELLER, J. D.: An instrument for sizing and counting airborne particles. Amer. industr. Hyg. Assoc. J. Bd. 29 (1968) 3, 257/267.

193. WHITBY, T., VOMELA, R. A.: Response of single particle optical counters to nonideal particles. Environ mental sci. Technol. 1 (1967) Nr. 10, 801/814.

194. JACOBI, W., EICHLER, J., STOLTERFOHT, N.: Teilchengrößen-Spektrometrie von Aerosolen durch Lichtstreuung in einem Laserstrahl. Staub-Reinh. Luft 28 (1968) Nr. 8, 314/319.

195. COULTER, W. H.: Verfahren und Vorrichtung zur Zählung und oder Ermittlung der physikalischen Eigenschaften von in einer Flüssigkeit suspendierten Teilchen. DBP 904 810 421 304.

196. HACKENBERG, P.: Korngrößenbestimmungen mit dem Coulter-Counter. Tonind.-Z. keram. Rdsch. 92 (1968) Nr. 12, 482/487.

197. BLUMBACH, J.: Untersuchungen zur Feinheitsbestimmung von Zementen mit dem Coulter-Counter und zur Beurteilung von Mahlvorgängen in Zementmühlen. Diss. TH Aachen 1970.

198. BERNHARDT, C., SCHICKEL, A.: Die Berechnung der Korngröße bei Messungen mit dem Teilchenzählgerät TuR ZG 1. Bergakademie 12 (1966) 752/755.

199. COOPER, W. D., PARFITT, G. D.: Comparison of particle size distributions of „monodisperse" particles from 0,8 to 3,5 µm in diameter using a Coulter-Counter and electron mikroscopy. Kolloid-Z. 223 (1968) 2, 160/166.

200. BINEK, B.: Die Eigenschaften und die Anwendung des Szintillations-Teilchenzählers. Staub-Reinh. Luft 30 (1970) 11, 468/471.

201. BINEK, B., DOHNALOVA, B., PRZYBOROWSKI, S., ULLMANN, W.: Die Anwendung des Szintillationsspektralanalysators für Aerosole in Forschung und Technik. Staub 27 (1967) Nr. 9, 379/383.

202. —: The determination of particle size I. A critical review of sedimentation methods.
Broschüre: The Society for Analytical Chemistry. London 1968. 42 Seiten, 157 Literaturangaben.

203. MELDAU, R.: Auswertung von Gekörnanalysen des Musterstaubes „Flugasche Fortuna I". Arbeitsausschuß „Staubmeßwesen" des Fachausschusses für Staubtechnik im VDI.

204. ŠIMEČEK, J.: Zur mikroskopischen Bestimmung der Korngrößenverteilung. Staub-Reinh. Luft 26 (1966) 4, 162/167.

205. ŠIMEČEK, J.: Vergleichende Untersuchung von Methoden zur Korngrößenbestimmung. Staub-Reinh. Luft 26 (1966) 9, 372/379.

206. ŠIMEČEK, J.: Vergleichende Untersuchung von Methoden zur Korngrößenbestimmung II. Staub-Reinh. Luft 27 (1967) 6, 282/285.

207. GREGG, S. J.: Oberflächenchemie fester Stoffe. Berlin: VEB Verlag Technik 1958.

208. BRUNAUER, S., EMMETT, P. H., TELLER, E.: Adsorption of gases in multimolecular layers. J. Am. Chem. Soc. Bd. 60 (1958) 309/319.

209. WENDT, W.: Zur Bestimmung der spezifischen Oberfläche pulverförmiger

Substanzen mittels Gasadsorption. Fette, Seifen, Anstrichmittel Bd. 57 (1955) H. 11, 910/914.

210. ROBENS, E.: Geräte zur Messung der Gassorption. ATM Bl. V 1285-1 (1968) 45/50; u. Bl. V 1285-2 (1068) 69/74.

211. EMMETT, P. H.: A new method for measuring the surface areas of finely divided materials and for determining the size of particles. Symposium on new methods for particle size determination in the subsieve range. American Society for Testing Materials. Philadelphia 1941, 95/105.

212. HAUL, R. A. W.: Bestimmung kleiner Oberflächengrößen durch Krypton-Adsorption. Angew. Chemie Bd. 68 (1956) H. 7, 238/242.

213. STARKWEATHER, F. M., PALUMBO, D. T.: A simplified procedure and apparatus for measuring surface area of fine powders by gas adsorption. J. Electrochem. Soc. Bd. 104 (1957) H. 5, 287/291.

214. FUNK, H., RÄMMELE, F.: Bestimmung der spezifischen Oberfläche von Gummirußen. Chem. Techn. Bd. 6 (1954) H. 4, 213/221.

215. BUGGE, P. E., KERLOGUE, R. H.: The determination of the surface area of powders by means of low-temperature adsorption isotherms. J. Soc. Chem. Ind. (London) 66 (1947) 377/381.

216. HARRIS, B. L., EMMETT, P. H.: Adsorption studies. Physical adsorption of nitrogen, toluene, benzene, iethyl iodide, hydrogen sulfide, water vapor, carbon disulfide and pentane on various porous and nonporous solids. J. phys. Colloid Chem. 53 (1949) 812/824.

217. KLINGER, S.: Eine Apparatur zur Bestimmung der spezifischen Oberfläche nach der BET-Methode. Freib. Forsch.-H. A 389 (1966) 522.

218. SIEH, R. H. W.: Ein neues Meßverfahren zur Bestimmung der Oberflächengröße, des Porenvolumens und der Porenradien feinteiliger Substanzen. Staub-Reinh. Luft 28 (1968) Nr. 11, 480/484.

219. HAUL, R., DÜMBGEN, G.: Vereinfachte Methode zur Messung von Oberflächengrößen durch Gasadsorption. Chem.-Ing.-Techn. 35 (1963) Nr. 8, 586/589.

220. ALMEROTH, K.: Zur Bestimmung spezifischer Oberflächen mit dem Areameter. Chem.-Ing.-Techn. 40 (1968) 23, 1181.

221. SCHLOSSER, E. G.: Automatisch arbeitende Apparatur zur Oberflächenbestimmung nach BET. Chem.-Ing.-Techn. Bd. 31 (1959) H. 12, 799/805.

222. HANSEN, N., LITTMANN, W.: Automatisches Gerät zur Bestimmung der Oberflächengröße feinteiliger Substanzen. Z. Instrumentenkde. 71 (1963) Nr. 6, 153/159.

223. LOEBENSTEIN, W. V., DEITZ, V. R.: Surface-area determination by adsorption of nitrogen from nitrogen-helium mixtures. J. Res. Nat. Bur. Standards 46 (1951) 51/55.

224. McBAIN, J. W., BAKR, A. M.: A new sorption balance. J. Am. Chem. Soc. 48 (1926) 690/695.

225. KASSNER, B.: Sonderausführungen der elektronischen Mikrowaagen für thermogravimetrische Untersuchungen und gravimetrische Oberflächenbestimmungen. Staub 22 (1962) Nr. 3, 123/128.

226. SANDSTEDE, G., ROBENS, E.: Automatisierte Apparatur zur gravimetrischen Messung der Gassorption, insbesondere für die Bestimmung der spezifischen Oberfläche und der Porengröße. Chem.-Ing.-Techn. 34 (1962) 10, 708/713.

227. ROBENS, E., SANDSTEDE, G.: Apparatur zur automatischen Wägung adsorbierter Gase bei 10^{-2} bis 10^3 Torr. Chem.-Ing..Techn. 40 (1968) H. 19, 957/960.

228. ORR, JR. C.,: A rapid liquid-phase adsorption method for the determination of the surface area of clays. J. Am. Ceram. Soc. 35 (1952) 58/60.

229. HIRST, W., LANCASTER, J. K.: Estimation of the surface areas of powders

from the temperature depence of adsorption from solution. Research Bd. 3 (1950) 336/337.

230. SMITH, H. A., FUZEK, J. F.: Adsorption of fatty acids on nickel and platinum catalysts. J. Am. Chem. Soc. Bd. 68 (1946) 229/231.

231. SMITH, H. A., ALLEN, K. A.: The adsorption of nonadecanoic acid on metal surfaces. J. Phys. Chem. (1954) 499/552.

232. HANSEN, R. S., FU, Y., BARTELL, F. E.: Multimolecular adsorption from binary liquid solutions. J. Phys. & Colloid Chem. Bd. 53 (1949) 769/785.

233. LANDT, E.: Über die Entropiemethode von Harkins-Jura zur Bestimmung der spezifischen Oberfläche von Pulvern. Kolloid-Z. 139 (1954) H. 3, 170/171.

234. HARKINS, W. D.: Surface of solids. XII. An absolute method for the determination of the area of a finely divided crystalline solid. J. Am. Chem. Soc. 66 (1944) 1362/1366.

235. KOZENY, J.: Über kapillare Leitung des Wassers im Boden. Ber. Akademie der Wissenschaften Wien, Mathem. Naturwiss. Abt. IIa, Bd. 136 (1927) 271/360.

236. SULLIVAN, R. R.: Further study of the flow of air through porous media. J. Appl. Phys. Bd. 12 (1941) 503/508.

237. SULLIVAN, R. R.: Specific surface measurements on compact bundles of parallel fibers. J. Appl. Phys. Bd. 13 (1942) 725/730.

238. RIGDEN, P. J.: The specific surface of powders. A modification of the theory of the air-permeability method. J. Soc. Chem. Ind. (London) 66 (1947) 130/136.

239. LEA, F. M., NURSE, R. W.: Permeability methods of fineness measurement. Symposium on particle size analysis, Institution of Chemical Engineers. London 1947.

240. MUCK, H., HAMANN, K.: Über die Anwendung der Durchlässigkeitsmethode zur Bestimmung der spezifischen Oberfläche von Pigmenten. Dtsch. Farben Z. Bd. 10 (1956) H. 5, 158/166.

241. KAYE, B. H.: Permeability techniques for characterizing fine powders. Powder Technol. 1 (1967) Nr. 1, 11/22.

242. EDMUNDSON, I. C.: Calibration of a Fisher airpermeability apparatus for determining specific surface. Analyst. 91 (1966) 1082, 306/315.

243. FRIEDRICH, W.: Gerät zur Messung der spezifischen Oberfläche empfindlicher Güter. Chem.-Ing.-Techn. Bd. 29 (1957) H. 2, 104/107.

244. ZAGAR, L., SCHUMANN, C.: Über die Absolutbestimmung der spezifischen Oberfläche an pulverförmigen Stoffen mit dem BLAINE-Gerät. Zement-Kalk-Gips Bd. 7 (1954) H. 7, 282/284.

245. BLAINE, R. L.: A simplified air permeability. Amer. Soc. Testing Mater. Bull. (1943) H. 123, 51/55.

246. GILLE, F.: Die Prüfung der Mahlfeinheit mit dem Gerät von BLAINE. Zement-Kalk-Gips Bd. 4 (1951) H. 4, 85/89.

247. WIELAND, W.: Betrachtungen zur Bestimmung der spezifischen Oberfläche eines Pulvers mit dem BLAINE-Gerät. Zement-Kalk-Gips Bd. 10 (1957) H. 3, 81/89.

248. BLANC, J. P.: Automatische Messung der Zementfeinheit. Zement-Kalk-Gips 57 (1968) Nr. 8, 344/346.

249. BÖRNER, H.: Die Bestimmung und der praktische Wert der Oberfläche. Tonind. Ztg. Bd. 78 (1954) H. 13/14, 204/209; H. 15/16, 234/239.

250. COULSON, J. M., RICHARDS, J. F.: Chem. Engng. Handbook Bd. II (1955) 391.

251. KIESSKALT, S.: Bewertungsfragen der Feinzerkleinerung. Chem.-Ing.-Techn. Bd. 26 (1954) 1, 14/18.

252. SMITH, M. L.: Particle size measurement in the radio industry. Symposium on particle size analysis. London 1947.

253. Rose, H. E.: Einige Fragen der Bestimmung von Teilchengrößen sehr feiner Stäube durch einfache, meist optische Methoden. VDI-Berichte, Bd. 7 (1955) 35/48.

254. Witte, M.: Die Oberflächenkennzahl feiner Stäube. Glückauf Bd. 70 (1934) 923.

255. Düwel, L.: Neuester Stand der Entwicklung von Kontrollmeßgeräten zur Dauerüberwachung von Staubemissionen. Staub-Reinh. Luft 28 (1968) Nr. 3, 119/127.

256. Kimura, K.: On the determination of dust concentration in our country. J. sci. Labour, Bd. 43 (1967) Nr. 3, 163/171.

257. Hasenclever, D., Schütz, A.: Rückblick auf die Achema 1967. Staub-Reinh. Luft 27 (1967) Nr. 9, 399/410.

258. Guthmann, K.: Staubgehaltsmessung in Industriegasen und Atemluft, Staubniederschlagsmessungen im Gelände. Stahl u. Eisen, Bd. 79 (1959) 1129/1141.

259. Avy, A. P., Benarie, M., Schmitt, K.-H., Winkel, A.: Vergleichende Untersuchungen an Staubmeßgeräten in einer Sinteranlage und in einer Staubkugel. Staub 23 (1963) Nr. 1, 1/16.

260. Hasenclever, D.: Bestimmung des Feinstaubgehaltes der Luft; eine Übersicht über Meßgeräte und Meßverfahren. Chem.-Ing.-Techn. 26 (1954) Nr. 4, 180/187.

261. Krebs, R.: Staubgehaltsmessung in strömenden Gasen. Lurgi Apparatebau-Gesellschaft mbH Forschungslaboratorium (Selbstverlag).

262. Winkel, A.: Über eine neue Methode zur Staubmessung. Staub 19 (1959) Nr. 7, 253/255

263. Walter, E.: Gravimetrisches Staubmeßgerät mit hohem Luftdurchsatz. Staub 22 (1962) Nr. 3, 117/118.

264. Winkel, A., Coenen, W.: Ein neues, tragbares Staubmeßgerät mit großer Luftleistung. Staub 26 (1966) Nr. 1, 9/11.

265. Winkel, A.: Messung und Beurteilung von Staubkonzentrationen am Arbeitsplatz mit besonderer Berücksichtigung der Verwendung verschiedener Staubmeßgeräte. Staub 28 (1968) Nr. 1, 1/7.

266. Schmidt, K. G.: Filtermethoden bei der Messung von Schwebestaub. Einsatz und Aufarbeitung des Mikrosorbanfilters. Staub 21 (1961) 7, 339/342.

267. Eickelpasch, D.: Zur Problematik der gravimetrischen Kurzzeit-Staubmessung. Staub-Reinh. Luft 28 (1968) Nr. 5, 197/200.

268. Breuer, H.: Erfahrungen mit dem gravimetrischen Feinstaubfiltergerät BAT. Staub 24 (1964) Nr. 8, 324/329.

269. Landwehr, M.: Erfahrungen bei Verwendung von Vorabscheidern für Körnungen größer als 5 Mikrometer bei gravimetrischen Staubmeßgeräten. Staub 24 (1964) Nr. 8, 329/332.

270. Maier, K. H.: Staubuntersuchung mit Hilfe von Membranfiltern. VDI-Berichte Bd. 26 (1958) 75/79.

271. Bauer, H.-D.: Die Verwendung von Membranfiltern bei Staubmessungen. Staub 24 (1964) Nr. 8, 290/292.

272. Landwehr, M.: Die Verwendung von Membranfiltern bei den Staubmessungen im Bergbau. Staub 21 (1961) Nr. 7, 328/333.

273. Walkenhorst, W.: Aerosolfiltration mit Membranfiltern im Teilchengrößenbereich unterhalb 0,1 Mikron. Staub 19 (1959) Nr. 3, 69/72.

274. Baum, F., Riess, F.: Automatischer Staubprobensammler auf Membranfilter-Basis. Staub 24 (1964) Nr. 9, 369/370.

275. Hasenclever, D.: Untersuchungen über die Eignung verschiedener Staubmeßgeräte zur betrieblichen Messung von mineralischen Stäuben. Staub 15 (1955) H. 41, 388/435.

276. Roeber, R.: Untersuchungen zur konimetrischen Staubmessung. Staub 17 (1957) 41/100, 273/296, 418/447.

277. Desler, H.: Bestimmung der Durchlaßfunktion des Konimeters HS im Korngrößenbereich kleiner als 1 Mikrometer bei Verwendung verschiedener Teststäube. Staub 25 (1965) Nr. 2, 62/65.

278. Schedling, J. A.: Zwei automatische Staubprobensammler. Staub 22 (1962) Nr. 3, 96/99.

279. Jung, H.: Luftverunreinigung und industrielle Staubbekämpfung. Berlin: Akademie-Verlag 1968.

280. Tölle, H.: Untersuchungen von lichtelektrischen Staubmeßgeräten zur Überwachung der Flugstaubemission von Dampfkesselfeuerungsanlagen. Haus der Technik. (1966) Nr. 71. Essen: Vulkan Verlag.

281. Müller, H.: Photoelektrisches Rauchdichtemeßgerät nach der Zweistrahl-Kompensationsmethode. Staub 23 (1963) Nr. 2, 123/125.

282. Hasenclever, D., Siegmann, H. Chr.: Neue Methode der Staubmessung mittels Kleinionenanlagerung. Staub 20 (1960) Nr. 7, 212/218.

283. Coenen, W.: Staubmonitor zur betrieblichen Staubüberwachung. Staub 23 (1963) Nr. 2, 119/123.

284. Coenen, W.: Registrierende Staubmessung nach der Methode der Kleinionenanlagerung. Staub 24 (1964) Nr. 9, 350/353.

285. Maennchen, K.: Über tyndallometrische Messung des Staubgehaltes der Luft mit dem Leitz-Tyndallometer bzw. mit dem Leitz-Tyndalloskop. Leitz-Mitt. für Wissenschaft u. Technik, Bd. 1 (1960) H. 6, 186/188.

286. Stuke, J., Rzeznik, J.: Der Tyndallograph, ein optisches Staubmeßgerät mit elektrischer Anzeige. Staub 24 (1964) Nr. 9, 366/368.

287. Prochazka, R.: Neueste Entwicklung des auf kontaktelektrischer Basis beruhenden Staubgehaltsmeßgerätes Konitest. Staub 24 (1964) Nr. 9, 353/359.

288. Schütz, A.: Eine Anordnung zur registrierenden kontaktelektrischen Staubmessung. Staub 24 (1964) Nr. 9, 359/363.

289. Dresia, H., Fischötter, P., Felden, G.: Kontinuierliches Messen des Staubgehaltes in Luft und Abgasen mit Betastrahlen. VDI-Z. 106 (1964) Nr. 24, 1191/1195.

290. Denzel, P., Horn, W.: Ein empfindliches Meßverfahren zur kontinuierlichen Bestimmung der gravimetrischen Konzentration von staubförmigen Emissionen. ETZ − A 87 (1966) Nr. 9, 311.

291. Mayer, F. W.: Die Entstaubungsgradkurve, ihr Wesen und ihre Anwendung auf die Verfeinerung der Gewährleistung bei Entstaubern. Staub 1952, H. 28, 15/29.

292. Gessner, H.: Die Ermittlung des Stufenabscheidegrades von Staubabscheidern. Staub Bd. 21 (1961) 7, 291/294.

293. Nagel, R., Ibing, R.: Welche Betriebswerte muß der Besteller eines Entstaubers (speziell Fliehkraftentstaubers) dem Lieferer geben und welche Gewährleistungen kann er von ihm erwarten? Staub Bd. 21 (1961) 1, 8/15.

294. Nagel, R.: Neue überarbeitete Auflage der „VDI-Richtlinien Feinheitsbestimmungen an technischen Stäuben". Staub Bd. 20 (1960) 4, 109/112.

295. Solbach, W.: Zur Frage der Vorausberechenbarkeit von Gesamtabscheidegraden mechanischer Entstauber. Staub Bd. 20 (1960) 113/117.

296. VDI-Richtlinien VDI 2066: Leistungsmessungen an Entstaubern.

297. Smigerski, H.-J.: Der Einsatz von Entstaubern in der Landtechnik. Physikalische Grundlagen der Staubabscheidung. Grundl. Landtechn. 19 (1969) Nr. 6, 189/196.

298. Eishold, H. G.: Der elektrische Staubwiderstand im Elektrofilter. Arch. Eisenhüttenwes. 32 (1961) Nr. 4, 221/224.

299. WINKEL, A., SCHÜTZ, A.: Elektrische Abscheidung feindisperser Eisenoxid-stäube bei höheren Temperaturen unter besonderer Berücksichtigung des elektrischen Staubwiderstandes. Staub 22 (1962) Nr. 9, 343/359.

300. SIMM, W.: Die elektrischen Eigenschaften des Staubes im Hinblick auf die Abscheidung im Elektrofilter. Staub 22 (1962) Nr. 11, 463/466.

301. COHEN, L., DICKINSON, R. W.: The measurement of the resistivity of power station flue dust. J. sci. Instruments, Bd. 40 (1963) H. 2, 72/75.

302. EISHOLD, H.-G.: Eine Meßvorrichtung zur Bestimmung des spezifischen elektrischen Staubwiderstandes. Staub-Reinh. Luft 26 (1966) Nr. 1, 11/14.

303. LOQUENZ, H.: Erfahrungen und Ergebnisse mit einem Gerät zur Bestimmung des elektrischen Staubwiderstandes. Staub-Reinh. Luft 27 (1967) Nr. 5, 244/245.

304. KOHLRAUSCH, F.: Praktische Physik. Stuttgart 1968.

305. HOFSÄSS, M.: Raumerfüllung, Hohlraum- und Porenvolumen sowie Ober-flächenentwicklung als Kenngrößen fester Stoffe in stückigem oder zerkleiner-tem Zustand. Gas- u. Wasserf. 89 (1948) H. 5, 139/142.

306. DUBININ, M. M.: Methoden der Strukturuntersuchung an hochdispersen und porösen Stoffen. Moskau: Akad.-Verlag d. Wiss. d. UdSSR 1953.
Deutscher Bearbeiter: H. WITZMANN, Greifswald. Berlin: Akademie-Verlag 1961, 248 Seiten.

307. BURDINE, N. T., GOURNAY, L. S., REICHERTZ, P. P.: Pore size distribution of petroleum reservoir rocks. Trans.-Am. Instr. Mining. Met. Engrs. Bd. 189 (1950) 195/204.

308. JOYNER, L. G., BARRETT, E. P., SKOLD, R.: Determination of pore volume and area distributions in porous substances. II. Comparison between nitro-gen isotherm and mercury porosimeter methods. J. Am. Chem. Soc. Bd. 73 (1951) 3155/3158.

309. KÄMPF, G., KOHLSCHÜTTER, H. W.: Zur Bestimmung der spezifischen Ober-fläche und des Porenvolumens poröser Stoffe. Z. Elektrochem. Bd. 62 (1958), Nr. 9, 958/965.

310. BATEL, W.: Aufnahmevermögen körniger Stoffe für Flüssigkeiten im Hin-blick auf verfahrenstechnische Prozesse. Chem.-Ing. Techn. Bd. 28 (1956) 5 343/349.

311. BATEL, W.: Kennzeichnung der Zwischenräume in Schüttgütern im Hinblick auf verfahrenstechnische Prozesse. Chem.-Ing.-Techn. Bd. 31 (1959) 6, 388/393.

312. TRAWINSKY, H.: Der Klassiereffekt, dargestellt im ROSIN-RAMMLER-BEN-NETT-Netz. Z. f. Erzbergbau u. Metallhüttenwes. Bd. VIII (1955) H. 4, 162/170.

313. IOOS, E.: Mikrosiebung mit Ultraschall. Staub 25 (1965) Nr. 12, 540/543.

314. COLON, F. J.: Siebanalysen mit 5-µm Mikrosieben. Chem.-Ing.-Techn. 37 (1965) Nr. 2, 143/145.

315. FORTUIN, J. M. H., PROP, J. M. G.: Eine photosedimento graphische Korn-größenbestimmung. Staub 22 (1962) Nr. 11, 469/474.

316. PUESCHEL, R. F.: Thermal decomposition of sodium-containing particles in a flame. J. Colloid Interface Sci. 30 (1969) 120/127.

Allgemeine Literaturhinweise

a) *Bücher über die Korngrößenanalyse*

BATEL, W.: Einführung in die Korngrößenmeßtechnik. Berlin/Heidelberg/New York: Springer 1971.

CADLE, R. D.: Particle size determination. New York u. London: Interscience Publishers 1955.

IRANI, R. R., GALLIS, C. F.: Particle size: Measurement, interpretation and application. New York u. London: Wiley 1963.

LAUER, O.: Feinheitsmessungen an technischen Stäuben. Fa. Alpine A. G., Augsburg 1963.

ORR, JR., C. DALLA VALLE, J. M.: Fine particle measurement. New York: Macmillan 1959.

VDI-Richtlinien VDI 2031: Feinheitsbestimmungen an technischen Stäuben. Oktober 1962, DIN A 4, 63 Seiten.

b) *Bücher über bestimmte Gebiete der Korngrößenanalyse*

CASAGRANDE, A.: Die Aräometermethode zur Bestimmung der Kornverteilung von Böden. Berlin: Springer 1934.

HERDAN, G.: Small particle statistics. New York/Amsterdam/Paris: Elsevier 1953.

IVERS, H. J.: Siebnormung, Kennlinien für Gebrauchs- und Prüfsiebreihen. Berlin: Akademie-Verlag 1951.

ROSE, H. E.: The measurement of particle size in very fine powders. London: Constable 1953.

VAN DE HULST, H. C.: Light scattering by small particles. New York: Wiley 1957; London: Chapman & Hall 1957.

Prüfsiebung und Darstellung der Siebanalyse. Siebtechnik GmbH, Mühlheim/Ruhr, 1969.

c) *Bücher, in denen Bereiche der Staub- und Korngrößenmeßtechnik als Teilgebiet behandelt werden*

Beth-Handbuch Staubtechnik. Maschinenfabrik Beth Lübeck (Selbstverlag) 1964.

DALLA VALLE, J. M.: Micromeritics. The technology of fine particles. New York: Pitman 1948.

DAVIES, C. N.: Aerosol-Science. London u. New York: Academic Press 1966.

DRINKER, PH., HATCH, TH.: Industrial dust. Hygienic significance, measurement and controll. New York/London/Toronto: McGraw-Hill 1954.

FUCHS, N. A.: The mechanics of aerosols. Oxford, London, Edinbourgh, New York, Paris und Frankfurt: Pergamon Press 1964.

GREGG, S. J., SING, K. S.: Adsorption, surface area and porosity. London: Academic Press 1967.

GRÜNDER, W.: Aufbereitungskunde. Bd. 2: Arbeitsmethoden im Aufbereitungslaboratorium. Goslar 1957.

GÜNTHER, K.: Praxis der Staubmessung. Leipzig: J. A. Barth 1964.

HAHN, F. V., VON: Dispersoidanalyse. Hdb. der Kolloidwiss. in Einzeldarstellung. Bd. 3. Dresden u. Leipzig 1928.

Handbuch für das Eisenhüttenlaboratorium, Bd. 3: Probenahme. Düsseldorf: Stahleisen-Verlag; Berlin/Göttingen/Heidelberg: Springer 1956.

JUNG, H.: Luftverunreinigung und industrielle Staubbekämpfung. Berlin: Akademie-Verlag 1968.

KÖSTER, E.: Mechanische Gesteins- und Bodenanalyse. Leitfaden der Granulometrie und Morphometrie. München: Hanser 1960.

MELDAU, R.: Handbuch der Staubtechnik, Bd. 1: Grundlagen, Bd. 2: Staubtechnologie. Düsseldorf: VDI-Verlag 1956 und 1958.

Meß- und Analysenverfahren zur Prüfung der Luftverunreinigung durch Feuerungsanlagen. Essen: Vulkan-Verlag Dr. W. Classen 1962.

SINCLAIR, D.: Measurement of particle size and size distribution. Handbook on Aerosols. Atomic Energy Commission, Washington D. C. 1950.

Sachverzeichnis